Harald O. Lenz

Mineralogie der alten Griechen und Römer,

deutsch in Auszügen aus deren Schriften, nebst Anmerkungen

Harald O. Lenz

Mineralogie der alten Griechen und Römer,
deutsch in Auszügen aus deren Schriften, nebst Anmerkungen

ISBN/EAN: 9783337309916

Printed in Europe, USA, Canada, Australia, Japan

Cover: Foto ©berggeist007 / pixelio.de

More available books at **www.hansebooks.com**

Mineralogie

der

alten Griechen und Römer,

deutsch in Auszügen aus deren Schriften,

nebst Anmerkungen

von

Dr. Harald Othmar Lenz,

herzogl. Sächs. Professor, Lehrer an der Erziehungsanstalt zu Schnepfenthal

Gotha,

Verlag von E. F. Thienemann.

1861.

Ueberſicht der Schriftſteller.

Regiſter

über die wichtigſten, in den Anmerkungen abgehandelten Gegenſtände.

(Die Nummern des Regiſters beziehen ſich auf die der Anmerkungen.)

Homerus,

um's Jahr 1000 vor Christo.

Ilias 6, v. 243. Der schöne Palast des Priamus hatte geglättete Säulenhallen und im Innern funfzig aus geglättetem Steine gebaute Gemächer [θάλαμοι ξεστοῖο λίθοιο].

Il. 7, v. 270. Ajax zertrümmerte Hektor's Schild, indem er ihn mit einem Felsblock von der Größe eines Mühlsteins traf [βαλὼν μυλοειδέι πέτρῳ] *¹).

Il. 18, v. 600. Die Tänzer wirbelten im Kreise herum wie die Scheibe [τροχός] des Töpfers [κεραμεύς].

Il. 9, v. 469. Der Wein wurde aus irdenen Krügen [ἐκ κεράμων] getrunken.

Il. 9, v. 214. Patroklus steckte Fleisch an Bratspieße, bestreute es mit heiligem Salze [πάσσε ἁλὸς θείοιο] und briet es über glühenden Kohlen.

Odyssea 11, v. 124. Wandere in das Land der Leute, welche keine Speise mit Salz würzen [οὐδέ θ᾽ ἅλεσσι μεμιγμένον εἶδαρ ἔδουσιν].

Il. 8, v. 135. Zeus warf den Blitzstrahl vor den Rossen des Diomedes in die Erde, und es verbreitete sich eine schreckliche Flamme brennenden Schwefels [θείου καιομένοιο].

Il. 16, v. 228. Achilles reinigte den Becher, den er mit Opferwein füllen wollte, zuvor mit Schwefel [ἐκάθηρε θείου] *²).

Od. 22, v. 493. Als Odysseus die Freier getödtet, brachte Eury-kleia Feuer und Schwefel [θῆιον] und Odysseus räucherte damit [δι-εθείωσεν] seine Wohnung aus.

Od. 4, v. 73. Telemachus bewunderte im Hause des Menelaus den Glanz des Kupfers, des Goldes, des Bernsteins [ἠλέκτρου στεροπή], des Silbers und Elfenbeins.

---

*¹) Ueber die Mühlen siehe meine „Botanik der alten Griechen und Römer", Seite 64.

*²) Mit dem Dampfe brennenden Schwefels. — „Auf der Akropolis", so berichtet Landerer aus Athen, „hat man in neuer Zeit vor dem Tempel der Minerva an der Stelle, wo geopfert wurde, eine antike Lampe gefunden, in welcher sich noch mit Fädchen vermischter Schwefel befand.

1

Od. 14, v. 459. Ein phönicischer Kaufmann brachte ein goldnes mit Bernstein besetztes Halsgeschmeide [μετὰ δ᾽ ἠλέκτροισιν ἔρτο]. Od. 18, v. 295. Eurymachus bot der Penelope ein goldnes Halsgeschmeide an, mit Bernstein besetzt [ἠλέκτροισιν ἐρμένον], gleich der Sonne strahlend. Il. 18, 369 seqq. Thetis fand den Hephästus in dem prächtigen Palaste, den er sich selbst aus Kupfer gebaut [δόμος χάλκεος]. Er war dort bei den Blasebälgen [περὶ φύσας] beschäftigt, schmiedete zwanzig Dreifüße, die sich auf goldnen Rädern bewegen konnten, setzte die Henkel an und hämmerte die Niete fest [κόπτε δὲ δεσμούς]. — Als Thetis ihn um eine Rüstung für ihren Sohn Achilles gebeten, ließ er 20 Blasebälge in die Schmelztiegel [ἐν χοάνοισι] blasen, legte unverwüstliches Kupfer in die Gluth [χαλκὸν ἐν πυρὶ βάλλεν] und Zinn [κασσίτερος] und gepriesenes Gold [χρυσός] und Silber [ἄργυρος]. Sodann stellte er den Ambos [ἄκμων] auf seinen Block [ἀκμόθετον], ergriff mit der Rechten den gewaltigen Hammer [ῥαιστήρ], mit der Linken die Feuerzange [πυράγρη]. — Erst schmiedete er den großen, starken Schild; dann auf ihm zahllose künstliche Bilder, den Mars und die Pallas aus Gold; Weinstöcke aus Gold, an silberne Pfähle gelehnt, mit Zinn umzäunt; Rinder aus Gold und aus Zinn, Schafe aus Silber geformt. — Der Helmbusch ward aus Gold, die Beinschienen wurden aus geschmeidigem Zinn [ἑανοῦ κασσιτέροιο] geschmiedet. Il. 1, v. 246. Das Scepter des Achilles war mit goldnen Buckeln geschmückt [χρυσείοις ἥλοισι πεπαρμένον]. . . . Il. 2, v. 872. Der Führer der Karier ging zum Kampfe mit Golde geschmückt wie eine Jungfrau. . . . Il. 3, v. 248. Der Herold trug goldene Becher [φέρε χρύσεια κύπελλα]. . . . Il. 10, v. 438. Der Wagen des thracischen Fürsten Rhesus war mit Gold und Silber geschmückt, seine Rüstung bestand aus Gold, war prachtvoll anzuschauen. . . . Il. 14, v. 180. Here knüpfte ihr Kleid mit goldenen Spangen zu [χρυσείης ἐνετῇσι περονᾶτο]. . . . Il. 9, v. 122. Agamemnon bot dem Achilles 10 Talente Goldes [δέκα χρυσοῖο τάλαντα]. . . . Il. 23, v. 751. Achilles legte als Preis des Wettkampfes ein halbes Talent Goldes nieder * 3). . . . Il. 23, v. 219. Achilles schöpfte aus einem goldnen Mischgefäße [χρυσίον ἐκ κρητῆρος] mit dem Doppelbecher Wein und goß diesen neben dem brennenden Scheiterhaufen des Patroklus auf die

---

*3) Wie viel ein Talent Goldes zu Homer's Zeit betragen, wissen wir nicht. — Man sehe übrigens Anm. 17.

Erbe. ... Il. 23, v. 253. Achilles legte die Gebeine des Patroklus in eine goldne Urne [ἐς χρυσέην φιάλην].
Od. 3, v. 425. Nestor ließ den Goldschmid [χρυσοχόος] kommen. Der Schmid [χαλκεύς] erschien mit den Schmiedewerk=zeugen [ὅπλα χαλκήϊα] in den Händen, dem Ambos [ἄκμων], dem Hammer [σφῦρα] und der Zange [πυράγρη], und wand das Gold um die Hörner des Opferstiers [χρυσὸν βοὸς κέρασιν περίχευεν]. ....
Od. 4, v. 615. Menelaus gab dem Telemachus einen silbernen Becher mit goldenem Rande. ... Od. 6, v. 232. Der Goldschmid vergoldet das Silber [χρυσὸν περιχεύεται ἀργύρῳ]. ... Od. 7, v. 86. Die Wände des Palastes des Alkinous waren von Kupfer [τοῖχοι χάλκεοι], die Thürflügel von Gold, die Thürpfosten von Silber, die Thürschwelle von Kupfer, der ringförmige Thürgriff von Gold, und draußen standen an den zwei Seiten der Thür goldne und silberne Hunde. Statt der Leuchter standen im Saale goldne Jünglinge auf den Altären und hielten mit den Händen die Fackeln.
Il. 2, v. 857. Die Heimath des Silbers ist Alybe [ἀργύρου ἐστὶ γενέθλη]*⁴). ... Il. 23, v. 743. Achilles stellte als Kampf=preis ein silbernes Mischgefäß [ἀργύριον κρητῆρα] auf, welches kunstfertige Sidonier*⁵) gearbeitet hatten. ... Od. 4, v. 53. Die Dienerin goß aus einem goldnen Kruge [πρόχοος] Waschwasser über einem silbernen Becken aus [ὑπὲρ ἀργυρέοιο λέβητος].
Il. 9, v. 365. Ich will, sagt Achilles, Gold, rothes Kupfer [χαλκὸς ἐρυθρός]*⁶) und graues Eisen [πολιὸς σίδηρος] mit=nehmen.

---

*⁴) Alybe wird außer an dieser Stelle in den alten Schriftstellern nur noch bei Strabo 12, 3 genannt; er sagt: „es sei ihm wahrscheinlich, Homer meine mit Alybe das Land der Chalyber im Pontus; es sei reich an Bergwerken für Eisen, habe früher auch Silber geliefert.

*⁵) Bewohner der phönicischen Stadt Sidon.

*⁶) Da Homer den χαλκός roth nennt, und nirgends erwähnt, daß er mit Zinn zusammengeschmolzen werde, so bin ich der Meinung, man habe bei ihm überall χαλκός für Kupfer (nirgends für Bronze) zu nehmen. — Ohne Zweifel kam zu seiner Zeit noch so wenig Zinn nach Griechenland und Klein-asien, daß man es nur für sich allein verwendete. — Kupfer war zu Homer's Zeit in Griechenland und Kleinasien in weit größerer Menge in Gebrauch als jedes andre Metall. Von den vielen Stellen der Odyssee und Iliade, welche den Beweis für diese Behauptung geben, kann ich, um Weitläufigkeit zu ver-meiden, nur wenige anführen. — In unserer Zeit gräbt man noch öfters aus bloßem Kupfer bestehende Werkzeuge, welche dem hohen Alterthum angehören, aus. So erwähnt z. B. der treffliche, zu Athen wohnende Forscher X. Lan-

Od. 1, v. 184. Ich reise aus dem Lande .der Taphier nach Temese, um dort Kupfer [χαλκός] zu holen, und führe blinkendes
Eisen [ἄγω δ᾽ αἴϑωνα σίδηρον] * ⁷). Il. 4, v. 448. Hellenen und Troïr kämpften in kupfernen
Panzern [σύν ῥ᾽ ἔβαλον μένε᾽ ἀνδρῶν χαλκεοϑωρήκων]. . . . Il. 11,
v. 351. Die kupferne Lanzenspitze des Diomedes prallte an der
kupfernen Helmkuppel Hektor's ab [πλάγχϑη δ᾽ ἀπὸ χαλκόφι χαλ-
κός]. . . . Il. 7, v. 41. Die Achäer trugen kupferne Beinschienen
[χαλκοκνήμιδες Ἀχαιοί].

Il. 3, v. 335. Hektor hing das kupferne Schwert [ξίφος χάλ-
κεον] um die Schultern * ⁸).

---

derer, „daß man auf der Insel Mylos in einem Grabe chirurgische Werkzeuge
aus reinem Kupfer gefunden, nämlich Spateln, Löffelchen, Nadeln, eine Pin-
cette." — In den Ruinen von Persepolis hat man nach Morier's sec. Journey
p. 88 neben eisernen Pfeilspitzen auch kupferne gefunden. — Nach der Zeit des
Homer wurde mehr Zinn in die das Mittelmeer umgebenden Länder durch den
erweiterten Handel gebracht, und zahllose Waffen, Werkzeuge und Gefäße aller
Art aus Bronze gemacht, worüber wir weiter unten sprechen werden.

* ⁷) Mentes sagt, „er sei der König der Taphier (in Akarnanien) und reise
nach Temese, um Kupfer zu holen." — Strabo sagt: „Temesa sei eine bruttische
Stadt, woselbst das Grab eines der Gefährten des Ulysses stehe; in der Nähe
der Stadt befinde sich auch ein altes Kupferbergwerk. Diese Stadt Temesa
meine Homer in jener Stelle [Od. 1, v. 184.], nicht Tamasus auf Cypern." —
Hierbei ist zu bemerken, daß auch römische Schriftsteller den Metallreichthum des
bruttischen Temese erwähnen, nämlich Ovid., Metam. 15, v. 707, und Fast. 5,
v. 441; ferner Statius, Sylv. 1, 1, 42; 1, 5, 47. — Das Land der alten Bruttier,
jetzt Kalabrien genannt, zeichnet sich auch noch in unsrer Zeit vor dem übrigen
Italien durch seinen Gehalt an Kupfer-, Eisen- und silberhaltigen Blei-Erzen
aus; eben diese Erze führt der gegenüber liegende Theil Siciliens; daher man
sich im Alterthum recht passend den Aetna als die Schmiede des Vulkan
dachte. — Was die Insel Cypern betrifft, so hat wohl Strabo aus folgenden
zwei Gründen geschlossen, daß Homer nicht die dortige Stadt Tamasus meinte.
a) Weil das Land der Bruttier den Taphiern fast doppelt so nahe lag als Cypern; b) weil Homer, welcher einigemal Cypern nennt, den späterhin allgemein
bekannten Metallreichthum dieser Insel (s. Strabo, 14, 6), nirgends erwähnt. —
Das Eisen, welches Mentes führt, ist offenbar dazu bestimmt, um zu Temese
Kupfer dafür einzutauschen.

* ⁸) Das homerische Schwert, dessen Gestalt der Dichter selber nicht
beschreibt, müssen wir uns nach vielen davon vorhandenen antiken Abbildungen
nur als ellenlang und dabei bedeutend breit denken; Homer nennt es ξίφος,
ἄορ, φάσγανον. gibt ihm auch das Beiwort spitzig [ὀξύ] und zweischneidig [ἀμ-
φῆκες]. — Seine Krieger kämpfen zuerst werfend und stechend mit der Lanze,
auch werfend mit Steinen, und greifen erst, wenn fernhin treffende Waffen fehlen.

Il. 16, v. 408. Der Fischer fängt den Fisch mit der kupfernen Angel. . . . Il. 13, v. 180. Die Esche wird mit dem kupfernen Beile gefällt. . . . Od. 8, v. 507. Die Troër wollten das hölzerne Pferd mit kupfernen Beilen zerhauen.

Il. 4, v. 510. Von Stein und von Eisen [σίδηρος] prallt die kupferne Waffe ab. . . . Il. 6, v. 48. Ich will [sagt Abrastus zum Menelaus], mein Leben durch Kupfer, Gold und mühsam be= arbeitetes Eisen [πολύκμητος σίδηρος] erkaufen*⁰). . . . Il. 5, v. 722. Der Wagen der Here hatte Räder mit acht kupfernen Speichen, einem goldenen Kranz, einer silbernen Nabe; die Achse war von Eisen [σιδήρεος ἄξων].

Il. 23, v. 826. Der Pelide legte als Kampfpreis eine Wurf= scheibe aus Gußeisen nieder [ϑῆκεν σόλον αὐτοχόωνον] und sprach: „Wer diese Scheibe gewinnt, hat, wenn er auch große Ländereien besitzt, reichlichen Vorrath an Eisen für Hirten und Pflüger." . . . Il. 23, v. 850. Für Bogenschützen bestimmte der Pelide veilchenblaues Eisen [τίϑει ἰόεντα σίδηρον] zum Kampfpreis*¹⁰). . . . Il. 18, v. 34. Antilochus befürchtete, daß Achilles sich in der Verzweiflung die Kehle mit dem Eisen durchschneiden möchte [μὴ λαιμὸν ἀποτμήξειε σιδήρῳ]. . . . Il. 23, v. 30. Viele Rinder, Schafe und Ziegen wurden mit dem Eisen geschlachtet. . . . Od. 9, v. 391. Der Schmid [χαλκεύς] taucht die eiserne Art in kaltes Wasser, um sie zu härten [φαρμάσσων]*¹¹).

zum Schwert (Il. 7, v. 273; 22, v. 306). Bei solchen Kämpfen, wo Jeder mit Harnisch, Helm und Schild gerüstet war, konnte das Schwert nur als Stich= waffe dienen, und die Länge einer Elle war unter solchen Umständen jedenfalls die beste; ein langes Schwert von Kupfer wäre ohnedem, wegen Mangels an Elastizität, für jeden Fall unpassend gewesen. — War der Feind erlegt, so konnte die Schneide des Schwertes dazu dienen, ihm den Kopf abzuschneiden (Il. 11, v. 261); war ein Streitroß gestürzt, so konnte das Schwert zum Durchschneiden der Stränge gebraucht werden (Il. 16, v. 474); Hektor hieb mit dem Schwerte dem Ajax die Lanzenspitze ab (Il. 16, v. 115).

*⁹) Das Eisen ist schwerer aus seinen Erzen zu gewinnen und wegen seiner Härte auch schwerer zu bearbeiten als Kupfer und Gold; daher heißt es πολύκμητος.

*¹⁰) Blankes Eisen läuft, mäßig erhitzt, veilchenblau an. Hier war es jedenfalls zu Pfeilspitzen bestimmt.

*¹¹) Wir nennen bekanntlich dasjenige Eisen, welches, glühend in kaltes Wasser getaucht, einen hohen Grad der Härte annimmt, Stahl. — Homer hat keine besondere Benennung für Stahl; spätere griechische Schriftsteller nennen ihn zuweilen χάλυψ.

Il. 11, v. 237. Die Spitze der Lanze bog sich auf dem Silber des Gürtels um wie Blei [μόλιβος]. ... Il. 24, v. 80. Iris tauchte in die Tiefe des Meeres wie eine Bleikugel [μολυβδαίνη], welche an der Angelschnur hängt. Il. 2, v. 637. Od. 9, v. 124. Die Schiffe sind mit Röthel gefärbt [νέες μιλτοπάρηοι]. Il. 11, v. 34. Der Schild war mit zehn kupfernen Kreisen und zwanzig zinnernen weißen Buckeln geziert [ὀμφαλοὶ ἦσαν ἐείκοσι κασσιτέροιο λευκοί]* [12]). ... Il. 20, v. 271. Der Schild des Achilles bestand aus fünf über einander gelegten Schichten; die zwei nach außen gewendeten waren von Kupfer, auf diese folgten zwei von Zinn, die innerste war von Gold. — Der Schild des Aeneas bestand nur aus einer äußeren Lage von Kupfer, einer inneren von Rindsleder. ... Il. 21, v. 592; 18, v. 613. Beinschienen von Zinn* [13]).

Hesiodus,
um's Jahr 900 vor Christo.

Opera et dies, v. 25. Der Töpfer [κεραμεύς] beneidet den Töpfer. .... Scutum Herculis, v. 122 seqq. Herkules legte aus glänzendem Messing* [13b]) gefertigte Beinschienen an [κνημῖδας ὀρειχάλκοιο φαεινοῦ ἔθηκε], einen goldenen Harnisch [θώρηκα χρύσειον]; hing über die Schultern das schützende eiserne Schwert [ἀρῆς ἀλκτῆρα σίδηρον]; setzte auf sein Haupt den mit Stahl belegten Helm [κυνέη ἀδάμαντος]; ergriff mit der Hand den bunten Schild, der rings einen Kreis von Kreide [τίτανος], weißem Elfenbein und Bernstein [ἤλεκτρον] hatte und von Gold strahlte. ...

---

* [12]) Das Zinn [κασσίτερον] dient bei Homer öfters nur zur Verzierung, da es silberartig aussieht, sehr lange blank bleibt, leicht bearbeitet und leicht geputzt werden kann. — Κασσίτερος heißt auch in späteren Zeiten nur das Zinn, nicht das Blei. — Das letztere Metall kann nie zur Zierde dienen, weil es in wenigen Tagen seinen Glanz verliert.

* [13]) Der Glaube, solche Schienen seien nicht aus Zinn, sondern aus Werkblei gefertigt gewesen, hat gar keinen Grund. Zinn ist bedeutend härter als reines Blei und als Werkblei, auch viel leichter als jene. Blei wäre an Rüstungsstücken durchaus unpassend. — Kupferne Beinschienen, welche Homer ebenfalls und zwar als allgemein getragen (Il. 7, v. 41) erwähnt, sind jedenfalls besser. — Durch einen starken zinnernen Teller sticht man mit einer starken Eisenspitze tüchtig stoßend ohne Schwierigkeit ein Loch. — Jedoch wurde gegen das Schienbein natürlich selten ein starker Stoß geführt.

* [13b]) Siehe unten Anm. 389.

Scutum Herculis, v. 414. Cygnus traf ben **kupfernen** Schild mit ber **kupfernen** Lanzenſpitze. . . . Opera et d., v. 418. Die Bäume werben mit **Eiſen** gefällt. . . . Deorum generatio, v. 722. Der **kupferne** Ambos. . . . Opera et d., v. 109 seqq. Als bie Menſchen erſchaffen waren, lebten ſie unter ber Herrſchaft bes Gottes Kronos im **golbnen** Zeitalter glückſelig wie Götter. — Dann kam bas **ſilberne** Zeitalter, wo ſie Unrecht thaten, dümmer waren und mancherlei Leiben erbulben mußten. — Im britten Zeitalter, bem **kupfernen**, waren bie Menſchen gewaltthätig, ſtreitſüchtig, waffneten ſich mit **Kupfer**, bauten ſich **kupferne** Häuſer, ſchmiebeten Kupfer, und hatten noch kein ſchwarzes **Eiſen** [μέλας δ' οὐκ ἔσκε σίδηρος]. — Das vierte Zeitalter war bas ber Heroën, bie mit Heeresmacht Krieg führten. — Im fünften Zeitalter, bem unſren, bem **eiſernen** [σίδηρεος], haben bie Menſchen bei Tag und bei Nacht ein unglückſeliges, ſorgenvolles Leben.

Deor. gen., v. 860 seqq. Die vom Blitzſtrahl getroffene Erde begann zu brennen und ſchmolz wie **Zinn** [ἔτήκετο κασσίτερος ὥς], bas im gut burchbohrten* [14]) **Schmelztiegel** [χόανον] erhitzt wirb, ober wie **Eiſen** [σίδηρος], welches bas ſtärkſte (Metall) iſt [κρατερώτατός ἐστι] * [15]), vom Feuer gebänbigt in ber Erde [ἐνὶ χϑονί] unter ben Händen bes Hephäſtus ſchmilzt* [16]).

Herodotus,
um's Jahr 440 vor Chriſto.

Historiae 1,25. Alyattes, König von Lybien, ſchenkte nach Delphi ein **ſilbernes** Miſchgefäß, beſſen Untergeſtell aus **gelöthetem** [κολλη

---

* [14]) **Durchbohrt**, wo ber Blaſebalg einmündet.

* [15]) Für **Metall** hat weber Heſiob noch Homer einen Ausbruck.

* [16]) Das **Zinn** bekamen bie Griechen burch ben Hanbel, und jebenfalls ſchon reguliniſch, nachbem es in ſeiner Heimath aus bem Zinnerz burch Hülfe glühenber Kohle gewonnen war. Zum Gebrauch konnten es alſo bie Griechen in Tiegeln nur umſchmelzen. — Das Eiſen wurde in Griechenland und ſeiner Umgebung ohne Zweifel aus ſeinen Erzen ſelbſt gewonnen, und bas Schmelzen geſchah lange Zeit hindurch in Erbgruben. Bei uralten Bergwerken finbet man noch heutiges Tages bie Schlackenhalben, ohne babei eine Spur von Mauerwerk, alſo von einem Schmelzofen, zu gewahren. In Korbofan ſchmelzen bie Araber, wie Ruſſegger bort beobachtet, noch heutiges Tages bas Eiſen aus Raſeneiſenſtein mit Hülfe von Holzkohlen und erbärmlichen Blaſebälgen in Erbgruben. — Daß man in ſpäterer Zeit, wenigſtens für Kupfer, auch eigentliche Hüttenwerke mit Schmelzöfen hatte, werben wir bei Dioscorides de mat. med. 5, 85 ſehen.

τός] Eisen bestand, ein Werk des Glaukus von Chios, welcher die Löthung des Eisens [κόλλησις σιδήρου] erfunden haben soll.

Histor. 1, 50 und 51 u. 52. Als Krösus gegen die Perser zu Felde ziehen wollte, schenkte er dem Orakel zu Delphi 117 Halbziegeln, deren jede die Länge von sechs Handbreiten, die Breite von drei, die Höhe von einer hatte, und deren vier aus lauterem Golde [ἄπεφθος χρυσός] bestanden und je 2 ½ Talente wogen, während die übrigen aus weißem Golde [λευκὸς χρυσός] * ¹⁷) bestanden und je 2 Talente wogen * ¹⁸). Er schenkte ferner einen Löwen aus lauterem Golde von 10 Talenten Gewicht, ein goldenes Mischgefäß von der größten Art und ein eben so großes von Silber; das letztere, welches 600 Amphoren faßt, brauchen die Delphier noch bei großen Festen; es gilt für ein Werk des Theodorus von Samos. Zugleich schickte Krösus vier Fässer von Silber, einen goldnen und einen silbernen Weihkessel, die drei Ellen * ¹⁹) hohe goldne Bildsäule eines Weibes u. s. w. — Dem Amphiaraus schenkte er einen ganz goldnen Schild und eine schwere Lanze, deren Schaft und Spitze von Gold waren.

Hist. 1, 178 u. 179. Die Stadt Babylon ist viereckig gebaut; jede ihrer Seiten ist 120 Stadien lang * ²⁰). Um sie herum läuft ein tiefer, mit Wasser gefüllter Graben, ferner eine Mauer von 50 Ellen Breite, 200 Ellen Höhe. Die Mauer ist aus der Erde [γῆ] * ²¹) gebaut, welche dem Graben entnommen, in Ziegelform gebracht und in Oefen gebrannt worden [πλίνθοις ὤπτησαν ἐν καμίνοισιν]. Mit solchen Ziegelsteinen mauerten sie zuerst die Wände des Grabens aus, und bauten sodann aus ihnen die Mauern. Als Mörtel brauchten sie warmen Asphalt [τέλματι χρεώμενοι ἀσφάλτῳ θερμῇ] * ²²). Die

---

* ¹⁷) Durch Silbergehalt weißgelbes Gold. — Unter Handbreite ist die Breite der Hand ohne den Daumen zu verstehen. — Wie viel das Talent Goldes zu Herodot's Zeit betrug, läßt sich nach der angegebenen Größe der Ziegeln bemessen.

* ¹⁸) Das weiße Gold ist leichter als lauteres (feines) Gold, weil Silber weit leichter ist als Gold.

* ¹⁹) Die Elle des Herodot mißt 1½ Fuß.

* ²⁰) Das Stadium beträgt 600 Fuß. — Die Länge jeder Seite Babylon's betrug nach Herodot's Angabe und nach der in unsrer Zeit von Ker Porter vorgenommenen Messung etwa 2¼ deutsche Meilen.

* ²¹) Lehm.

* ²²) Durch die in unsrer Zeit von Ker Porter und Andren angestellten Untersuchungen hat sich herausgestellt, daß die Grundlage der Mauer aus gebrannten Ziegelsteinen bestand, deren jeder an seiner Unterseite mit

Ringmauer hatte 100 Thore, und diese waren, so wie ihre Pfosten und ihr Sturz ganz aus Kupfer [χάλκεαι πᾶσαι]. — Nicht weit von Babylon liegt eine Stadt Namens Is, und neben ihr fließt ein Fluß, der gleichfalls Is heißt; dieser treibt in seinem Wasser viele Klümpchen von Asphalt *[23]). — Innerhalb der beschriebenen Mauer Babylon's läuft noch eine zweite, nicht viel schwächere. — In der Stadt selbst stehen noch zwei große Bauwerke, nämlich die Königsburg und die heilige Burg des Zeus Belus. Letztere hat kupferne Thore, ist viereckig, jede Seite zwei Stadien lang. Die Mitte bildet ein aus festem Stein gebauter Thurm [πύργος στερεός], welcher ein Stadium lang und breit ist. Auf diesem erheben sich noch acht Thürme, und die Spitze des obersten wird von einem großen Tempel gebildet, in welchem für den Gott ein großes Bett und neben diesem ein goldner Tisch steht. — Auch im untersten Thurm bildet das Innere einen Tempel, worin eine große goldene Bildsäule des Zeus sitzt, vor welcher ein großer goldener Tisch steht, während das Fußgestell und der Thron ebenfalls aus Gold bestehen. Zu diesen Prachtwerken sind, wie die Chaldäer sagen, 800 Talente Goldes verbraucht worden. Sie verbrennen daselbst jährlich 8000 Talente Weihrauch). Auf dieser heiligen Stätte stand früherhin auch eine schwere goldene Bildsäule von 12 Ellen Höhe.

Hist. 1, 186. Nitotris, Königin von Babylon, baute über den Euphrat eine Brücke aus Steinquadern, welche sie mit Eisen [σίδηρος] und Blei [μόλιβδος] verband.

Hist. 1, 195. Von den oberhalb Babylon am Flusse wohnenden Leuten trägt ein Jeder einen Siegelring [σφρηγίς].

Hist. 1, 215. Die Massageten *[24]) haben weder Eisen noch Silber, auch finden sich diese Metalle nicht in ihrem Lande; dagegen sind sie reich an Gold und Kupfer. Die Spitzen ihrer Lanzen und Pfeile sind von Kupfer, eben so ihre Streitäxte. Als Schmuck tragen

---

Asphalt bestrichen war und daß die Außenwände der ganzen Mauer aus gebrannten Ziegelsteinen gebaut waren, wovon die unteren mit Asphalt, die mittleren und oberen aber mit Kalkmörtel verbunden waren. Die ganze innere Mauer bestand aus ungebrannten Lehmsteinen.

*[23]) Die Stadt Is heißt in unsrer Zeit Hit. In ihrer Nähe bringt noch jetzt wie vor Jahrtausenden aus dem Erdboden zähflüssiger Asphalt in Menge hervor; er wird zum Brennen, zum Ueberzug von Wänden, zur Verbindung der Ziegelsteine u. s. w. verbraucht.

*[24]) Im Osten des Kaspischen Meeres.

sie Gold. Der Harnisch ihrer Rosse ist von Kupfer; am Gebiß und Zaum dagegen ist Gold.

Hist. 2, 38. Die dem Epaphus geweiheten Stiere zeichnen die Aegypter, indem sie Papyrus [βύβλος] um deren Hörner winden, Siegelerde [σημαντρίς] daran kleben und einen Siegelring darauf drücken [ἐπιβάλλειν τὸν δακτύλιον] *²⁵).

Hist. 2, 69. Die Aegypter halten bei Theben und am See Möris je ein heiliges Krokodil, dem sie gläsernes und goldenes Geschmeide [ἀρτήματα λίθινα χυτὰ καὶ χρύσεα] anhängen.

Hist. 2, 124 sqq. Als Cheops seine Pyramide bauete, ließ er 100,000 Mann zehn Jahre lang arbeiten, um einen Weg aus Steinquadern zu bauen, und dann 100,000 Mann 20 Jahre lang arbeiten, um die Pyramide selbst zu bauen. Sie ist vierseitig, jede Seite hat eine Länge von 8 Plethren *²⁶), die Höhe beträgt ebenfalls 8 Plethren; alle Steine derselben sind glatt-zugehauen, genau zusammengefügt und keiner unter 30 Fuß lang. Von unten nach oben steigen Stufen treppenartig empor, und diese Stufen sind mit Steinplatten bekleidet. Unter der Pyramide befinden sich Gemächer *²⁷). — Der Bruder des Cheops, Namens Chephren, baute eine ähnliche, aber kleinere Pyramide. — Mycerinus, des Cheops Sohn, baute eine noch kleinere, — und dessen Nachfolger Asychis eine aus Ziegelsteinen *²⁸).

Hist. 2, 148. Ohnweit des Möris-See's haben die in Aegypten zu gleicher Zeit herrschenden zwölf Könige das Labyrinth erbaut, welches ich für großartiger als die Pyramiden halte, und das mehr Arbeit gekostet hat, als alle Prachtgebäude der Hellenen zusammengenommen. Es hat zwölf Hofräume, 1500 unterirdische Gemächer und eben so viel

---

*²⁵) Siegelerde nannte man einen Thon, der im feuchten Zustande gut klebte und den Abdruck des Siegelrings gut annahm.

*²⁶) Das Plethron zu 100 Fuß Länge.

*²⁷) Die Pyramide des Cheops ist, nach Russegger's und Junghuhn's Untersuchung, aus Kalksteinquadern gebaut, welche ohne Zweifel aus Felsen gebrochen waren, die da standen, wo die Pyramide aus ihnen gebaut wurde. Nur die aus Marmor und Granit bestehende Bekleidung der Stufen ward aus der Ferne beigeschafft. Jede Seite der Basis mißt jetzt 696 pariser Fuß, die senkrechte Höhe 421½ par. Fuß. — Herodot's Höhenmessung bezieht sich auf die schräg ansteigenden Außenseiten. — Die Pyramide des Cheops ist von allen die größte.

*²⁸) Noch jetzt findet man, wie Belzoni berichtet, eine aus Kalkstein gebaute, mit Ziegelsteinen überzogene Pyramide bei dem Dorfe El Lahoun; sie ist sehr zerstört, in unsrer Zeit noch 60 Fuß hoch.

überirdische; alle Decken und Wände sind aus S t e i n gebaut, in die Wände überall Bilder eingehauen. In den unterirdischen Gemächern werden die Leichen der zwölf Könige und die der heiligen Krokodile auf= bewahrt. Mit dem Labyrinth ist eine daneben stehende P y r a m i d e von 40 Klaftern verbunden * 29).

Hist. 2, 149. Fast noch merkwürdiger als das Labyrinth ist der M ö r i s = S e e, welchen die Aegypter gegraben haben. In ihm stehen zwei Pyramiden, jede 50 Klaftern tief im Wasser und 50 Klaftern über ihm, also jede 100 Klaftern hoch. In den See fließt das Wasser vom Nil her durch einen Kanal jährlich sechs Monate lang ein, sechs Mo= nate aus * 30).

Hist. 2, 175. Der ägyptische König A m a s i s errichtete zu S a ï s riesengroße Bauten und Sphinxe aus ungeheuer großen S t e i n e n, die er aus den Felsen von M e m p h i s und von der Insel E l e p h a n t i n e hauen ließ, von welcher letzteren man bis S a ï s 20 Tage lang fährt. Die größte Bewunderung erregt ein aus einem ganzen Felsen gehauenes Haus [οἴκημα μουνόλιϑον], welches von Elephantine nach Saïs ge= schafft wurde; an diesem Transport arbeiteten 2000 Schiffer drei Jahre lang. Es hat eine Länge von 21 Ellen, eine Breite von 14, eine Höhe von 8.

Hist. 2, 180. Als der Tempel zu Delphi abgebrannt war und ein neuer gebaut werden sollte, schenkte Amasis dazu eintausend Talente A l a u n * 31).

----

* 29) Die Pyramide des Labyrinthes ist noch recht gut erhalten; ihre Ecken sind aus Steinquadern gebaut, das Uebrige besteht aus ungebrannten Lehmsteinen. Vom Labyrinth selbst, welches größtentheils zerfallen und von Wüstensand und Schutt bedeckt ist, sieht man noch große Massen von Säulen- stücken, Granit- und Syenitquadern u. s. w.

* 30) In unsrer Zeit angestellte Untersuchungen zeigen, daß nur der dem Nil zugewendete Theil des See's durch Menschenhände gegraben worden sein kann. Der Kanal, durch welchen der Nil mit dem Möris in Verbindung steht, ist größtentheils in Fels gehauen und der großartigste Kanalbau des Alterthums.

* 31) Der ägyptische Alaun galt, wie wir aus Plin. 35, 15, 52, er- sehen, für vorzüglich gut. — Ohne Zweifel schenkte Amasis Alaun, weil der Tempel abgebrannt war und der neue feuerfest werden sollte. Zu diesem Zwecke tränkten die Alten das Holz mit Alaun, wie wir aus des Gellius Noctes att. 15, 1 erfahren: „Sylla", so sagt er, „wollte, als er den Piräus be- lagerte, einen hölzernen Thurm, in dem sich die Belagerten vertheidigten, durch Feuer zerstören, richtete aber nichts aus, weil das Holz so mit Alaun [alumen] getränkt war, daß es dem Feuer widerstand." — Auch A m m i a n u s M a r c e l l i n u s

Hist. 3, 41. Polykrates, König von Samos, besaß ein Kleinod, welches ihm lieber als alle seine andren Schätze war, einen Siegelring [σφρηγίς], den er am Finger zu tragen pflegte; es war ein in Gold gefaßter [χρυσόδετος] Smaragdstein [σμάραγδος λίϑος], ein Werk des Theodorus, Sohnes des Samiers Telekles. — Polykrates warf den Ring in die Tiefe des Meeres; dort verschluckte ihn ein Fisch, ward gefangen, in die Küche des Königs abgeliefert, geschlachtet, und so gelangte der Ring wieder zum König * 32).

Hist. 3, 89 seqq. * 33).

---

erzählt, 22, 11, daß die Römer, als ihr Kaiser Constantius gegen die Perser kämpfte, ihre Maschinen mit Alaun getränkt hatten, um sie vor Brand zu sichern. — In unsrer Zeit wird Alaun gleichfalls zu diesem Zwecke verwendet.

* 32) Bei dem hohen Werthe, welchen der reiche König seinem Smaragde beilegte, dürfen wir nicht daran zweifeln, daß dieser ein ächter Smaragd, d. h. derjenige Edelstein war, dem auch wir noch diesen Namen geben. — Da der Smaragd sich leicht mit Smirgel schleifen läßt, und da der letztere den Griechen in Menge zu Gebote stand, so mochte man schon frühzeitig den Versuch machen, jenen Edelstein zu schleifen. — Theodorus von Samos ist der erste Künstler, der als Steinschneider genannt wird. — Daß die alten Aegypter, Griechen und Römer ächte Smaragde besaßen, ist dadurch erwiesen, daß man diese Edelsteine als Schmuck an ägyptischen Mumien gefunden, und daß man auch welche in Herkulanum, Pompeji und Rom ausgegraben hat. — Ihre Smaragde konnten die Alten von Orten der Alten Welt beziehen, woselbst man sie jetzt noch findet, nämlich vom Flüßchen Takewaja im Ural, vom Heubachthal in den Alpen, aus Birma in Indien, vorzugsweise aber aus Aegypten. Die ägyptischen Smaragdminen hat Caillcaud im Jahr 1816 wieder aufgefunden. Sie liegen an der alten von Koptos nach Berenice an's Rothe Meer führenden Handelsstraße am Berge Zaburah, vier Tagereisen im Süden der jetzigen Hafenstadt Kosseïr. Es sind an 60 Gruben, deren einige bis 4- und 500 Fuß Tiefe verfolgt worden sind. Caillcaud fand darin aus uralter Zeit stammende Stützen von Holzwerk, Seile, Körbe, Lampen u. s. w. Belzoni besuchte diese Smaragdgruben im Jahr 1817, und schloß aus den ungeheuren Halden auf die gewaltige Ausdehnung der Gruben. Helekyon Bey, Präsident der Polytechnischen Schule zu Kairo, fand im Jahr 1844 viele Berylle in dem Gestein der Gruben von Zaburah, und schloß aus den sich daselbst vorfindenden Inschriften, daß sie von der Zeit der Pharaonen bis in die christliche Zeit in Betrieb gestanden haben. — In unsrer Zeit hat man die Arbeit wieder aufgenommen und bringt die schönen Smaragde über Kosseïr in Handel.

* 33) In diesen Kapiteln berichtet Herodot, wie viel die einzelnen Völkerschaften Asiens dem Perserkönig an Gold und Silber jährlich abzugeben hatten. Schweighäuser berechnet die ganze jährlich einlaufende Summe auf etwa 20 Millionen Thaler.

Hist. 3, 115. Zinn [κασσίτερος] und Bernstein [ἤλεκτρον] kommen aus den entlegensten Ländern Europa's nach Griechenland. Der Sage nach kommt der Bernstein vom Flusse Eridanus*[34]), der nord= wärts in's Meer fließen soll; das Zinn soll von den Zinninseln [νῆσοι Κασσιτερίδες]*[35]) kommen; aber ich kann nichts von Augen= zeugen über jenen Fluß, jene Inseln, oder ein hinter Europa liegendes Meer erfahren.

Hist. 4, 181. Oberhalb des Küstenstrichs Libyen's*[36]) läuft ein Sandstreif*[37]) hin, auf welchem sich etwa alle 10 Tagereisen Hügel von Salzklumpen befinden [ἁλός ἐστι τρύφεα κατὰ χόνδρους μεγά- λους ἐν κολωνοῖσιν], und aus der Höhe jedes Hügels quillt süßes Wasser empor. . . . Hist. 4, 185. In der Sandwüste südlich vom Atlas=Gebirge sind eben solche Salzhügel, und alle Leute bauen daselbst ihre Häuser aus Salzstücken; jene Gegend ist nämlich ganz regenlos. Das Salz wird dort sowohl weiß als purpurfarbig ge= graben*[38]).

Hist. 4, 194. Die Gyzanten in Libyen färben sich alle mit Röthel [μιλτοῦνται] und leben von Affenfleisch.

Hist. 4, 195. Auf der Insel Zakynthus habe ich tiefe Teiche gesehen, von deren Boden die Leute Erdpech heraufziehen, indem sie eine Stange hinabstoßen, an deren Spitze ein Myrtenzweig steckt*[39]).

Hist. 4, 196. Die Karthager erzählen, in Libyen sei jenseit der Säulen des Herkules eine Küste, woselbst sie Gold gegen andre Waaren eintauschen*[40]).

Hist. 4, 17. Am See Prasias*[41]) war ein Bergwerk, aus welchem Alexander täglich ein Talent Silbers bezog.

Hist. 6, 125. Krösus, König von Lydien, versprach dem Alk= mäon alles Gold zu schenken, das er aus der königlichen Schatzkammer

---

*[34]) Weichsel.

*[35]) Britannien.

*[36]) Afrika.

*[37]) Jetzt Sahara.

*[38]) Im 14. Jahrhundert bereiste Ibn Batuta den zwischen dem jetzigen Marokko und Tombuktu liegenden, uns fast unbekannten Theil der Sahara, und fand daselbst alle Häuser der Stadt Tagbasa aus Salzquadern gebaut und mit Kameelhäuten gedeckt.

*[39]) Geschieht noch jetzt auf Zante (Zakynthus). S. Chandler, Travels in Greece, c. 79.

*[40]) Jetzt Guinea.

*[41]) An der Nordostgrenze Macedoniens.

auf Einmal an seinem Leibe hinaustragen könnte. Alkmäon zog nun ungeheure Stiefeln an, bildete aus seinem Rock gewaltige Taschen, füllte die Stiefeln, die Taschen, den Scheitel, das Maul, so dick er konnte, mit Goldsand und wankte mit großer Mühe zur Thür hinaus, worüber Krösus herzlich lachte. . . . Hist. 7, 27. Zu Celänä im südlichen Phrygien wohnte ein aus Lydien stammender Mann Namens Pythius, welcher dem Perserkönig Darius einen g o l d n e n Platanenbaum und einen g o l d n e n Weinstock schenkte, später den Xerxes und dessen un= ermeßliches Heer reichlich bewirthete und dem König 2000 Talente S i l b e r und 3,993,000 Darius=Stateren zum Geschenk anbot*[12]). Hist. 7, 63 seqq. Von den Soldaten des Xerxes hatten die A s s y r i e r k u p f e r n e Helme; die I n d e r hatten Pfeile mit e i s e r n e n Spitzen; die A e t h i o p i e r hatten Pfeilspitzen von S t e i n, die Lanzen= spitzen bestanden aus Gazellenhörnern, den Körper färbten sie, wenn sie zur Schlacht gehn wollten, zur Hälfte mit G y p s [γύψος], zur Hälfte mit R ö t h e l [μίλτος]; ihr Anführer war Arsames, des Xerxes eigner Sohn von der Artystone, seiner liebsten Gemahlin, von der er eine Bild= säule aus g e t r i e b e n e m G o l d e machen ließ [εἰκὼ χρυσέην σφυρή- λατον ἐποιήσατο]. Die L i b y e r und M y s i e r hatten Wurfspieße, deren hölzerne Spitze durch Feuer gehärtet war; ein andres Volk hatte k u p f e r n e Helme und an diesen k u p f e r n e Ochsenhörner und Ohren. Hist. 7, 112. Das P a n g ä u m = G e b i r g e hat G o l d = und S i l b e r = gruben*[13]).

Thucydides,
um's Jahr 400 vor Christo.

Bellum Peloponnesiacum 3, 116. Um das sechste Jahr des Pe= loponnesischen Krieges stürzte ein L a v a s t r o m [ῥύαξ τοῦ πυρός] aus dem A e t n a und verwüstete einen der Stadt Katane gehörigen Landstrich. Seit Sicilien von Griechen bewohnt wird, war dieser Ausbruch des Aetna der dritte.

---

*[12]) Das Silbertalent macht etwa 1375 Reichsthaler; die goldne Münze des Darius (Darius=Stater, auch Dareike genannt) 4 Thlr. 14 ggr., zusammen das Geschenk ungefähr 21,051,250 Reichsthaler. — Daß der ungeheure Reich= thum L y d i e n s nach dem Glauben der Alten durch den Goldsand des Berges Tmolus (Herodot. 1, 93), den Goldsand des Flusses Paktolus (Her. 5, 101), den Silberreichthum des Landes (Her. 5, 49) begründet wurde, ist offenbar; in unsrer Zeit spürt man dort nichts mehr von jenem Metallreichthum.

*[13]) Das P a n g ä u m = G e b i r g e lag in Macedonien an der thracischen Grenze.

Xenophon,
um's Jahr 400 vor Christo.

Cyri Anabasis 2, 4, 12. Xenophon gelangte mit dem griechischen Heere an die Medische Mauer nicht weit von Babylon. Sie war aus Backsteinen [πλίνθος ὀπτή], die in Asphalt lagen, erbaut, 20 Fuß breit, 100 hoch, und ihre Länge wurde auf 20 Parasangen * [44]) angegeben. . . . Die Stadt Larissa am Tigris fand Xenophon von einer Mauer umgeben, welche 25 Fuß breit, 100 hoch war; sie hatte 2 Parasangen Umfang, war von Backsteinen [πλίνθοι κεράμιναι] erbaut. Die Grundmauer dieser Backsteinmauer war aus natürlichem Stein gebaut [κρηπὶς λιθίνη] und 20 Fuß hoch. Neben der Stadt stand eine steinerne Pyramide, 1 Plethron breit, 2 hoch * [45]). — Nicht weit von Larissa kam Xenophon zur Stadt Mespila; rings um dieselbe lief eine Grundmauer von glatt behauenem Muschel[kalt]-stein [κρηπὶς λίθου ξεστοῦ κογχυλιάτου], 50 Fuß breit, 50 hoch; auf dieser erhob sich die Backsteinmauer [πλίνθινον τεῖχος], 50 Fuß breit, 100 hoch, im Umfang 6 Parasangen. . . . Cyri Anab. 3, 3, 17 und 3, 4, 17. Die Perser werfen aus ihren Schleudern Steine, die Schleuderer von der Insel Rhodus werfen aber ihre Bleikugeln [μολυβδίς] weiter. — In der Nähe von Mespila fand Xenophon in den Dörfern viel Blei [μόλυβδος] und übergab es seinen Schleuderern. . . . Cyri Anab. 5, 5, 1. An der Südküste des Pontus Euxinus gelangte Xenophon in das Land der Chalyber, welche fast alle von Eisenarbeit [ἀπὸ σιδηρείας] leben.

De vectigalibus 4. Die Silbergruben [τὰ ἀργύρια] Attika's könnten, wenn sie richtig betrieben würden, großen Gewinn abwerfen. Seit Menschengedenken ist Silbererz [ἀργυρῖτις] in ihnen gegraben worden, sie haben sich immer mehr in die Breite gedehnt, und hätten jederzeit noch mehr Arbeiter beschäftigen können * [46]).

---

* [44]) Die Parasange zu ¾ der deutschen Meile.

* [45]) Das Plethron gleich 100 Fuß.

* [46]) Die Silbergruben des Berges Laurion, welcher den südlichsten Theil Attika's bildet, brachten zur Zeit, wo Themistokles den Athenern den Vorschlag that, das daselbst gewonnene Silber zum Schiffbau zu verwenden, jährlich etwa 30 bis 40 Talente ein, waren zur Zeit des Xenophon minder einträglich, und wurden zu Strabo's Zeit nur schwach benutzt. — In unsrer Zeit sind sie von den ausgezeichneten Bergleuten Dr. Fiedler und Russegger besucht worden, wobei sich Folgendes herausgestellt hat: „Der Laurion besteht aus sehr kalkhaltigem Glimmer- und Thonschiefer, worin sich Rotheisenstein,

Oeconomicus 10, 2. Unsre Damen schminken sich mit Blei=
weiß [ψιμμύθιον], um recht weiß zu erscheinen, und mit der rothen
Farbe der Enchusa**⁴⁷).

Plato,

um's Jahr 360 vor Christo.

Phädo 59, pag. 110. Es gibt beliebte Steinchen [λιθίδιον], wie
z. B. der Sarder [σάρδιον], Jaspis [ἴασπις], Smaragd [σμά-
ραγδος] und andre**⁴⁸).

Timäus, p. 80, c. Bernstein [ἤλεκτρον] und Magneteisen=
stein [Ἡρακλεία λίθος] haben eine wunderbare Anziehungskraft [ἕλξις].

Timäus, p. 61. Das Glas [ἡ ὕαλος] nennt man auch geschmol=
zenen [χυτὸν εἶδος] Stein**⁴⁹).

Theophrastus,

um's Jahr 320 nach Christo.

De lapidibus, §. 10**⁵⁰). Der Smaragd [ἡ σμάραγδος] soll
dem Wasser seine Farbe mittheilen**⁵¹). Andre Steine versteinern

---

Röthel, Spatheisenstein, etwas Kupfer und Galmei, besonders aber
silberhaltiger Bleiglanz vorfindet. Der letztere enthält nach Dr. Fieb-
ler's Probe nur 3½ Loth Silber im Centner. Man findet jetzt noch die alten
Schachte, Halden und Schlackenhaufen zahllos in meilenweiter Ausdehnung. —
Aus den Forschungen, welche Landerer, jetzt zu Athen wohnend, angestellt,
ergibt sich, daß die alten Athener den Bleiglanz mit Zusatz von Eisen schmolzen,
welches den Schwefel an sich nimmt, sodann das regulinische silberhaltige Blei
durch Treibarbeit vom Silber schieden, wobei es in Bleiglätte (oxydirtes Blei)
verwandelt wurde. Die Bleiglätte ward dann zu Töpferglasur verwendet, oder
durch Schmelzen mit Kohle desoxydirt, und das gewonnene regulinische Blei zu
Spielzeug, geringen Münzen, Schreibstiften, Schleuderkugeln u. s. w. verbraucht.

**⁴⁷) Anchusa tinctoria, Linné. — Dr. X. Landerer in Athen hat be-
obachtet, daß sich in den antiken Weibergräbern Griechenlands oft neben Spiegeln und Balsambüchsen auch Gefäße mit Schminke befinden, welche letztere
aus Bleiweiß besteht, das mit verschiedenen Stoffen rosa gefärbt ist.

**⁴⁸) Die drei genannten Steinarten haben ihren Namen bis auf unsre
Zeit behalten.

**⁴⁹) Es ist hier noch zu bemerken, daß die Griechen zu Plato's Zeit auch
den Diamant wahrscheinlich gekannt und ἀδάμας genannt, wie aus dem Timäus, p. 59, b, und aus Polit., p. 303, c, geschlossen werden kann.

**⁵⁰) Das Buch des Theophrast über die Steine führt den Titel: Περὶ
λίθων. Die Paragraphen gebe ich nach der zu London im Jahr 1746 erschie-
nenen Ausgabe John Hill's.

**⁵¹) Weder der wahre Smaragd (siehe oben Anm. 32), noch andre Mi-

[ἀπολιϑοῦν] Alles, was in ihnen liegt [τὰ τιϑέμενα εἰς ἑαυτούς]* 52). Der Magneteiſenſtein [λίϑος Ἡρακλεία] hat eine anziehende Kraft [ὀλκήν τινα ποιεῖν]. Der Lydiſche Stein [ἡ Λυδή]* 53) prüft das Silber [βασανίζειν τὸν ἄργυρον].

De lap. 12 u. 13. Viele Steine dienen zu Kunſtwerken; in manche gräbt man Figuren [γλυπτοὶ ἔνιοι], andre werden gedrechſelt [τορνευτοί], andre geſägt [πριστοί]. Manche greift das Eiſen gar nicht an oder doch kaum. — Im Allgemeinen ſind die Steine an Farbe, Härte, Weichheit, Glätte u. ſ. w. ſehr verſchieden.

De lap. 14 u. 15 u. 16. Berühmt ſind die Steinbrüche [αἱ λιϑοτομίαι] der Inſel Paros, des Pentelikon, der Inſel Chios und Theben's. — Bei Theben in Aegypten wird ein ſchwarzer Alabaſtrit [ἀλαβαστρίτης] gebrochen; der Chernit [χερνίτης] iſt dem Elfenbein ähnlich, und aus ihm ſoll das Grabmal des Darius gefertigt ſein; der Porus [πῶρος] iſt dem Pariſchen Marmor an Farbe und Härte gleich, und wird bei ägyptiſchen Prachtbauten verwendet. Neben ihm kommt auch ein ſchwarzer durchſcheinender Stein vor, welcher dem der Inſel Chios ähnlich iſt* 54).

De lap. 17. Der Smaragd [σμάραγδος], Sarder [τὸ σάρδιον], Karfunkel [ἄνϑραξ]* 55), der Laſurſtein [σάππει-

---

neralien, denen die Alten dieſen Namen gaben, wie z. B. der Malachit, färben das Waſſer. — Theophraſt deutet auch durch das „ſoll" an, daß er ſelber darüber keine Erfahrung habe.

* 52) Bezieht ſich jedenfalls auf Verſteinerungen.
* 53) Probirſtein.
* 54) Das ſüdliche Griechenland iſt nebſt ſeinen Inſeln reich an trefflichem Marmor (körnigem Kalkſtein); beſonders iſt der der Inſel Paros und der des Pentelikon bei Athen berühmt; den der Inſel Chios erwähnt Plinius 5, 31, 38. — Das nördliche Griechenland iſt reich an dichtem Kalkſtein und chloritiſchem Sandſtein. — Die ſich bei Theben in Aegypten hinziehende Bergkette beſteht aus einem Kalkſtein, der ausgezeichnet gut zu Bauten und Skulpturen iſt; in ihn ſind die berühmten Katakomben eingehauen. — Die Prachtbauten und Prachtdenkmäler des ägyptiſchen Theben's ſind aus rothem und ſchwarzem Granit von Syene, aus rothem Porphyr, aus Marmor, aus Sandſtein gebaut. — Theophraſt ſpricht an unſrer Stelle wohl von Steinbrüchen, die für Bauten und Denkmäler beſtimmt ſind; die Steine, welche er nennt, ſind jedenfalls Marmorſorten, unter den thebaïſchen auch Granite, die er als härtere Marmorſorten betrachtete. — Siehe unten Plinius 36, 7, 11.
* 55) Unter Karfunkel, ἄνϑραξ, carbunculus, müſſen wir unſren Rubin,

ϱος] *³⁶) und alle Steinarten, die für Siegelringe [σφραγίδιον] geschnitten werden [γλύπτειν], sind selten und klein.

De lap. 19. Manche Steine schmelzen in der Gluth mit den
Erzen [οἱ μεταλλευτοί] des Silbers, Kupfers, Eisens; dahin
gehören auch die Kieselsteine [οἱ πυρομάχοι] und die Mühlsteine
[οἱ μύλαι] *³⁷).

De lap. 20 u. 21. Manche Leute behaupten, daß alle Steinarten
in der Gluth schmelzen, den Marmor [ὁ μάρμαρος] ausgenommen,
welcher in staubige Masse verwandelt wird *³⁸); aber es gibt doch auch
Steine, die nicht schmelzen, sondern in Stücke zerspringen.

De lap. 23 bis 29. Bei Bina finden sich zerbrechliche Steine, welche
brennbar sind, daher schon lange zur Feuerung benutzt werden, aber
einen beschwerlichen und unangenehmen Geruch geben *³⁹). — In manchen
Bergwerken [ἐν μετάλλοις] findet man den Spinus. Zerschlagen,
aufgehäuft und mit Wasser befeuchtet entzündet er sich im Sonnen-
schein *⁶⁰). — Der Liparische Stein ist schwarz, glatt und dicht,
ist in Bimsstein [κίσσηρις] eingeschlossen. In der Gluth wird er

---

Rubin-Spinell, Pyrop und Almandin verstehn; — unter Sarder
unsre Karniole und Sarder.

*³⁶) Siehe Theophr. 42 und Plin. 37, 9, 39, nebst den Anm.

*³⁷) Kieselstein (Quarz) ist an sich in der Gluth der Schmelzöfen un-
schmelzbar, schmilzt jedoch daselbst mit der Potasche der Kohlen und dem Zusatz
von Kalkstein zu Schlacke. — Unter Mühlsteinen wollen wir uns hier
vulkanische Steine denken, welche den Griechen wohl bekannt waren, da sie
auf den Inseln Santorin, Kammeni, Polinos, Kimolos, Milos, Poros, Methana, Egina, Spezzia und am Kap Mylonnas in Menge vorkommen; — Milos und Kimolos geben auch in unsrer Zeit brauchbare Mühlsteine. — Es
können auch harte Sandsteine unter Mühlstein verstanden werden, wie sie im
nördlichen Griechenland vorkommen. — Die vulkanischen Gesteine und Sandsteine schmelzen ebenfalls mit Potasche und Kalkstein zu Schlacke. — Was
Theophrast hier sagt, findet sich auch bei Aristoteles, meteorologica 4, 6. —
Ich bemerke bei dieser Gelegenheit, daß ich Dasjenige, was in der dem Aristoteles zugeschriebnen Schrift θαυμάσια ἀκούσματα gesagt wird, absichtlich über-
gehe, da diese Schrift bestimmt nicht von Aristoteles stammt.

*³⁸) Der nach dem Glühen in Staub zerfallende Marmor ist jedenfalls
der Stein, welchen auch wir so nennen.

*³⁹) Bina liegt in Thracien. Die genannten Steine sind Stein- oder
Braunkohlen.

*⁶⁰) Haufen von Stein- und Braunkohlen, die mit Eisenkies gemischt
und feucht sind, entzünden sich leicht, wenn sie von der Luft berührt werden, von
selbst, d. h. durch in ihnen vorgehende chemische Zersetzungen und Verbin-
dungen.

bimsſteinartig [κισσηροειδής] und ändert zugleich ſeine Farbe und Dichtigkeit. Auch auf der Inſel Melos findet ſich Bimsſtein * 61). — Auch
bei Tetras und beim Vorgebirge Erineas in Sicilien gibt es Steine,
die mit Aſphaltgeruch brennen. — Die Erdkohlen [ἄνϑραχες γε-
ώδεις] werden zum Gebrauch gegraben, denn ſie brennen wie Holzkohlen.
Man findet ſie in Ligurien nebſt Bernſtein [ἤλεχτρον], auch in Elis
bei Olympia. Namentlich werden ſie vom Schmid [χαλχεύς] benutzt * 62). — In den Bergwerken von Skaptefule hat man einſt einen
Stein gefunden, der faulem Holze ähnlich ſah. Gießt man Oel auf
ihn, ſo brennt er, zeigt ſich aber, wenn die Flamme erloſchen, unverändert * 63).

De lap. 31 u. 32. Der Karfunkel [ἄνϑραξ] * 64) iſt unverbrennlich, wird zu Siegelſteinen geſchnitten [οὐ τὰ σφραγίδια γλύ-
φουσι], hat eine rothe Farbe und ſieht im Sonnenſchein wie eine glühende
Kohle aus. Er ſteht ſehr hoch im Preiſe, und ein ſehr kleiner koſtet
40 Goldſtücke. Er wird von Karthago und Maſſilia aus in Handel
gebracht. — Bei Milet findet ſich ein Stein, der kantig, oft ſechskantig,
zugleich unverbrennlich iſt und auch Karfunkel genannt wird, was
ſonderbar iſt, da er dem Diamant [ἀδάμας] ähnelt * 65).

De lap. 33 bis 40. Der Bimsſtein [ἡ χίττηρις] iſt nicht brennbar,
obgleich er durch Gluth entſtanden iſt und ſich in den Kratern [οἱ
χρατῆρες] findet. — Auf der Inſel Niſhros und auf Melos iſt er wie
ſandig. — Die Bimsſteinſorten unterſcheiden ſich von einander durch
Farbe, Dichtigkeit, Schwere. — In den Lavaſtrömen [ῥύαξ] Siciliens findet man eine dichte, ſchwere Bimsſteinſorte; er polirt [σμηχτιχή]

---

* 61) Der Lipariſche Stein iſt unſer Obſidian. Er findet ſich nebſt
Bimsſtein noch jetzt auf den Lipariſchen Inſeln bei Sicilien und auf der grie-
chiſchen Inſel Milos (Milo, ſonſt auch Melos). Der Hauptbeſtandtheil dieſer
Inſel iſt Trachyt.

* 62) Stein- und Braunkohle werden bei den Alten dem Namen nach
nicht unterſchieden. — Der Bernſtein findet ſich in Braunkohlen-Lagern.

* 63) Skaptefule lag an der Küſte Thraciens. — Auch in England hat
man zu Winſter, Grafſchaft Derby, Steine gefunden und Black Wadd genannt,
bei welchen eine Entzündung Statt findet, wenn ſie mit Leinöl gerieben werden.

* 64) S. Anm. 55.

* 65) Wahrſcheinlich ſind hier ſchön rothe, ſechskantige Eiſenkieſel gemeint,
die man auch jetzt noch ſchleift. Sie ſind undurchſichtig, leicht vom Diamant
zu unterſcheiden; aber den letzteren kannte Theophraſt ſchwerlich aus eigner Erfahrung, nennt ihn auch nur an dieſer Stelle. — Nähme man die Vergleichung
genauer, ſo müßte man hier den Roſenquarz verſtehn, welcher geſchliffen
einem roſenrothen Diamanten ähnlich ſieht, dem Karfunkel dagegen nicht.

ἐστι] besser als leichter weißer; am besten polirt aber der aus dem Meere selbst genommene * 66).

De lap. 42 bis 50.   Zu Siegel-Ringsteinen [σφραγίδιον] dienen unter andern der Sarder [τὸ Σάρδιον], der Jaspis [ἡ ἴασπις] * 67), der Lasurstein [σάπφειρος], welcher wie mit Gold getüpfelt ist * 68). — Der Smaragd [ἡ σμάραγδος] ist gut für die Augen, und man trägt ihn als Ringstein, um ihn anzusehn. Uebrigens ist er selten und nicht groß. Dennoch behaupten die Beschreibungen der ägyptischen Könige, daß einmal ein babylonischer König einen Smaragd von vier Ellen Länge, drei Ellen Breite als Geschenk gesandt habe; auch stehe im Tempel des Jupiter ein aus vier Smaragden zusammengesetzter Obelisk, 40 Ellen hoch, vier Ellen breit, zwei dick * 69). — Der falsche [ψευδής] Smaragd kommt an bekannten Stellen vor, namentlich in den Kupfergruben [ἐν τοῖς χαλκωρυχείοις] Cypern's, wo er Gänge [ῥάβδος], die sich mannichfach durchkreuzen, füllt, jedoch nur selten groß genug zu Ringsteinen ist * 70). — Die meisten benutzt man zum Löthen

---

* 66) Der Bimsstein dient zum Poliren derjenigen Edelsteine, welche nicht härter sind als Quarz, zum Poliren des Marmors, Alabasters, der Metalle, des Holzes u. s. w. — Dr. X. Landerer fand in einem althellenischen Grabe neben drei Metallspiegeln auch das zum Poliren derselben bestimmte Bimssteinpulver in einer Vase.

* 67) Unter Jaspis müssen wir bei den Alten nicht bloß unsren Jaspis, sondern auch die ihm ähnlichen andren Quarzsteine, wie Hornstein u. s. w., rechnen.

* 68) Die Angabe der goldgelben Fleckchen zeigt, daß hier nicht unser Saphir, sondern unser Lasurstein gemeint ist, welcher sehr oft goldgelbe Körnchen von Eisenkies enthält. — Eben so bei Plin. 37, 9, 39.

* 69) An der Wahrheit dieser Angaben brauchen wir nicht zu zweifeln, nur müssen wir an dieser Stelle unter Smaragd unsren Malachit verstehn. Kleine aus ihm bestehende Kunstwerke des Alterthums werden in mehreren jetzigen Sammlungen aufbewahrt, und daß er in mächtigen Blöcken vorkommt, ist gewiß. So z. B. sah Th. W. Atkinson im Jahr 1850 bei Jekaterinenburg einen Block herrlichen Malachits, dessen Schwere auf 720,000 Pfund geschätzt wurde. — Viele Malachit-Kunstwerke von bedeutender Größe stehn im Winterpalast und im Demidow'schen Palast zu Petersburg; am großartigsten sind aber acht Malachitsäulen in der Isaakskirche, jede sechs Faden hoch.

* 70) Daraus, daß der falsche Smaragd in den Kupfererz-Gängen vorkommt, ersieht man, daß Malachit gemeint ist; er besteht aus kohlensaurem Kuperoxyd und findet sich auch heutiges Tages, so viel man weiß, auf Cypern nur in kleinen Massen. — Natürlich brauchten die Alten nur ausgezeichnet schöne und somit seltne Stücke zu Ringsteinen.

[κόλλησις] des Goldes, wozu ſie eben ſo brauchbar ſind wie die Chryſokolla. Manche Leute glauben auch, ſie ſeien von der Chryſokolla nicht weſentlich verſchieden; jedenfalls haben ſie dieſelbe Farbe. —
Die Chryſokolla findet ſich zwar in Goldgruben [χρυσεῖον],
weit mehr aber in Kupfergruben* ⁷¹).

De lap. 50 bis 52. Der Luchsſtein [λυγκούριον] wird ebenfalls
zu Siegelſteinen geſchnitten [γλύφεται]. Er iſt ſehr hart, als ob er
ein Stein wäre, zieht aber wie Bernſtein [ἤλεκτρον] allerlei kleine
Späne an. Er iſt durchſichtig und feuergelb. Er entſteht in Wildniſſen
aus dem Urin der Luchſe, welchen dieſe Thiere verſcharren. Die Bearbeitung dieſes Steines iſt ſchwierig * ⁷²).

De lap. 53. Auch der Bernſtein [ἤλεκτρον] iſt ein Stein [λί-
θος] und wird in Ligurien gegraben. Er beſitzt auch eine Anziehungskraft; doch iſt dieſe am ſtärkſten und bekannteſten in dem Stein,
welcher Eiſen anzieht [σίδηρον ἄγειν] * ⁷³). Auch dieſer findet ſich
ſelten und nur an wenigen Orten.

De lap. 54. Siegelringſteine werden auch aus folgenden
Steinarten geſchnitten: Hyaloeides [ὑαλοειδής] * ⁷⁴), welcher ſpiegelt

* ⁷¹) Chryſokolla bedeutet Goldloth. — Theophraſt verſteht an dieſer
Stelle offenbar Malachit, der ſich ſtaubartig verfindet. — Unſre Goldarbeiter
löthen das Gold mit einer Legirung von Gold, Silber und Kupfer; die Alten
jedenfalls eben ſo, wenigſtens findet ſich keine Spur davon, daß ſie andre Stoffe
dazu verwendet. — Da nun Malachit mit Kohle geſchmolzen ohne Weiteres
ein ſehr reines Kupfer gibt, ſo war es ganz natürlich, daß man ihn verwendete, um das zum Goldlöthen nöthige reine Kupfer zu erhalten.

* ⁷²) Lynkurion bedeutet etwas aus Luchs-Urin Entſtandenes, alſo
jedenfalls etwas Durchſcheinend-Gelbbraunes. — Ohne Zweifel hat man ſich
darunter zweierlei zu denken: 1) einen harten, ſchönen Edelſtein, nämlich Granat
von jener Farbe, wie namentlich den Kaneelſtein, welcher in Piemont, Tyrol,
dem Banat, auf Ceilon u. ſ. w. vorkommt und bei uns im Handel als Hyazinth verkauft wird; ferner den wirklichen Hyazinth, der viel ſeltner iſt, vom
Kaneelſtein jedenfalls im Alterthum nicht unterſchieden wurde und in genügender
Menge von Ceilon bezogen werden konnte. Die genannten Steine haben gar
keine auffallende Anziehungskraft. — 2) Unter Lynkurion iſt der Bernſtein
ſelbſt zu verſtehn, ſobald von der ſtarken (elektriſchen) Anziehungskraft die Rede
iſt. — Jetzt bringt Ligurien keinen mehr in Handel. — Strabo nennt das
Lynkurion Lingurion, Geogr. 4, 6. — Man ſehe auch unten Plin. 37, 3, 13.

* ⁷³) Magneteiſenſtein.

* ⁷⁴) Das Wort bedeutet „glasartig". Es möchte wohl unſer Bouteillen-
ſtein gemeint ſein, der genau ſo ausſieht, wie das gemeine Glas grüner
Flaſchen.

und dabei doch durchsichtig ist; das **Anthration***[15]); der **Omphax** [ὄμφαξ]*[16]), der **Bergkrystall** [ἡ χρύσταλλος], und der
Amethyst [τὸ ἀμέθυσον], beide durchsichtig, ferner der **Sarder** [τὸ
σάρδιον], welche man alle beim Sprengen gewisser Felsen findet*[17]).
De lap. 56 bis 59. Vom **Sarder** nennt man die durchscheinende, mehr rothe Sorte weiblich; dagegen die ebenfalls durchscheinende, aber dunkler gefärbte männlich. — Die Farbe des **Onyx**
[τὸ ὀνύχιον]*[18]) ist weiß und braun gemischt. — Der **Amethyst**
ist weinfarbig*[19]). — Der **Achat** [ὁ ἀχάτης]*[20]) ist ein schöner
Stein, kommt im Fluß Achates in Sicilien vor und wird gut bezahlt.
De lap. 60 u. 61. Wohlfeiler als die genannten schönen, seltenen
Steine sind die griechischen, wie z. B. das **Anthration** [τὸ ἀνθρά-
κιον] aus Orchomenos und Arkadien, welches schwärzer ist als der Stein
von **Chios** und zu **Spiegeln** dient*[21]). — Der **Trözenische** Stein
ist von purpurrother und weißer Farbe bunt. — Der **Korinthische**
eben so gefärbt, jedoch blasser*[22]). Es gibt auch noch viele ähnliche
Steine.

---

*[15]) Ohne Zweifel eine der **Karfunkel**-Arten, s. Anm. 55.

*[16]) **Omphax** bedeutet die unreife Weintraube. — Dem Namen nach zu
urtheilen, könnte unser **Chrysopras** gemeint sein.

*[17]) Was die Alten **Krystall** nannten, heißt jetzt **Bergkrystall**; der
Amethyst heißt auch jetzt noch so; der **Sarder** jetzt **Karniol**, wenn er roth
ist, **Sarder**, wenn er braun ist.

*[18]) Heißt auch jetzt noch **Onyx**.

*[19]) Wie **rother Wein**; Plin. 37, 7, 25 und 37, 9, 41 nennt seine
Farbe **violet**, wie auch wir sie nennen.

*[20]) Heißt noch so.

*[21]) Hier ist sicher unser **Obsidian** als **Anthration** aufgeführt. Siehe
Plin. 36, 26, 67. — Theophrast nennt den Obsidian auch „**Liparischen**
Stein".

*[22]) Die zwei zuletzt genannten Steine müssen **Achatsorten** sein.

Da wir hier das von Theophrast über die **Schmucksteine** Gesagte schließen,
so muß ich noch einige Bemerkungen beifügen: Der Gebrauch von **Finger-
ringen**, in welche schöne geschliffene Steine eingesetzt waren, ist im Alterthum
bei den gebildeten Völkern sehr allgemein gewesen. Die Zahl der heut zu Tage
in Sammlungen aufbewahrten antiken geschliffenen (geschnittenen) **Schmucksteine**
beläuft sich auf etwa 30,000 Stück; außer dem Diamant, der offenbar auch
damals sehr selten war, fehlt unter dieser Anzahl kaum ein Schmuckstein von
allen denen, die wir noch jetzt aus Europa, Asien, Afrika beziehen. — Die **antiken Ringsteine** sind in der Regel ovale Tafelsteine; ihre Platte ist eben
oder etwas vertieft, seltner etwas erhaben. Buchstaben sind selten in die Platte
gravirt; fast immer zeigt sie **Köpfe**, mythologische Gegenstände und dergleichen.

De lap. 64 u. 65. Zu den Edelſteinen [σπουδαζομένη λίθος] gehört auch die Perle [ὁ μαργαρίτης]* [83]); ſie iſt zwar nicht durch⸗ ſichtig, gibt aber doch koſtbares Halsgeſchmeide [ὅρμος]. Sie ent⸗ ſteht in einer Auſterart im Indiſchen und im Rothen Meere. Man hat auch geringere Perlen, z. B. aus Zahntürkis [ἐλέφας ὀρυκτός], aus Laſurſtein [σάπφειρος], welcher der Kupferlaſur [κυανός] ähnlich ſieht, und aus grünſpanfarbigem Praſit [ἰώδης πρασίτης]* [84]).

De lap. 66. Der Blutſtein [αἱματίτις] iſt ein dichter Stein und wie aus geronnenem Blut gebildet* [85]).

De lap. 67 u. 68. Die Koralle [κουράλλιον]* [86]) iſt ſteinartig und roth, wurzelförmig, wächſt im Meere. — Ihr ähnlich iſt das ver⸗ ſteinerte Indiſche Rohr [ἰνδικὸς κάλαμος ἀπολελιθωμένος]* [87]).

De lap. 69 bis 71. Die metallhaltigen Steine [λίθοι μεταλλευόμενοι] ſind ſehr ſchwer; — ſo auch die natürliche Kupfer⸗ laſur [κυανός* [88]), welche Malachit [χρυσοκόλλα]* [89]) enthält. — In den Erzgruben [μέταλλον] findet man die Gelberde [ὤχρα] und den Röthel [μίλτος], beide ſind erdartig. — Mennige [σανδα⸗ ράχη] und Rauſchgelb [ἀρρενικόν] ſind ſtaubartig.

Die Figuren ſtehn entweder erhaben, und dann nennen wir die Steine Ka⸗ méen; ſie dienten offenbar vorzugsweiſe nur zu Schmuck; oder die Figuren ſind vertieft, und ſolche Steine heißen jetzt Intaglio's; ſie dienten ebenfalls zu Schmuck, aber auch als Petſchaft. — Kaméen und Intaglio's nennen wir ge⸗ meinſchaftlich Gemmen; eine Sammlung derſelben Gemmenſammlung oder Daktyliothek. — Das Verfahren der Künſtler bei Bearbeitung edler Steine war dem noch jetzt gebräuchlichen im Weſentlichen gleich; ſie hatten es, namentlich die griechiſchen Künſtler, in Rückſicht auf Politur und auf das Naturgemäße und die Schönheit der Figuren zum höchſten Grade der Voll⸗ kommenheit gebracht, den die beſten Künſtler unſrer Zeit zwar ebenfalls er⸗ reichen, aber nicht übertreffen.

* [83]) Von der Perle iſt weitläuftig in meiner „Zoologie der alten Griechen und Römer, Gotha 1856", gehandelt.

* [84]) Wahrſcheinlich iſt der Praſit blaugrünlicher Flußſpath.

* [85]) Der Rotheiſenſtein.

* [86]) Blutkoralle. Siehe meine „Zoologie der alten Griechen und Römer". S. 642.

* [87]) Ohne Zweifel die indiſche Schwarze Koralle, Gorgonia Anti⸗ pathes, L.

* [88]) Von der künſtlich (als Farbmaterial) bereiteten Kupferlaſur ſpricht Theophraſt weiter unten.

* [89]) Ueber den Malachit ſiehe Anm. 71. — Kupferlaſur und Malachit beſtehn beide aus denſelben chemiſchen Beſtandtheilen und ſind ſehr oft mit einander verwachſen.

De lap. 72 bis 74. Manche Steine sind so hart, daß man
sie nicht mit Eisen, sondern nur mit andren Steinen bearbeiten kann;
den Magneteisenstein [μαγνῆτις] vermag man mit Eisen zu schneiden; er ist ein hübscher, dem Silber ähnlicher Stein, doch hat er sonst
mit dem Silber nichts gemein*⁹⁰). — Auf Siphnos*⁹¹) wird ein
weicher Stein in Klumpen gegraben, den man drechseln und schneiden
kann, der aber, wenn er mit Oel getränkt und dann geglüht wird, schwarz
und hart wird, so daß man Tischgefäße aus ihm macht*⁹²).

De lap. 77. Der Wetzstein [ἀκόνη] greift das Eisen an, kann
aber doch mit Eisen gespalten werden. Ein dem Wetzstein ähnlicher
Stein, mit welchem man Ringsteine schleift, wird aus Armenien gebracht*⁹³).

De lap. 78 bis 80. Wunderbar ist die Natur des Probir-
steins [βασανίζουσι]; er nimmt von dem Gold, mit welchem er gerieben wird, einen Strich an.

De lap. 83. Ziegelsteine [πλίνθος] aller Art werden aus
einer Erdart [γῆ] gemacht, die man erweicht und dann glüht.

De lap. 84. Das Glas [ὁ ὕελος] wird, wie man sagt, aus
Glaserde [ὑελῖτις] in heftiger Gluth geschmolzen; die schönste Farbe
hat das mit Kupfer [χαλκός] zusammengeschmolzene*⁹⁴).

---

*⁹⁰) Aus dieser Bemerkung ersieht man, daß zu Theophrast's Zeit der
Stahl so stark gehärtet wurde wie bei uns, denn nur der härteste greift den
Magneteisenstein an.

*⁹¹) Griechische Insel.

*⁹²) Heißt jetzt Topfstein. Siehe unten Anm. 557.

*⁹³) Mit gewöhnlichen Wetz- und Schleifsteinen können, wegen ihres
Quarzgehaltes, alle Quarzsorten (Bergkrystall, Amethyst, Karniol u. s. w.), so
wie weichere Edelsteine (Opal, Lasurstein) geschliffen werden; diejenigen aber
nicht, welche, wie der Topas, Smaragd, Rubin u. s. w., härter sind als Quarz. —
Der von Theophrast als aus Armenien kommend bezeichnete Wetzstein ist wahrscheinlich aus der Gegend von Ephesus kommender Smirgel.

*⁹⁴) Durch Zusatz von Kupferoxydul bekommt das Glas die herrliche
kirschrothe Farbe. — Da das Kupferoxydul an sich schön roth ist, so lagen die
Versuche, Glas damit zu färben, nah. — Unter Glaserde hat man sich Sand
zu denken, welcher Kalk und Soda oder Kochsalz enthält und somit in der Gluth
ohne weiteren Zusatz Glas gibt. Dergleichen Sand findet sich in Aegypten
und Phönicien häufig. Die Bewohner dieser zwei Länder haben seit Menschengedenken Glasfabriken gehabt; es wurde vorzugsweise zu Schmuck und kleineren
Gefäßen gebraucht und mit Metalloxyden schön gefärbt. In den Sammlungen
hat man heut zu Tage noch antike geschliffene gläserne Kunstwerke in bedeutender Menge.

Do lap. 90 bis 97. Röthel [μίλτος], den man zum Malen der Portraits [ἀνδρείκελον] verwendet, findet ſich überall. Gelberde [ὤχρα] hat dieſelbe Farbe wie Rauſchgelb [ἀῤῥενικόν] und wird ſtatt deſſen beim Malen gebraucht. Gelberde und Röthel gewinnt man hier und da in eignen Bergwerken [μέταλλον], namentlich viel in Kappadocien. — Der beſte Röthel kommt von Keios *⁹⁵). Auch Eiſenbergwerke [σιδήριον] liefern Röthel. Gut·iſt auch der von Lemnos und der aus Kappadocien, von wo er über Sinope in Handel kommt. — Es gibt drei Sorten natürlichen Röthels, hoch-rothen, blaßrothen und die dritte, welche die Mitte hält. Die letztere nennt man ſelbſtſtändig, weil ſie mit den zwei andren nicht gemiſcht zu werden braucht, während erſtere gemiſcht werden können. — Es gibt auch eine künſtliche Röthelſorte, welche durch Glühen der Gelb-erde entſteht. Der Erſte, welcher künſtlichen Röthel bereitet hat, war Lydios; er hatte bemerkt, daß der Ocheranſtrich eines Hauſes roth wurde, als dieſes in Brand gerathen war. Seit jener Zeit glüht man die Gelberde in Töpfen, auf die ein Deckel mit Lehm [πηλός] geklebt iſt. Je ſtärker ſie geglüht werden, je dunkler wird das Roth *⁹⁶).

De lap. 98 bis 100. Natürliche Kupferlaſur [κυανός] bringt Scythien und Cypern in Handel *⁹⁷), Aegypten aber künſt-liche *⁹⁸).

---

*⁹⁵) Ceos, Cea, griechiſche Inſel, jetzt Zia. — Unter μίλτος, Röthel, haben wir uns bei Theophraſt ſowohl den Röthel, als auch die ihm an Farbe und Benutzung gleichſtehenden Mineralien, welche wir Rothen Bolus und Rotheiſenocher nennen, zu denken. — Daß μίλτος bei Theophraſt keine Mennige ſei, welche bekanntlich natürlich vorkommend eine große Seltenheit iſt, geht ſchon daraus hervor, daß er ſagt, „μίλτος komme überall vor“. — Dieſe Bemerkung beweiſt nebſt den angegebenen Fundorten auch, daß nicht von Zinn-ober die Rede iſt. — Die Ausfuhr des Röthels von Ceos muß ſtark geweſen ſein, denn Dr. Roß hat, wie Dr. Fiedler berichtet, auf der Akropolis von Athen eine gut erhaltene Marmorplatte ausgegraben, auf welche ein Vertrag eingegraben iſt, nach welchem nur athenienſiſche Schiffe den μίλτος von Coos holen durften.

*⁹⁶) Das beſchriebene Verfahren iſt noch jetzt in Gebrauch. Die gelbe Farbe der Gelberde beſteht aus Eiſenoxyd-Hydrat, und geht, ſo wie der Waſſergehalt durch Glühen ausgetrieben wird, in rothes Eiſenoxyd über.

*⁹⁷) In Scythien liegen die großen Kupfergruben des Altai; Cypern wird im Alterthum wegen ſeiner Kupfererze oft genannt.

*⁹⁸) Da man die natürliche Kupferlaſur zwar als Malerfarbe braucht, aber nicht künſtlich nachahmt, ſo möchte wohl der von Theophraſt genannte künſtliche κυανός Smalte, d. h. mit Kobalt blau gefärbte Glasmaſſe, ſein. Schön ſmalteblau gefärbte antike Glaswaaren findet man in unſren Sammlungen.

De lap. 101. Das Bleiweiß [ψιμύθιον] ist ein Kunstprodukt. Man stellt Blei [μόλιβδος] über Essig in Töpfen auf, und wenn es eine dicke Rinde bekommen, öffnet man die Töpfe, schabt die Rinde, welche eine Art Rost [ἐυρώς] vorstellt, ab, setzt das Blei wieder in die Krüge, bis es ganz zerfressen ist, reibt das Abgeschabte durch einen Durchschlag und kocht es * 99).

De lap. 102. Auf ähnliche Weise entsteht auch der Grünspan [ὁ ἰός]. Man setzt nämlich rothes Kupfer mit dem Saft ausgepreßter Weintrestern an und schabt Das, was sich am Kupfer ansetzt, ab * 100).

De lap. 103 u. 104. Vom Zinnober [κιννάβαρι] gibt es zwei Sorten. Natürlich kommt er in Spanien und Kolchis vor, ist sehr hart und steinartig * 101). Der künstliche kommt in geringer Menge aus der Gegend von Ephesus. Er ist zu feinem Pulver gerieben, karminsinroth, und durch Auswaschen in Wasser, wobei die Unreinigkeiten abgeschlemmt werden, gereinigt * 102).

De lap. 105. Quecksilber [χυτὸς ἄργυρος] wird gewonnen, wenn man Zinnober mit Zusatz von Essig in einem kupfernen Mörser mit einer kupfernen Keule reibt * 103).

De lap. 107 bis 110. Die Melische Erde [ἡ μηλιάς] ist locker,

---

* 99) Dasselbe Verfahren hat man noch jetzt, doch hat Theophrast vergessen zu erwähnen, daß die Töpfe in und unter Pferdemist stehen müssen. Der Essig verwandelt das Blei in essigsaures Bleioxydul (Bleizucker); dieses wird sodann durch die sich aus dem Pferdemist entwickelnden kohlensauren Dämpfe in Bleiweiß (kohlensaures Bleioxyd) verwandelt. — Das Auskochen, welches Theophrast erwähnt, möchte in Wasser geschehn sein, um zufällig in die Töpfe gerathene Unreinigkeiten zu entfernen.

* 100) Der Saft der Trestern gibt durch Gährung Essig, und so entsteht essigsaures Kupferoxyd, d. h. Grünspan. — Indem Theophrast sagt, man müsse rothes Kupfer nehmen, will er andeuten, daß es rein, also nicht mit fremden, den Grünspan verschlechternden Metallen, wie Zink und Zinn, legirt sein dürfe.

* 101) Zu Almaden in Spanien wird er noch jetzt in Menge gegraben. Hart ist er nirgends.

* 102) Dieser künstliche Zinnober war jedenfalls nur gepulverter und gereinigter. — Heutiges Tages fertigt man den künstlichen durch Zusammenschmelzen von Schwefel und Quecksilber.

* 103) Auf diese Art behandelt ändert sich der Zinnober nicht, wird dagegen mit entstehendem Grünspan verunreinigt. — Die richtige Art, aus Zinnober das Quecksilber durch Glühen in Berührung mit Eisen zu scheiden, finden wir bei Dioskorides 5, 110.

mild, rauh, mager, und wird von den Malern gebraucht * 104). Die Cimoliſche Erde [κιμωλία] dient zu anderm Zwecke* 105). Die Samiſche Erde [σαμία] iſt fett, zähe und glatt* 106). In den ſa- miſchen Gruben kann der Bergmann [ὁ ὀρύττων] nicht aufrecht ſtehn, ſondern nur auf dem Rücken oder auf der Seite liegend arbeiten, denn der Gang [φλέψ], welcher ſehr weit ſtreicht, iſt nur zwei Fuß mächtig. Man benutzt die Samiſche Erde beim Waſchen der Kleidungsſtoffe; zu demſelben Zwecke braucht man auch die Tymphäiſche Erde [τυμ- φαϊκή], welche man auch Gyps [γύψος] nennt* 106b).

Do lap. 111 bis 119. Gyps [ἡ γύψος] findet ſich auf Cypern in großer Menge nahe unter der Oberfläche der Erde; ferner in Phö- nicien, Syrien u. ſ. w. Er iſt mehr ſtein- als erdartig. Der ſtein- artige iſt dem Alabaſter [ἀλαβαστρίτης] ähnlich* 107). Man bricht ihn nur in Brocken* 108). — Macht man ihn naß, ſo wird er wunderbar klebrig und warm* 109). — Man braucht ihn beim Bauen als Kitt, und bereitet ihn zu dieſem Zwecke dadurch vor, daß man ihn* 110) pül- vert, mit Waſſer übergießt und dann mit Holz umrührt, denn mit der Hand kann man es wegen der Hitze nicht* 111). Das Gypspulver darf nur ganz kurze Zeit vor dem Gebrauch mit Waſſer gemengt werden, denn es verwandelt ſich mit Waſſer ſehr ſchnell in harte Maſſe. In

---

* 104) Nach der Beſchreibung des Theophraſt könnte die Meliſche Erde, da er ſie mild nennt, eine Thonſorte, da er ſie rauh nennt, eine Kreide- ſorte ſein. — Nach Dioscorides ſcheint ſie ein Thon, der Alaun und vulka- niſche Aſche enthält. — Nach Plinius 35, 6, 19 iſt ſie ein weißer Thon oder Meerſchaum.

* 105) Wurde nach Plin. 35, 17, 57 beim Waſſen der Kleiberſtoffe ver- wendet; war eine Thonſorte.

* 106) Jedenfalls thonartig, daher brauchbar, um wollene Stoffe von Oel zu befreien.

* 106b) Siehe unten Anm. 496.

* 107) Der Alabaſter iſt ſelbſt ein zu Kunſtwerken paſſender dichter oder körniger Gyps.

* 108) Dichter und körniger Alabaſter läßt ſich nicht in großen Maſſen abbrechen oder abſprengen. — Will man große Werkſtücke, ſo müſſen ſie be- hutſam vom Felſen losgehauen oder abgeſägt werden.

* 109) Dieſe Bemerkung bezieht ſich nur auf ſchwach geglühten und dann pulveriſirten Gyps; dieſer erwärmt ſich mit der paſſenden Waſſermenge, jedoch nicht ſtark, und klebt dann zu feſter, ſteinartiger Maſſe zuſammen.

* 110) erſt brennt, dann pülvert u. ſ. w.

* 111) So arg erhitzt ſich der Gyps nicht, wohl aber der Kallſtein, wenn er ſtark gebrannt und dann mit Waſſer begoſſen wird.

Mauern bindet der Gyps die Steine sehr fest. In Italien wird er auch zum Tünchen [κονίασις] verwendet; etwas verbrauchen auch die Maler, ferner werden die Kleidungsstoffe mit einem Zusatz von Gyps gewalkt. — Ausgezeichnet gut eignet sich der Gyps zu Abdrücken. — Man brennt den Gyps in eignen Oesen, und zwar vorzüglich die festen, steinartigen Stücke. Nach dem Brennen zerstampft man sie zu Staub.

De odoribus, vol. 1, p. 747 od. Schneider. Salben hebt man am liebsten in Gefäßen von Blei [μολυβδᾶ ἀγγεῖα] oder Alabaster [ἀλάβαστρος] auf.

Cato,
um's Jahr 200 vor Christo.

De re rustica 14. Die Grundmauern und Wände der Villa baut man alle aus Bruchstein [cæmentum] und Kalk [calx]. — Bei der Bezahlung werden von Dachziegeln [tegula in tectum], bei denen etwa der vierte Theil abgebrochen ist, zwei für Eine gerechnet; dagegen Eine Hohlziegel [tegula conliciaris] für zwei gewöhnliche. . . .

De re r. 15. Auch die Gartenmauern [maceria] werden aus Kalk, Bruchsteinen und Kieselsteinchen [silex] gebaut, und dann (mit Kalk) überzogen [sublinere].

De re r. 38. Den Kalkofen [fornax calcaria] baue wo möglich ganz in die Erde, gib ihm 20 Fuß Höhe, zehn Fuß Breite, doch so, daß er sich oben auf drei Fuß zusammenzieht. Er bekommt Ein Heizloch oder deren zwei. Das Feuer muß in ihm unausgesetzt brennen. Die zu brennenden Steine müssen so weiß als möglich sein, denn die bunten taugen weniger. Steht er nicht ganz in der Erde, so gib ihm einen Aufsatz von Ziegel- oder Bruchsteinen [lateribus aut cæmentis], und bestreiche den Aufsatz von außen mit Lehm [lutum]. Ist der Kalk gar gebrannt [calx cocta], so erkennt man es daran, daß die unteren Steine zusammenfallen und die Flamme weniger Rauch gibt.

De re r. 88. Will man gemeines Salz [sal populare] reinigen, so thut man es in ein Körbchen, hängt dieses in ein Gefäß mit reinem Wasser, und schüttet so lange Salz nach, bis sich keins mehr auflöst und ein Ei im Wasser schwimmt. Diese Salzlake stellt man in Schüsseln an die Sonne, bis endlich die Salzblüthe [flos salis] entsteht*[112]).

De re r. 105 u. 112. Um griechischen Wein zu machen, siedet

---

*[112] In dem Körbchen, das dicht geflochten sein muß, bleiben die Unreinigkeiten zurück. Verfliegt das Wasser aus den Schüsseln, so bleibt die Salzblüthe, d. h. reine Salzkrystalle.

man Moſt in einem bronzenen oder bleiernen Gefäß [vas ahe-
neum aut plumbeum], läßt ihn kühl werden, ſchüttet ihn in ein andreß
Gefäß und Waſſer hinzu, worin Salz aufgelöſt iſt*¹¹³). — Der Wein
für'ß Geſinde wird mit Seewaſſer gemiſcht.

De re r. 128. Um das Wohnhauß ſo zu übertünchen [dolutare],
daß der Regen nichts abwäſcht, trägt man Kreide oder Röthel [terra
cretosa vel rubricosa] auf, die mit Oelabgang [amurca] zuſammengerie-
ben ſind.

De re r. 162. Schinken werden eingepökelt, indem man ſie in
Salz legt.

Agatharchides,
um's Jahr 130 vor Chriſto.

Periplus Rubri maris, pag. 15 ed. Hudson. Die Neger im
Süden Aegyptens haben Rohrpfeile mit ſehr ſcharfen, vergifteten Stein-
ſpitzen.

Peripl. R. m., pag. 22. An einer Stelle wendet ſich der Nil
ſtark nach dem Rothen Meere hin, und dort bildet auch das Meer nach
dem Nil zu eine Bucht. In jener Gegend*¹¹⁴) ſind reiche Goldgruben. Die Arbeiter machen die Felſen durch Feuer mürbe und zerhauen ſie dann mit eiſernen Werkzeugen [σιδήρῳ λατοµικῷ κερµα-
τίζονται]. Sie verfolgen in die Felſen eindringend die ſich verzweigenden

---

*¹¹³) Es iſt hier zu bemerken, daß der Moſt durch Kochen in einem bron-
zenen oder bleiernen Gefäß nicht giftig wird. Die Säure des Weins
(die Weinſäure) löſt nichts vom reguliniſchen Kupfer Zinn, Blei ab. — (Nur
wenn Weinſäure mit Kupfer- oder Bleiſalzen in Berührung kommt, entſteht
weinſaures Kupfer- und Bleioxyd, die ſich beide in der Flüſſigkeit nicht auf-
löſen, alſo zu Boden ſinken.) — Anders verhält ſich die Sache, wenn Wein verdorben und eſſigſauer geworden; dann entſteht bei Berührung jener zwei Metalle eſſigſaures Kupfer- oder Bleioxyd, und dieſe ſind beide giftig.
*¹¹⁴) Agatharchides beſchreibt die Lage dieſer goldreichen Gegend ſehr
unbeſtimmt. Jedoch da er vorher von den Aethiopen, nachher ebenfalls von
den ſüdlich von Aegypten wohnenden Leuten ſpricht, ſo muß ich annehmen, er
meine die ſüdlich vom jetzigen Sennaar gelegene Gold-Terraſſe Fazoll, und
ſein dem Rothen Meer zugewenderer Nil bedeute die zwei bei Sennaar vorbei-
fließenden und ſich dann in den Nil ergießenden Ströme. — Nach den Unter-
ſuchungen von Bruce, Browne, Bermudez, iſt Fazoll ſehr reich an
Gold; letzteres kommt in unſrer Zeit in Menge nach dem am Rothen Meere
gelegenen Maſſawa und wird von da, wie W. Munzinger berichtet, vorzugsweis
nach Indien ausgeführt. — Ueber die in der Nähe der Gold-Terraſſe von
Fazoll gelegene Gold-Terraſſe von Scheibun ſiehe unten Anm. 134.

Erzgänge [ψλέψ], wobei ein Jeder an der Stirn ein Grubenlicht trägt. Das goldhaltige Gestein wird von den stärksten Leuten in steinernen Mörsern mit eisernen Keulen so klein gestampft, daß die größten Stücke so klein sind wie ein Erbsensame [ὄροβος]. Das von den Männern Gestampfte übernehmen dann die Weiber und zermalmen es zu feinem Mehl. Dieses wird dann von andren Leuten auf einer etwas schief stehenden Tafel ausgebreitet, mit Wasser übergossen und mit den Händen umgerührt. So fließen die erdigen Theile weg, während der Gold= staub [τὰ ψήγματα τοῦ χρυσοῦ] auf der Tafel bleibt, weil er schwerer ist. Dieser Goldstaub wird abgewogen, in ein irdenes Gefäß gethan, dazu nach Verhältniß ein Klumpen Blei, Salzkrumen, wenig Zinn, ferner Gerstenkleie. Darauf wird ein Deckel aufgesetzt, gut verschmiert, und das Gefäß fünf Tage und Nächte hindurch ohne Unterlaß geglüht. Ist dann das Gefäß verkühlt, so findet sich in ihm gar nichts mehr als das zu einem Klumpen zusammengeschmolzene Gold, welches fast eben so viel wiegt, wie der Goldstaub, aus dem es entstanden *[115]).

Peripl. R. m., pag. 54. Im Rothen Meere liegt die sogenannte Schlangen=Insel; auf dieser findet sich der Topas [τοπάζιον], ein durch= sichtiger, glasartiger Stein von lieblicher Goldfarbe. Die Einwohner sammeln ihn auf königlichen Befehl und übergeben ihn den Künstlern, welche ihn zu poliren [ἐκλεαίνειν] verstehn *[116]).

Peripl. R. m., pag. 59. An der arabischen Küste des Rothen

---

*[115]) Der Schmelzprozeß, wie ihn Agatharchides gibt, würde so ver= laufen: Das Chlor des Kochsalzes würde mit dem im Golde enthaltenen Silber Chlorsilber geben, also das Silber aus dem Golde entfernen; Blei und Zinn würden mit dem Golde regulinisch verschmolzen; die Kleie würde sich im Glühen in Kohle verwandeln und die Oxydation des Bleies und Zinnes verhüten. — Schließlich müßte man das Gold vom Blei und Zinn auf dem Treibherd scheiden, und nun würde es allerdings ganz rein von Silber und unedlen Metallen erscheinen; es würde auch auf dem Treibherde gar nichts übrig bleiben als das reine Gold, indem Blei und Zinn sich oxydiren und vom Treibherd eingesogen werden, während das Gold auf ihm liegen bleibt. — So erklärt sich die an sich fabelhafte Behauptung des Agatharchides, daß Alles außer dem Golde verschwinde. Diodorus Siculus 3, 13 stellt die Sache eben so dar wie Agatharchides, dessen Buch er jedenfalls dabei vor Augen hatte. — Wollte man annehmen, was Agatharchides für Goldstaub hielt, sei nur zerpochter Eisen= oder Kupferkies gewesen, so widerlegt sich eine solche Annahme schon dadurch, daß er sagt: „am Ende sei fast eben so viel Gold im Gefäß gewesen, als man hinein gethan"; Eisen= und Kupferkies enthalten immer nur sehr wenig Gold.

*[116]) Hier ist, nach der Beschreibung zu urtheilen, Topas gemeint, welcher noch jetzt diesen Namen führt. — Siehe unten Anm. 628 und 629.

Meeres wohnen die Debeber, deren Fluß viel Goldsand führt. . . .
pag. 60. Nicht weit davon wohnen die Aliläer und Kasandriner, bei
denen sich im Boden Goldstücke finden, wovon die kleinsten so groß wie
Olivenkerne sind; die größten kommen Wallnüssen gleich. Solches Gold
nennen die Griechen, weil man es. nicht aus Goldsand zusammenzu-
schmelzen braucht, ἄπυρον. Die Eingebornen machen sich aus solchen
Goldstücken und durchsichtigen Steinen Hals = und Armbänder. Ihren
Nachbarn verkaufen sie das Gold wohlfeil, entweder gegen dreimal so
viel Kupfer, oder halb so viel Eisen, oder ¹/₁₀ Silber. Der Werth
der Waaren richtet sich nach ihrer Seltenheit.

Cäsar,
um's Jahr 50 vor Christo.

De bello gallico 5, 12. Im Innern Britanniens findet sich Zinn
[plumbum album], an den Küsten Eisen [ferrum], aber nur wenig;
das Kupfer [üs] beziehen die Britannier vom Ausland.

Cicero,
um's Jahr 50 vor Christo.

In Verrem 4, 26. Verres hat in Sicilien jeden Edelstein
[gemma] und jeden Ring [annulus], der ihm gefiel, weggenommen.
Einstmals fiel ihm auch ein Brief, der von Agrigent gekommen war, in
die Hände, dessen in Thon [cretula] *¹¹⁷) gedrücktes Siegel ihm gefiel.
Gleich schickte er Befehl nach Agrigent, daß der Siegelring [annulus]
seinem Besitzer genommen werden sollte, und behielt ihn für sich. . . .
In Verrem 4, 27. Der König von Syrien, Antiochus, besaß unter
vielen andren Schätzen prachtvolle, künstlich gearbeitete, mit den herrlichsten
Edelsteinen besetzte Becher; ferner ein Gefäß zum Weinschöpfen, das
aus einem einzigen sehr großen Edelsteine gearbeitet war und einen
goldnen Henkel hatte; zudem einen wunderschönen, zur Zierde des römischen Kapitols bestimmten, aus den kostbarsten Edelsteinen zu-
sammengefügten Kandelaber. Alle diese Schätze brachte Verres durch

---

*¹¹⁷) Ueber die Thonsiegel der Alten siehe Anm. 25. — Man muß sich
denken, daß der Brief mit einem Faden zugebunden und der Thon so aufgelegt war, daß er beim Abbruch des Siegels sich jest um den Faden und dessen
Knoten anlegte. Diese Art zu siegeln war wohl nur gebräuchlich, wenn man
auf unbiegsamem Stoff, wie z. B. auf Holztäfelchen (tabella), siegelte, auf deren
Innenseite der Brief geschrieben war. — Statt des Thons brauchte man auch
Wachs als Siegel.

Lug und Trug an sich. . . . In Verrem 4, 59. Er raubte auch den Syrakusanern ihre Marmortische, eine Masse Korinthischer Gefäße u. s. w.*[119])

Oratio pro Flacco 16. Das ächte Dokument des Asklepiades, welches ich vorgezeigt habe, war mit jenem asiatischen Thone [creta asiatica] versiegelt, den fast Jedermann kennt, weil alle aus Griechenland kommenden Briefe damit versiegelt sind. — Also mit Thon war das Dokument versiegelt; der Betrüger hat aber statt dessen ein falsches ausgestellt; dieses ist mit Wachs versiegelt, und schon darin liegt der Beweis, daß es falsch ist.

Virgilius,
um's Jahr 40 vor Christo.

Aeneis 1, v. 178. Achates schlug aus dem Kieselstein [silex] Feuer, und fing es mit dürren Blättern auf.

Georgicon 4, v. 170. Im Aetna schmieden die Cyklopen aus zähen Massen Donnerkeile, wenden das Eisen [ferrum] mit Zangen, fachen die Gluth mit Blasebälgen aus Rindshaut an, schmieden auf Ambosen und löschen das glühende Metall [äs] in Wasser.

Aeneis 8, v. 416. Nicht weit von Sicilien, neben der Aeolischen Insel Lipare liegt die Insel Vulkan's [Volcania tellus], hoch aus rauchenden Felsen aufgethürmt. In ihrem Innern sind weite Räume, donnernde Feuerherde [caminus] der Cyklopen, wo die auf Ambose fallenden Schläge wiederhallen, der geschmiedete Stahl [stricturä chalybum] zischt, die Gluth in Oefen [fornax] stöhnt. Hier waren Cyklopen beschäftigt, Donnerkeile aus Eisen zu schmieden, als der Gott Vulkan erschien und einen Schild für den Helden Aeneas bestellte. Sogleich machten sich die Cyklopen an diese Arbeit; Kupfer [äs] und Gold [auri metallum] flossen in Strömen; der wundenbringende Stahl [chalybs] schmolz in einem gewaltigen Ofen [fornax].

Diodorus Siculus,
um's Jahr 30 vor Christo.

Bibliotheca historica 2, 52. In Arabien, Aegypten, Aethiopien, Indien erzeugt die Sonnengluth nicht bloß viele schöne, große Thiere,

---

*[119]) Die Korinthischen Gefäße waren hoch geschätzt, schön gearbeitet, bestanden aus einer Legirung von Kupfer, Gold und Silber. Siehe unten Plin. 9, 40, 65, ferner 34, 1, 1 u. Anm.

sondern auch allerlei verschieden gefärbte, durchsichtige, glänzende Steine. Der Bergkrystall [κρύσταλλος λίθος] soll aus Wasser entstanden sein, welches durch himmlisches Feuer fest geworden; deswegen soll er auch unverweslich sein und aus der Luft allerlei Farben angenommen haben *118b). Die Smaragde [σμάραγδος] und Aquamarine [βη-ρύλλιον], welche in Erzgängen [κατὰ τὰς ἐν τοῖς χαλκουργείοις μεταλ-λείας] vorkommen, sollen ihre Farbe vom Himmel bekommen haben; die Topase [χρυσόλιθος] *118c) sollen die Farbe der Sonne tragen; die unächten Topase [ψευδοχρυσόλιθος] werden mit irdischem, von Menschen gemachtem Feuer aus Bergkrystall gemacht, der gefärbt wird. Die Karfunkel [ἄνθραξ] enthalten mehr oder weniger Licht in sich, das in ihnen eingeschlossen worden, als sie fest wurden *119).

Bibl. hist. 5, 23. Der sogenannte Bernstein [ἤλεκτρον] findet sich einzig und allein an der Insel Basilea, welche dem über Gallien gelegenen Scythien gegenüber liegt; dort wirft ihn die Fluth in Menge an die Küste. Die Alten haben über den Bernstein viel gefabelt, jetzt aber kennt man die Verhältnisse besser *120).

Bibl. hist. 2, 12. In Babylonien gibt es so viel Asphalt [ἄσφαλτος], daß er dort nicht bloß überall beim Bauen benutzt wird, sondern auch zum Brennen statt des Holzes. Nahe bei der Asphalt-quelle ist ein kleiner Brunnen, aus dem ein Schwefeldampf empor-steigt, in welchem Thiere sehr leicht ersticken. . . . Bibl. hist. 2, 48. Im Lande der Nabatäer liegt ein großer See, aus welchem sie ihre Einkünfte ziehen *121). Sein Wasser ist übelriechend, bitter, und keine Thiere können in ihm leben. Aus dessen Mitte steigt alljährlich

---

* 118b) Der Bergkrystall zeigt, richtig gegen helles Licht und das Auge an ihn gehalten, schöne Regenbogenfarben.

* 118c) Siehe unten Anm. 628.

* 119) Ueber die Entstehung der Steine und die Stoffe, woraus sie bestehn, hat man jetzt andre Ansichten, worüber in meiner „G. Naturgeschichte" Bd. 5, das Nöthige zu finden. — Unächte, d. h. gläserne, Topase und Sma-ragbe entstanden jedenfalls ursprünglich beim Glasmachen von selbst, da Glas, in welches etwas von dem überall verbreiteten und namentlich im Sande sehr häufigen Eisenrost kommt, sich ohne Weiteres entweder bräunlichgelb oder grün färbt.

* 120) Unter Basilea sind die südlichen Küsten der Ostsee und vielleicht die westlichen Dänemarks gemeint, die man zu Diodor's Zeit noch nicht genau kannte.

* 121) Das Todte Meer. Siehe Carl Ritter's Erdkunde, Arabien, Aus-gabe 2, Band 1, Seite 115. — Siehe ferner unten Strabo 16, 2.

eine Asphaltmasse, zuweilen zwei bis drei Morgen groß, empor.
Zwanzig Tage vor dessen Erscheinen steigt ein starker Geruch aus dem
See, durch welchen Gold, Silber und Kupfer ihre Farbe verlieren *122). . . . Bibl. hist. 19, 99. Um den Asphalt holen zu
können, binden die Leute Massen von Rohr zusammen; auf jedes solches
Floß steigen drei Mann, von denen zwei rudern. Sind sie an den
Asphalt gelangt, so hauen sie von ihm Stücke ab und häufen sie auf
dem Flosse an. — Fällt einer von den Leuten in's Wasser, so sinkt er
nicht unter, sondern liegt obenauf; Dinge dagegen, die merklich schwerer
sind als Menschen, versinken *123). — Der Asphalt wird nach Aegypten
verhandelt und dort zum Einbalsamiren der Leichen benutzt.

Bibl. hist. 3, 47. Die Bewohner von Saba in Arabien sind
durch den Handel unermeßlich reich. Sie führen silberne und goldene Becher mit getriebener Arbeit, Ruhebetten und Dreifüße mit silbernen Füßen, und das übrige Hausgeräth von gleicher Kostbarkeit.
Sie haben Säulengänge, deren Säulen theils vergoldet, theils mit silbernen Figuren geschmückt sind. Die Decken und Thüren ihrer Zimmer
tragen goldene, mit Edelsteinen besetzte Medaillons, kurz überall sieht
man bei ihnen Gold, Silber, Elfenbein, die kostbarsten Steine
und andre Herrlichkeiten. . . . Bibl. hist. 5, 26. In Gallien findet
sich gar kein Silber; dagegen führen die Flüsse viel Goldstaub,
welcher durch Wascharbeit ausgesondert und dann in Oefen geschmolzen
wird. Männer und Weiber tragen goldne Ketten um die Handwurzeln,
die Arme, den Hals, große goldne Ringe an den Fingern, auch werden
goldene Panzer getragen.

Bibl. hist. 17, 71. Als Alexander *124) Persepolis, die Hauptstadt Persiens, erobert hatte, bemächtigte er sich der in der Burg liegenden Schätze von Gold und Silber, deren Werth zusammen 120,000

---

*122) Der Boden jener Gegend ist sehr reich an Schwefel. Alle schwefel-
haltigen Dämpfe verwandeln die Oberfläche des Silbers und Kupfers in
Schwefelsilber und Schwefelkupfer, und diese beiden chemischen Verbin-
dungen sind glanzlos und schwärzlich. — Gold dagegen wird durch Schwefel-
dämpfe nicht verändert, es sei denn, daß es viel Silber oder Kupfer enthalte.

*123) Daß ein Mensch vom Wasser des Todten Meeres ohne Wei-
teres getragen wird, haben auch in unsrer Zeit Robinson und Dr. Titus
Tobler beobachtet. Der Grund liegt darin, daß es mit aufgelösten Salzen
gesättigt ist. — Ueber das Todte Meer siehe übrigens unten Strabo 16, 2
nebst der Anm.

*124) Der Große.

Talente betrug *¹²⁵). — Die Stadt Persepolis war prachtvoll gebaut; ihre Burg war groß, hatte zu äußerst eine Mauer von 16 Ellen Höhe; hinter dieser Mauer stand eine andre von doppelter Höhe; die dritte, innerste Mauer war 60 Ellen hoch und von so festen Steinen gebaut, daß sie unverwüstlich schien. Die Thüren dieser Mauer waren von Bronze und neben ihnen bronzene Palissaden von 20 Ellen Höhe.

Bibl. hist. 18, 26. Als Alexander in Babylon gestorben war, ließ Arrhidäus fast zwei Jahre lang an dem für den König bestimmten Sarge und Leichenwagen arbeiten und führte dann die Leiche des Königs nach Alexandria. Der Sarg war aus Gold von getriebener Arbeit gefertigt und bis zur Hälfte mit Gewürzen gefüllt. Auch der Deckel war von Gold; auf ihm lag eine prächtige, mit Gold gestickte Purpurdecke, und neben ihm die Waffen des Verstorbenen. Der Leichenwagen hatte ein gewölbtes, goldenes, schuppenartig gearbeitetes, mit Edelsteinen besetztes Dach von acht Ellen Breite, zwölf Ellen Länge. Im Wagen lief rings ein goldener Sitz herum, und dieser war mit ausgehauenen Hirschköpfen verziert, welche goldene Ringe von der Breite zweier Hände trugen, in welche prachtvoll gefärbte Kränze gefügt waren. An den Enden hingen sehr große Schellen, deren Klang weithin gehört wurde. Jede Ecke des Daches war mit einer Siegesgöttin geziert, die eine Trophäe in der Hand hielt; das Dach ruhete auf goldenen Säulenreihen. Im Inneren war unter dem Dach ein goldenes Netz von fingerdickem Gewebe, welches vier Tafeln trug, auf welchen Alexander nebst seinen Leibgardisten, Reitern, Schiffen in halberhabener Arbeit abgebildet war. An der Thür des Wagens standen goldene Löwen. Zwischen je zwei Säulen erhob sich ein goldner Akanthus bis zum Dach. Oben auf der Mitte des Wagendaches befand sich in freier Luft ein Purpurteppich mit einem außerordentlich großen goldnen Olivenkranz. Der Wagen hatte zwei Axen; die Seiten und Schienen der Räder waren vergoldet. Die Enden der Axen wurden durch goldene Löwenköpfe gebildet, welche einen Spieß im Rachen hielten. Den Wagen zogen 64 Maulthiere von auserlesener Größe und Stärke. Jedes derselben war mit einem goldenen Kranze geschmückt; die Backen waren mit goldenen Schellen, die Hälse mit Edelsteinen geziert.

Bibl. hist. 5, 36 bis 38. In den Silbergruben Ibe-

---

* ¹²⁵) Ueber 150 Millionen Thaler.

riens*[126]) wird eine große Menge Silber gewonnen. Manche Schmelzöfen liefern alle drei Tage ein Euböisches Talent. Seit die Römer in
Besitz jener Gruben sind, werden dieselben von Sklaven bearbeitet, deren
Loos sehr hart ist. Sie legen an vielen Stellen neue Gruben an [στό-
μια ἀνοίγειν], treiben Schachte in die Tiefe [κατὰ βάϑους ὀρύττειν],
suchen die gold- und silberhaltigen Gänge und Lager [πλάξ], bringen in
die Breite und Tiefe viele Stadien weit ein, bringen in die Kreuz und
Quer [μεταλλουργεῖν] mit immer neuen Strecken [διάδυσις] immer weiter
vor und fördern von da die Erze [τὴν τὸ κέρδος παρεχομένην βῶλον]
zu Tage. — Die Grubenwasser wältigen sie durch die von Archi-
medes erfundene Wasserschraube [ὁ κοχλίας]*[127]). Indem sie mehrere
Wasserschrauben über einander stellen, fördern sie das Wasser bis zum
Mundloch [στόμιον] der Grube*[128]). — Ehe die Römer in Besitz dieser
Bergwerke kamen, schöpften die Karthager aus denselben ihren ungeheuren
Reichthum.

Bibl. hist. 5, 22 u. 38. Auf der Landspitze Britanniens, welche
Belerion*[129]) heißt, bereiten die Leute das Zinn [κασσίτερον]; sie holen
das Zinnerz aus der felsigen Erde, schmelzen und reinigen es. Sie
bringen das gewonnene Metall in Barren auf die Insel Iktis*[130]);
von da schaffen es die Kaufleute nach Gallien, wo es auf Saumrossen,
gegen 30 Tagereisen weit, bis zur Mündung der Rhone in die große
Handelsstadt Massilia*[131]) getragen wird.

Bibl. hist. 5, 13. Die Insel Aethalia*[132]) enthält viel Eisenerz [σιδηρῖτις], welches die Leute aus dem Felsen brechen [κόπτειν
τὴν πέτραν], in Stücke schlagen [τέμνειν τοὺς λίϑους] und in künstlichen Öfen [ἔν τισι φιλοτέχνοις καμίνοις] glühen. Dort schmelzen die
Erze; die Arbeiter schlagen sie [das Metall] sodann in mäßig große
Stücke, diese werden in ganzen Schiffsladungen nach allen Handelsplätzen verfahren und in Werkzeuge aller Art verwandelt.

---

*[126]) Spaniens. Es sind die Silbergruben von Carthago nova (jetzt Car-
tagena) gemeint. — Siehe unten Strabo 3, 2 und Anm. 192.

*[127]) Ein hoher Cylinder, der von einer schraubenförmigen Höhlung durch-
bohrt ist. Wird sein unteres Ende in Wasser gestellt, dann der Cylinder um
sich selbst gedreht, so steigt das Wasser in ihm empor und fließt oben aus.

*[128]) Die Schrauben stehn etwas schief; jede schüttet ihr Wasser in ein
Bassin, und aus diesem fördert es die nächste weiter empor.

*[129]) Jetzt Cornwall.

*[130]) Jetzt Wight.

*[131]) Jetzt Marseille.

*[132]) Jetzt Elba.

Bibl. hist. 5, 33. Die Celtiberer führen eiserne zweischneidige Schwerter und daneben spannenlange Dolche. Die Güte ihres Eisens ist so groß, daß solche Waffen durch Schilde, Helme und Knochen dringen. Um es so weit zu vervollkommnen, legen die Leute die Eisenplatten in die Erde, und lassen sie daselbst so lange, bis der Rost [ἰός] die schwachen Theile des Eisens verzehrt und nur die stärksten übrig gelassen hat *¹³³).

Bibl. hist. 11, 11. Semiramis ließ in den armenischen Gebirgen einen Stein brechen, der 130 Fuß lang, 25 Fuß breit und dick war, ließ ihn durch viele Gespanne von Maulthieren und Ochsen nach dem Flusse, dort auf ein Fahrzeug und so nach Babylon schaffen, wo er an der größten Landstraße aufgestellt wurde. Diesen Obelisken zählt man zu den sieben Wundern der Welt.

Bibl. hist. 12, 59. Während des Peloponnesischen Krieges *¹³⁴) ereigneten sich in Griechenland so heftige Erdbeben [σεισμός], daß mehrere am Meere gelegene Städte durch die Wellen verschlungen wurden, und daß bei Lokris, woselbst eine Halbinsel war, das Meer so durchbrach, daß die Insel Atalanta entstand. . . . Bibl. hist. 15, 48. Als Asteius zu Athen Archont war *¹³⁵), litt der Peloponnes von so heftigen Erdbeben und Ueberschwemmungen, wie sie noch nie in Griechenland vorgekommen waren. Das Unglück brach über Nacht herein; in Achaja stürzten die Städte Helike und Bura zusammen, die Einwohner wurden unter den Trümmern begraben, andre von den hoch hereinbrechenden Wellen des Meeres ersäuft. . . . Bibl. hist. 16, 56. Als die Phocier den Tempel von Delphi geplündert hatten und auch unter der Erde um den Dreifuß herum zu graben begannen, entstand ein so arges Erdbeben, daß sie erschraken und ihren Plan aufgaben.

Bibl. hist. 4, 21. Herkules gelangte in das Phlegräische Feld [πεδίον Φλεγραῖον] *¹³⁶), welches unter dem Berge Vesuv [Οὐεσούσιος] liegt, der in alter Zeit gewaltige Feuermassen gleich dem

---

*¹³³) Je reiner das Schmiedeisen von Kohlenstoff ist, desto weicher ist es und desto leichter rostet es. Hat es also Theile in sich, die Kohlenstoff enthalten, so kann man es härter machen, indem man die reinen Theile durch Rosten wegnimmt; es stellt auch ächten Stahl vor, wenn es nach dieser Operation etwa noch 1½ Procent Kohlenstoff übrig hat.

*¹³⁴) Im Jahr 424 vor Christo.

*¹³⁵) Im Jahr 371 vor Christo.

*¹³⁶) D. h. Feuerfeld.

Aetna ausgeworfen haben soll, wovon man noch jetzt viele Spuren an ihm findet. Bibl. hist. 5, 6. Als in alten Zeiten die Sikaner ganz Sicilien bewohnten, warf der Aetna [*Αἴτνη*] an verschiedenen Stellen so viel Feuer aus und ergoß so gewaltige Lavaströme [*ῥύαξ*] über das Land, daß dieses weithin verwüstet wurde; und da die Ausbrüche viele Jahre hindurch anhielten, so verließen die Sikaner die ganze Umgegend des Berges. . . . Bibl. hist. 14, 59. Als Himilko*[137]) mit seiner Armee an den Aetna kam, hatte dieser kurz vorher so viel Feuer ausgeworfen und die ganze Küste so mit Lava überschwemmt, daß die Armee in weitem Bogen um den Berg herum marschiren mußte, statt der Küste entlang zu gehn, woselbst die karthagische Flotte segelte. Bibl. hist. 5, 7. Zwischen Italien und Sicilien liegen die Aeolischen Inseln, sieben an der Zahl. Sie haben alle starke Feuer-Auswürfe [*πυρὸς ἀναφυσήματα*] gehabt, wovon die noch jetzt vorhandenen Krater [*κρατήρ*] und Oeffnungen [*στόμιον*] Zeugniß ablegen. Auf den Inseln Strongyle und Hiera*[138]) geht noch jetzt aus den Schlünden [*χάσμα*] mit Donnergetön ein entsetzlicher Wind, zugleich wird wie beim Aetna Sand und eine Menge glühender Steine ausgeworfen. . . . Bibl. hist. 5, 10. Die Liparische Insel hat berühmte Alaungruben [*μέταλλα τῆς στυπτηρίας*], welche großen Gewinn bringen, weil sie, außer den geringeren der Insel Melos, die einzigen sind*[139]).

Livius,
um's Jahr 10 vor Christo.

Historiä 27, 37. Bei Veji war ein Steinregen vom Himmel gefallen [Vejis de cölo lapidaverat]. . . . Hist. 30, 38. Zu Cumä fiel ein Steinregen [lapideo imbri pluit]. . . . Hist. 42, 2. Im Vejentinischen war ein Steinregen gefallen [in Vejenti lapidatum].

Dionysius Periegetes,
um's Jahr 10 vor Christo.

Periegesis, v. 315 seqq. An den Rhipäischen Bergen, nahe bei dem Gefrorenen Meere*[140]), wird der lieblich-strahlende Bern-

---

*[137]) Im Jahr 394 vor Christo.
*[138]) Jetzt Stromboli und Vollania.
*[139]) Sie bringen noch jetzt viel Alaun in Handel.
*[140]) Die Rhipäischen Berge sind der Ural; das Gefrorne Meer ist die Ostsee.

stein [ἡδυφαῆς ἤλεκτρος] mit dem Glanze des aufgehenden Mondes gefunden, und dort sieht man den Alles überstrahlenden Diamant [ἀδάμαντά τε παμφανόωντα]*141).... Perieg. v. 327. In den Gebirgen Pallene's*142) findet sich der schöne Stein Asterius [ἀστέριος], der wie ein Stern glänzt*143); ferner der Lychnis, der ganz wie Feuer glüht*144).... Perieg. v. 724. Das Kaspische Meer liefert viel Wunderbares, z. B. den Bergkrystall [κρύσταλλος] und den himmelblauen Jaspis [ἠερόεσσα ἴασπις]*144b).... Perieg. v. 780. An den Ufern des Thermodon bricht man den klaren Bergkry-stall [καθαρὸς κρυστάλλου λίθος] und den wasserfarbenen Jaspis [ὑδατόεσσα ἴασπις]*145).... Perieg. v. 1010. Babylonien bringt einen Stein hervor, der werthvoller ist als Gold, den bläulichen Aqua-marin [γλαυκὴ βηρύλλου λίθος], welcher in den Ophietisfelsen [ὀφιήτιδος ἔνδοθι πέτρης] wächst*146).... Perieg. v. 1030. Kolchis erzeugt den glanzlosen Narcissit*147).... Perieg. v. 1075. Der Fluß Choaspes führt walzenförmige, schön anzuschauende Achate [ἀχά-της]*148).... Perieg. v. 1098. Das Land Ariana ist unfruchtbar,

---

*141) Vom Schleifen des Diamants ist bei den alten Griechen und Rö-mern nirgend die Rede. Dennoch muß man nach Dem, was sie von seinem Glanze sagen, annehmen, daß sie geschliffene und trefflich polirte hatten. Ohne Zweifel kamen sie so aus ihrer Heimath.

*142) In Macedonien.

*143) Nach der genaueren Beschreibung von Plinius 37, 9, 47 muß der Asterius unser Sternsaphir sein.

*144) Kann demnach ein Karfunkel sein. S. Anm. 55.

*144b) Saphirquarz.

*145) Da der farblose Bergkrystall als καθαρὸς bezeichnet wird, so mag wohl beim Jaspis das Beiwort ὑδατόεσσα die Bedeutung haben wie vorher ἠερόεσσα, nämlich himmelblau, wie das Wasser klarer Alpenseeen oder ge-wöhnlicher Teiche, wenn nämlich über letzteren ein blauer Himmel steht.

*146) Der Aquamarin (so wie auch unser Smaragd und Beryll) kommt vorzugsweis im Granit vor. — Plinius, 36, 7, 11, sagt: „der Ophit sei gefleckt wie eine Schlange." Den harten Ophit, von welchem Plinius spricht, halte ich für Granit; den weichen Ophit für den schönen, noch jetzt sehr beliebten, durch eingemengte Labrador-Krystalle bunten Serpentin, welcher bei Lebetsowa im Peloponnes mächtige Ablagerungen bildet. Man nennt ihn jetzt Porfido verde antico (Antiken grünen Porphyr). Sein Grün ist dem bei mehreren Schlangen vorkommenden ähnlich.

*147) Welcher Stein Narcissit geheißen, läßt sich nicht entscheiden, nicht einmal, ob er weiß, roth oder gelb gewesen. Siehe meine „Botanik der alten Griechen und Römer", S. 310.

*148) Achatgerölle.

trägt aber herrliche Steine, durch deren Verkauf sich die Leute erhalten, rothe Korallen [λίθος ἐρυθροῦ κουραλίοιο], und überall haben die Felsen Adern, welche die schönen Flächen des goldenen, blauen Lasur‑steins [χρυσείης κυανῆς τε καλήν πλάκα σαπφείροιο] tragen. . . . Perieg. v. 1114. In Indien graben [μεταλλεύεσθαι] die Leute Gold aus dem Sande [ψάμμος]; Andre poliren Elfenbein, Andre suchen in den Flußbetten bläuliche Aquamarine [βηρύλλον γλαυκὴ λίθος], oder glänzende Diamanten [ἄδαμας μαρμαίρων], grün glänzenden Jaspis [χλωρὰ διαυγάζουσα ἴασπις], oder bläulichen, durchsichtigen Topas [ἤ καὶ γλαυκιόωντα λίθον καθαροῖο τοπάζου]*¹⁴⁹), den lieblichen, purpurrothen Amethyst [ἀμέθυστος]*¹⁵⁰).

Vitruvius,
um's Jahr 10 vor Christo.

De architectura 1, 5, 8. Die Mauern der Städte baut man entweder aus Quadern [saxum quadratum], oder Bruchstein [cämentum], oder Backstein [coctus later], oder Lehmstein [crudus later]. . . . De arch. 2, 3, 1. Die Lehmsteine [later] dürfen weder aus san‑digem [arenosus] noch steinigem [calculosus] Thon [lutum], noch aus losem Kiese [sabulo] gefertigt werden, weil sie sonst im Regen zer‑fallen und auch die Strohhalme in ihnen nicht haften. Man muß sie aus weißlichem Thon [terra albida cretosa], oder rothem Thon [rubrica], oder bindendem Kies [masculus sabulo] machen, und zwar im Frühling oder Herbst, damit sie gleichmäßig trocknen. Werden sie im Sommer gemacht, so bekommen sie auswendig eine trockne Kruste, während das Innere naß bleibt; trocknet endlich das Innere, so bekommt die Kruste Risse. Um durch und durch zu trocknen, bedürfen die Lehm‑steine zwei Jahre, und sind erst nach deren Verlauf zum Bauen ganz gut. Die Römer machen sie in der Regel 1½ Fuß lang, einen Fuß breit. De arch. 2, 4, 1. Bei Bruchstein‑Mauern [cämenticia structura] nehme man für den Mörtel einen Sand [arena], der frei von erdigen Theilen ist und zwischen den Händen gerieben knirscht. Man kann auch den Sand der Flüsse oder Kies [glarea] für diesen Zweck von erdigen Theilen reinigen; der Meeressand dagegen ist schlecht und verdirbt den Kalt durch seinen Salzgehalt [salsugo]. —

---

*¹¹⁹) Lichtbläuliche Topase beziehen wir vorzugsweis aus Sibirien.
*¹⁵⁰) Ueber die beliebte veilchenblaue Purpurfarbe siehe meine „Zoologie der alten Griechen und Römer", S. 628.

Für den Kalk, welcher die Mauersteine verbindet, ist frischer, noch nicht von der Luft und Sonne ausgetrockneter Grubensand am besten; für den Verputz dagegen Flußsand.

De arch. 2, 5, 1. Der Kalk [calx]*151a) darf nur aus weißem oder dunkelfarbigem Stein [de albo saxo aut silice] gebrannt [eoqui] werden*151b). Ist er gelöscht [extingui], so wird aus ihm der Mörtel bereitet, indem man zu Einem Theile Kalk drei Theile Gruben-sand oder zwei Theile Fluß- oder Meeressand nimmt. Den zwei letz-teren Sandarten setzt man auch mit Vortheil zerstoßene und durchgesiebte Scherben [testa]*152) zu. . . . De arch. 2, 6. In der Umgegend des Besuvs gibt es eine Erdart [genus pulveris], welche die wunderbare Eigenschaft besitzt, daß sie nicht bloß gewöhnliche Bruchstein-Mauern, sondern auch das im Meere gebaute Mauerwerk fest macht*153).

De arch. 2, 6, 2. In der Umgegend des Vesubs muß im In-nern der Erde eine Gluth sein, denn in der Gegend von Bajä kommen heiße Dämpfe aus der Erde, welche zu Schwitzbädern benutzt werden. Es wird auch wirklich berichtet, daß die Gluth vor alten Zeiten Aus-brüche unter dem Vesuv verursacht [abundavisse sub Vesuvio] und die Umgegend mit glühender Masse bedeckt habe. Daher stammt auch wohl der sich bei Pompeji vorfindende schwammartige Bimsstein [spongia sive pumex], welcher durch Gluth aus andrem Steine entstanden zu sein scheint. Solchen Bimsstein findet man sonst nur am Aetna, auf den Hügeln Mysiens in der Gegend, welche die verbrannte [κατα-κεκαυμένη] genannt wird, und in ähnlichen Gegenden. Werden an solchen Orten heiße Wasserquellen und heiße Dämpfe gefunden, und wird von den Alten erwähnt, daß die innere Gluth hier hervorgebrochen sei, so scheint es gewiß, daß der Bimsstein aus Tuff [tofus] und Erde [terra] gebrannt sei. — In Etrurien und manchen andern von Feuerskraft durchglühten Ländern findet man ebenfalls heiße Quellen, jedoch keinen Bimsstein, dagegen eine Art kohlenähnlichen Sandes, welcher carbunculus genannt wird und ein treffliches Baumaterial zu

---

*151a) Calx ist nicht der rohe Kalkstein, sondern der gebrannte.

*151b) Da nur wirklicher Kalkstein (kohlensaure Kalkerde) sich erst brennen, dann löschen läßt, so muß unter silex hier dunkelfarbiger Kalkstein verstanden werden. — Ueber silex siehe unten Anm. 566.

*152) Unter Scherbe verstehe man Stücke gebrannten, unglasirten Thones, also Abgang von unglasirten Töpfen und Backsteinen.

*153) Ist die noch jetzt in Gebrauch befindliche Pozzuolan-Erde, welche von der Stadt Pozzuolo (Puteoli) ihren Namen hat.

ländlichen Gebäuden gibt, aber für Bauwerke, die im Meere aufgeführt werden, nicht taugt.

De arch. 2, 7. Aus den Steinbrüchen [lapidicina] nimmt man Quadern [saxum quadratum] und Bruchsteine [cämentum] zu Bauten. Die Eigenschaften solcher Steine sind sehr verschieden; so sind die Rubrä in der Nähe Rom's weich und eben so die pallensischen, fibenatischen und albanischen; dagegen sind die von Tibur, Amiternum und vom Sorakte mäßig hart; auch finden sich in diesen Gegenden kiesel- artig [siliceus] harte. In Kampanien findet sich der rothe und schwarze Tuff [tofus], im Umbrien, Picenum, Venetia der weiße, welchen man auch wie Holz mit der gezähnten Säge schneidet. Alle solche weiche Steine haben den Vorzug, daß sie leicht bearbeitet werden und unter Dach dauerhaft sind, wogegen sie frei stehend durch Frost und Reif an- gegriffen werden und zerbröckeln. Am Meeresstrand werden sie vom Salze zerfressen. — Die Steine von Tibur und alle, welche mit ihnen von gleicher Beschaffenheit sind, leiden durch den Druck schwerer Lasten und vom Wetter nicht, zerfallen dagegen im Feuer *155). — Die Ani- cianischen Steine von Tarquinii, den Albanensischen an Farbe gleich, so wie auch die Statoniensischen haben den unermeßlichen Vorzug, daß ihnen weder das Wetter, noch das Feuer schadet, dabei sind sie fest und dauerhaft *156). Am besten sieht man Dies an den Monumenten, welche aus den Steinbrüchen bei Ferentum *157) stammen. Man hat dort große und kleine, schön gearbeitete Bildsäulen, ferner elegante Blumen und Akanthen aus solchem Stein, und diese Kunstwerke sehn trotz ihres Alters noch wie neu aus. Auch die Erzgießer [faber ferrarius] machen aus solchen Steinen Formen, die ihnen beim Gießen der Bronze

---

*155) Der Stein, von welchem hier die Rede, jetzt Travertin genannt, wird vorzugsweis bei Tivoli (Tibur) gebrochen, ist aus fließendem Wasser ab- gelagerter Kalkstein, steht trefflich im Wetter, trägt die schwersten Lasten, wird aber, eben weil er ein Kalkstein ist, durch Feuer mürbe. Aus ihm sind vor- zugsweis die Pracht- und Riesenbauten des alten und neuen Rom's erbaut, das Theater des Marcellus, das Kolosseum, die Peterskirche u. s. w.

*156) Feuer- und wetterfest sind die in den Alpen so wie in den nörd- lichen und südlichen Apenninen häufigen Gesteine, welche wir jetzt Granit, Gneis, Glimmerschiefer, Gabbro nennen. Namentlich sieht man in Mailand und Pavia große Bauten und schöne Pflastersteine aus Granit. — Auch die vulkanischen Gesteine des Vesuv's sind zum Theil wetter- und feuerfest. — Die ganz aus Quarzmasse bestehenden Sandsteine sind gleichfalls wetter- und feuerfest.

*157) In Apulien.

[äris natura] treffliche Dienste leisten. — Für Rom muß man die Steine der Umgegend benutzen. Diese müssen zwei Jahre, bordem sie zum Bauen dienen, im Sommer (nicht im Winter) gebrochen werden und im Freien liegen bleiben. Man verwendet dann diejenigen, welche in den zwei Jahren durch das Wetter Schaden gelitten haben, zu den Grundmauern, die unbeschädigten zu den über die Erde sich erhebenden Mauern. Diese Regel gilt eben sowohl für Quader- als für Bruch-steine [in quadratis lapidibus et caementiciis]*[158]).

De arch. 7, 7. Manche Farben werden künstlich bereitet, andre werden so, wie sie die Natur geschaffen, gegraben und verbraucht. Zu den letzteren gehört die Gelberde, welche die Griechen Ochra nennen. Sie findet sich an vielen Orten Italiens; früherhin kam auch viele aus den Silbergruben [argenti fodinä] in Handel; daher stand den Alten eine große Menge von Gelberde [sil] beim Tünchen der Wände zu Gebote. — Röthel [rubrica] findet sich an vielen Stellen, der beste jedoch an wenigen, wie im Pontus bei Sinope, in Aegypten, auf den Balearischen Inseln, auf Lemnos. — Das Parätonium*[159]) hat den Namen von dem Orte, wo es gegraben wird; das Melium von der Insel Melos*[160]). — Auch die Grünerde [creta viridis] kommt an verschiedenen Stellen vor, am besten aber in Smyrna. — Das Rauschgelb [auripigmentum], welches die Griechen Arsenikon nennen, wird im Pontus gegraben. Die Mennige [sandaraca] kommt auch von verschiedenen Fundorten, die beste wird aber im Pontus beim Flusse Hypanis gegraben [proxime Hypanim habet metallum].

De arch. 7, 8. Der Zinnober [minium] soll zuerst bei Ephe-sus gefunden worden sein. Man gräbt Klumpen aus, welche man an-thrax nennt, bevor sie durch Behandlung in Zinnober verwandelt sind. Die Erzgänge [vena], worin sich der Zinnober findet, sind wie die-jenigen, welche Eisenerz führen, aber röthlicher und haben einen rothen Staub um sich herum. Während der Zinnober gegraben wird, fließen aus ihm da, wo die eisernen Werkzeuge einhauen, viele Tropfen Queck-silber [lacrimä argenti vivi], welche sogleich von den Bergleuten ge-sammelt werden. Die Zinnoberklumpen werden in einem Ofen [fornax]

---

*[158]) Die Gegend um Rom besteht aus Trachyttuff (Peperin), fester Lava, Thon, Kalktuff, zu welchem letzteren der schon Anm. 155 besprochene Tra-vertin gehört.

*[159]) Nach Plin. 35, 6, 18 Kreibe, welche aus der libyschen Grenzstadt Parätonium kam.

*[160]) Nach Plin. 35, 6, 18 ein weißer Thon von der Insel Melos.

gedörrt; dabei steigt aus ihnen ein Dampf hervor, der sich auf den Boden des Ofens [furnus] niedersenkt und sich dort als Quecksilber zeigt. Man nimmt dann die Klumpen heraus, kehrt den die Quecksilberkügelchen enthaltenden Bodensatz zusammen, und so vereinen sie sich*161). Thut man das bloße Quecksilber in ein Gefäß und legt einen centnerschweren Stein darauf, so schwimmt er und macht nicht einmal einen Eindruck auf die Oberfläche des Quecksilbers. Stückchen Gold dagegen sinken unter*162). Jeder Stoff hat seine eigne natürliche Schwere*163). — Das Quecksilber ist zu manchen Zwecken unentbehrlich. Ohne seine Hülfe kann man weder Silber noch Kupfer vergolden [inaurare]. Ist ein Kleid mit Gold durchwebt und zum Gebrauche zu alt, so wird das Tuch über einem irdnen Gefäße verbrannt, die Asche in Wasser geworfen, und Quecksilber hinzugethan. Dieses zieht jedes Goldstäubchen [mica auri] an sich, löst es in sich auf [cogit secum coire]. Darauf gießt man das Wasser ab, schüttet die Verbindung von Quecksilber und Gold in ein Tuch, drückt dieses, das Quecksilber [argentum] geht, da es flüssig ist, durch das Tuch, das Gold bleibt rein im Tuche zurück*164).

De arch. 7, 9. Um brauchbaren Zinnober [minium] zu erhalten, muß man folgendermaßen verfahren: Man zerstößt die gedörrten Klumpen in eisernen Mörsern zu Staub, und wäscht und kocht diesen so lange, bis alles Unreine entfernt ist und die Farbe hervortritt. — Heut zu Tage bezieht man den Zinnober nicht mehr von Ephesus, sondern aus Spanien, und reinigt ihn in Rom. — Der Zinnober wird oft mit Kalk verfälscht. Um diesen Betrug zu entdecken, legt man ihn auf ein Eisenblech und bringt dieses zum Glühen. Ist es dann wieder erkaltet, so bleibt der Zinnober in seiner Farbe zurück, wenn er rein war; ist er mit Kalk vermischt, so bleibt er schwarz zurück*165). —

---

*161) Wie das Verfahren angegeben ist, so ist der Zweck nur, durch die nicht bis zum Glühen gesteigerte Hitze des Ofens das schon in den Zinnoberklumpen regulinisch vorhandene Quecksilber zum Verdampfen zu bringen und dann vom Boden, wohin es sich durch seine Schwere senkt, zu sammeln.

*162) Jeder Stein ist viel leichter als Quecksilber, schwimmt also darauf; Gold ist viel schwerer, sinkt also unter.

*163) Sein spezifisches Gewicht, nach jetziger Redensart.

*164) Dasjenige Quecksilber, welches kein Gold aufgenommen, geht durch; es bleibt aber keineswegs reines Gold zurück, sondern eine Verbindung von Quecksilber und Gold, sogenanntes Gold-Amalgama — Dieses wird dann geglüht, und dabei verfliegt das Quecksilber, während das Gold bleibt.

*165) Ist er mit Kalk vermischt, so verfliegt das Quecksilber beim

Malachit [chrysocolla] kommt aus Macedonien und wird bei den Kupfererzen gefunden.

De arch. 7, 12. Um Bleiweiß [cerussa] zu gewinnen, thun die Rhodier Essig in Fässer, legen Reiser hinein und über diese Blei, worauf das Faß fest mit dem Deckel geschlossen wird*[166]). — Den Grünspan [ärugo, äruca] machen sie eben so, indem sie jedoch Kupferbleche [lamellä äreä] in die Fässer legen*[167]). — Wird Bleiweiß im Ofen geglüht, so ändert es die Farbe und verwandelt sich in Mennige [sandaraca]. Solche Mennige ist weit besser als die natürliche aus den Bergwerken.

De arch. 7, 14. Wem Malachit [chrysocolla] als grüne Farbe zu theuer ist, der bringt ein sehr schönes Grün durch eine Mischung von Wau [herba lutea] und Kupferlasur [cöruleum] hervor.

De arch. 8, 7. Wasserleitungen werden entweder aus gemauerten Kanälen oder Röhren gemacht, die aus Blei oder gebranntem Thon bestehn. Die bleiernen Röhren theilen dem Wasser giftige Eigenschaften mit*[168]). Jedenfalls soll auch das aus Blei bereitete Bleiweiß dem menschlichen Körper schädlich sein; auch die Hüttenleute, welche mit Blei zu thun haben, sehen bleich aus und sind kränklich.

De arch. 8, 3. In Sicilien ist ein Fluß Namens Himera; er theilt sich in zwei Arme; davou hat der eine süßes Wasser, der andre salziges, weil er über Salzlager fließt. Auch in Afrika bei Parätonium und am Wege zum Ammonstempel, ferner beim Berge Casius an der Grenze Aegyptens sind sumpfige Seeen, deren Wasser so salzig [salsus] ist, daß auf ihrer Oberfläche eine Salzkruste [sal congelatum] liegt. Aehnlich sind an andren Orten die Wasser, welche über Salzlager [salifodinä] laufen. — Andre Wasser laufen über öligen Boden [per pingues terrä venas] und führen Oel [oleum]*[169]); so z. B. in Cilicien der Fluß Liparis, dessen Wasser die Badenden mit

---

Glühen, der Schwefel dagegen verbindet sich theils mit dem Calcium des Kalkes, theils mit dem Eisen des Blech's und es bleibt diese Verbindung zurück, ist aber gelblich, nicht schwarz.

*[166]) Auf solche Weise würde man nur essigsaures Blei, kein Bleiweiß, bekommen. Um dieses aus jenem zu erzeugen, muß noch Kohlensäure in das Faß bringen.

*[167]) Der Grünspan, welcher in Handel kommt, ist essigsaures Kupferoxyd.

*[168]) Es erzeugt sich an den Wänden der Röhren Bleioxyd; von diesem löst sich ein wenig im Wasser auf und theilt ihm so ein langsam wirkendes Gift mit.

*[169]) Steinöl.

Oel salbt. Dasselbe thut ein See in Aethiopien, ein andrer in Indien.
Auch bei Karthago ist eine Quelle, welche Oel führt, welches wie ge-
riebene Citronenschale riecht; man pflegt mit diesem Oel auch das Vieh
zu salben*[170]. — Auf Zakynthus und bei Dyrrhachium und bei Apollonia sind Quellen, welche Asphalt [pix] in Menge mit dem Wasser
hervortreiben. Bei Babylon liegt ein großer See, Asphaltsee
[lacus Asphaltites] genannt, auf welchem flüssiger Asphalt [bitumen]
schwimmt. Semiramis hat die Mauern Babylons aus solchem Asphalt
und aus gebranntem Backstein [lator testaceus] gebaut. Bei Joppe in
Syrien ist ein See*[171] von ungeheurer Größe, welcher gewaltige Massen
von Asphalt emportreibt, die von den Leuten geholt werden. Dort sind
auch viele Gruben, aus welchen harter Asphalt gewonnen wird. — In
Kappadocien ist am Wege von Mazaka nach Tuana ein großer See, in
welchem Alles, was man hineinsenkt, binnen Tagesfrist versteinert [lapi-
deus] wird*[173]. — Manche Quellen haben einen bittren Geschmack*[174]. — Ueberhaupt sind die in der Erde enthaltenen Stoffe
sehr verschieden, woraus sich wieder der verschiedene Geschmack der Weine,
Gewürze u. s. w., so wie die Verschiedenheit des Viehes in den verschiedenen Gegenden erklärt. Manche Wasser ziehen auch aus der Erde
Gift an sich; so die Quelle Neptunius zu Terracina, der Cychrische
See in Thracien, eine Quelle in Thessalien, ein Bach in Macedonien,
der neben dem Grabmal des Euripides hinfließt; ferner das in der
Gegend Arkadiens, welche Nonakris heißt, aus den Felsen tröpfelnde
Wasser, welches silberne, kupferne und eiserne Gefäße zerstört, und überhaupt nur in einem Pferdehuf aufbewahrt werden kann. In den Alpen
fließt im Reiche des Cottus ein tödtliches Wasser. — Es gibt auch
saure Wasser, welche die Kraft haben, wenn sie getrunken werden,
Blasensteine zu zerstören, wie der Essig die Schale der Eier zu zerstören vermag. Manche Quellen sind auch wie mit vielem Weine gemischt, so z. B. eine in Paphlagonien, welche Diejenigen, die daraus
trinken, in den Zustand der Trunkenheit versetzt*[175].

---

*[170] Mit Steinöl salbt man das Vieh zum Schutz gegen allerlei Ungeziefer.

*[171] Das Todte Meer.

*[173] Wasser, welche, wie z. B. das Karlsbader, viel Kohlensäure ent-
halten, lösen viel Kalkstein auf, wenn sie mit solchem in Berührung kommen,
und setzen ihn auch wieder leicht an die sich darbietenden Gegenstände ab.

*[174] Von Bittersalz (schwefelsaurer Talkerde).

*[175] Folge des starken Gehalts an Kohlensäure.

Seneca,
um's Jahr 50 nach Christo.

De constantia sapientis, cap. 3. Manche Steine [lapis] können vom Eisen nicht verletzt werden; der Diamant kann durch keinen Stoff verletzt, kann weder zerschnitten, noch zerhauen, noch abgerieben werden.

De ira 11. Als Kaiser Augustus beim Bedius Pollio speiste, zerbrach ein Sklave ein aus Bergkrhstall geschliffenes Gefäß. Darüber wurde Bedius wüthend, befahl, den Unglücklichen festzunehmen und in den Teich zu werfen, woselbst ihn die Muränen fressen sollten. Der Sklave entschlüpfte Denen, die ihn festnehmen wollten, und warf sich um Hülfe flehend zu des Kaisers Füßen. Dieser befahl, den Sklaven am Leben zu lassen, ließ aber alle Krhstallgefäße des Bedius zerschlagen und in den Muränenteich werfen.

Epistolä 123. Heut zu Tage haben alle Leute Krhstallgefäße, Murrhinische Gefäße und Kunstwerke großer Meister, die mit Reliefs verziert sind [cälata, Plur.]*[176]).

Epist. 100. Demokritus hat die Erfindung gemacht, Elfenbein zu erweichen und Steine so zu schmelzen, daß sie sich in Smaragden [smaragdus] verwandeln. Noch jetzt macht man nach seiner Vorschrift falsche Edelsteine in verschiedenen Farben [lapides coctiles colorati].

Epist. 90. Erst in unsrer Zeit sind die durchsichtigen Fensterscheiben erfunden worden*[177]).

Naturales quästiones 6, 1. Neulich, unter dem Konsulat des Regulus und Birginius, ist die berühmte kampanische Stadt Pompeji durch ein Erdbeben [terrä motus] eingestürzt und zugleich deren Umgegend verwüstet worden*[177b]). Das Unglück ereignete sich am fünften Februar. Auch ein Theil der Stadt Herkulanum ist eingestürzt, und was noch steht, ist wenigstens dem Einsturz nah. Die Nuceriner sind mit geringerem Schaden davon gekommen. In Neapel haben

---

*[176]) Die Murrhinischen Gefäße waren wahrscheinlich aus Flußspath, worüber bei Plinius mehr.

*[177]) Seneca nennt sie „specularia perlucente testa". Aus dem Worte testa kann man schließen, daß er Glasscheiben meint, nicht Fensterglimmer, den die Alten offenbar auch als Fensterscheibe brauchten. Die Glasscheiben müssen wir uns als kleine, dicke Platten denken. — In Pompeji hat man einige solche Scheiben gefunden; jedenfalls waren sie im Alterthum sehr selten und mangelten in nördlicheren Ländern gänzlich.

*[177b]) Siehe am Ende dieses Bandes Pompeji.

viele Privatgebäude gelitten, die öffentlichen nicht. Manche Villen haben gebebt, ohne sonst beschädigt zu werden. Eine Heerde von 600 Schafen ist um's Leben gekommen; Bildsäulen sind geborsten, und einige Menschen sind irrsinnig geworden. — Erdbeben haben eine gewaltige Wirkung und sind im Stande ganze Gegenden, ganze Völker zu Grunde zu richten, Alles niederzuwerfen, oder so in Abgründe zu versenken, daß keine Spur davon übrig bleibt. — In früherer Zeit ist einmal Tyrus eingestürzt, hat Asien auf Einmal zwölf Städte verloren; im vorigen Jahre hat das Erdbeben Achaja und Macedonien heimgesucht.

Columella,
um's Jahr 50 nach Christo.

De re rustica 3, 11, 7. Jedermann weiß, daß auch der härteste Tuff [tophus] oder Karbunkel [carbunculus]*178), sobald einmal seine Härte gebrochen ist, durch Regen, Frost und Hitze mürbe wird und zerfällt. Sie geben alsdann einen trefflichen Boden für Weinstöcke. Magrer Kies [glarea] und lose kleine Steinchen taugen an sich nichts, geben aber einen guten Boden, wenn sie mit Thon [pinguis gleba] gemischt sind. Nach meiner Meinung ist auch der Kieselstein [silex], wenn über ihm mäßig viel Erde liegt, gut, denn er kühlt in der Hitze und hält die Feuchtigkeit*179). Thoniger Boden [cretosa humus] ist dem Weinstock nützlich, aber reiner Töpferthon [creta qua utuntur figuli quamque nonnulli argillam vocant]*180) ist ihm verderblich und eben so der magere Kies [sabulo]. Auf sumpfigem, salzigem, bittrem und ganz dürrem Boden vertrocknet der Weinstock. Röthel [rubrica]*181) ist für Weinstöcke zu schwer und die Wurzeln können darin nicht gehörig wachsen; oder wenn sie sich doch darin ausbreiten, so ist die Bearbeitung des Bodens bei nassem Wetter schwierig, weil er dann sehr klebrig ist; bei trocknem ist er zu hart.

---

*178) Unter Tuff ist hier verwitternder Trachyttuff und Basalttuff zu verstehn; unter carbunculus ebenfalls ein kohlenähnlich aussehender, am Wetter zerfallender vulkanischer Stein. Siehe oben Vitruv. 2, 6, 2 und 2, 7.

*179) Das Wort silex ist bei den Alten eben so umfassend, wie heut zu Tage noch unwissende Landleute alle harten Steine, selbst Kalksteine (wie Vitruv. 2, 5, 1), Kiesel nennen. — An unsrer Stelle des Columella möchte vielleicht Basalt zu verstehen sein, welcher einen sehr fruchtbaren, die Feuchtigkeit haltenden Boden gibt.

*180) Creta bedeutet jede weiße Erde, Thon, Mergel, Kreide; argilla bedeutet weißen Thon und Mergel.

*181) Zäher rother Thon.

De re rust. 12, 6. Um Salzlake [muria] zu machen, thut man Waſſer in ein Faß und ſchüttet ſo lange weißes Salz [sal] hinein, bis ſich keins mehr auflöſt.

De re rust. 12, 43. Um Käſe-Mus zu machen, legt man trockne Schafkäſe in einen ausgepichten Topf, gießt Moſt darüber und klebt den Deckel mit Gyps auf [gypsaro vas]. — De ro r. 16, 4 u. 5. Den Deckel auf den Topf mit Gyps kleben [opercula gypso linire].

Mela,

um's Jahr 50 nach Chriſto.

De situ orbis 2, 7. Aus den zwei Aeoliſchen Inſeln Hiera und Strongyle ſteigt, wie aus dem Aetna, immerwährend Feuer.

Strabo,

um's Jahr 50 nach Chriſto.

Geographica 1, cap. 3. Von gewaltſamen Veränderungen, die an verſchiedenen Stellen der Erde vor ſich gegangen, kennt man gar manche Beiſpiele: In dem zwiſchen Kreta, Cyrene, Aegypten und Griechen= land gelegenen Meere brach zwiſchen Thera und Theraſia vier Tage lang Feuer aus dem Meere hervor, ſo daß das ganze Meer kochte und brannte [ὥστε πᾶσαν ζεῖν καὶ φλέγεσθαι τὴν θάλασσαν]. Allmälig thürmte ſich dann eine Inſel von zwölf Stadien Umfang empor. Als der Ausbruch nachgelaſſen, wagten zuerſt die Rhodier an die Stelle zu ſchiffen und errichteten auf der Inſel dem Poſeidon einen Tempel. — In Phönicien verſank, wie Poſidonius erzählt, bei einem Erdbeben eine über Sidon gelegene Stadt, und von Sidon ſelbſt ſtürzten faſt zwei Drittheile ein. Dieſes Erdbeben erſtreckte ſich, wiewohl nicht ſehr heftig, über ganz Syrien, über die Cykladen und Euböa, ſo daß die Quelle der Arethuſa in Chalcis ausblieb, und erſt lange nachher aus einer andren Oeffnung hervorbrach. Auch hörten die Erſchütterungen der Inſel nicht eher auf, als bis ſich im Pelantiſchen Felde ein Abgrund öffnete, welcher einen Strom glühenden Thones [πηλὸς διάπυρος] ausſtieß. — Zu Homer's Zeit hatte der Stamander zwei Quellen, die eine mit heißem, die andre mit eiskaltem Waſſer *[102]); jetzt iſt, wie Demetrius von Stepſis ſagt, jene heiße Quelle ganz verſchwunden, was ſich aus dem Berichte des Demokles erklärt, nach welchem Lydien und Jonien einſtmals bis nach Troas hin durch heftige Erdbeben [σεισμός] gelitten haben, wobei Dörfer einſtürzten, und während der Regierung

---

*[102]) Il. 22, v. 149.

des Tantalus die Stadt Sipylus vernichtet, Sümpfe in Seeen verwandelt, und die Stadt Troja überschwemmt wurde. — Pharos bei
Aegypten, dereinst eine Insel, ist jetzt nur eine Halbinsel wie Tyrus
und Klazomenä. Als ich selbst mich in Alexandria aufhielt, trat das
Meer bei Pelusium und dem Berge Kasius so gewaltig aus, daß der
Kasius in eine Insel und der an ihm vorbei nach Phönicien führende
Weg schiffbar wurde. — Auch der Piräus bei Athen soll früherhin
eine Insel gewesen sein, woher auch sein Name. — Bura ist von
einem Erdfall [χάσμα], Helice von den Wellen verschlungen worden. — Bei Methone am Herminischen Busen, ist ein sieben Stadien hoher Berg entstanden, während Feuer aus der Erde hervorbrach;
bei Tage konnte man sich vor Hitze und Schwefeldampf [θειώδης
ὀδμή] nicht nahen; bei Nacht aber war der Geruch angenehm, das
Feuer leuchtete bis in die Ferne, die Hitze war so groß, daß im Meere
das Wasser fünf Stadien weit kochte und 20 Stadien weit trübe war.
Auf dem Berge finden sich Massen schroffer Felsen thurmhoch auf-
geschüttet *[163]). — Der Kopais-See hat die schon von Homer erwähnten Städte Arne und Medeia verschlungen. — Noch werden die
Städte genannt, welche vom See Bistonis in Thracien verschlungen
worden. — Die Insel Artemita, eine der Echinaden, ist heut zu
Tage festes Land. — Der Fluß Achelous hat durch seinen Schlamm
mehrere Inseln mit dem Festland verbunden. — Auch einige Aeto-
lische Landspitzen waren in alter Zeit Inseln. — Die Insel Asteria
hat sich seit Homer's Zeit gänzlich verändert. — Antissa war, wie
Myrsilus sagt, sonst eine Insel, und lag der Insel Lesbos gegenüber,
welche damals Issa hieß, woher auch Antissa, jetzt eine Stadt auf Lesbos,
in jener Zeit als Insel den Namen erhielt.

Demetrius von Kalatia, welcher alle Erdbeben aufzählt, die je-
mals in Griechenland vorgekommen, gibt an, die meisten Lichadischen
Inseln und ein großer Theil des Vorgebirges Krenäum wären versunken; die warmen Quellen von Aidepsos und in den Thermophylen
wären drei Tage lang ausgeblieben, und die von Aidepsos dann aus
einer neuen Oeffnung geflossen. In Oreum fiel die längs dem Meere
sich hinziehende Mauer nebst 700 Häusern ein. Von Echinus, von Phalara, von Heraklea bei Trachis stürzte der größte Theil zusammen,

---

*[163]) Jetzt noch findet man, wie Russegger beobachtet, auf der Halbinsel
Methana (sonst Methone) den Trachyt, welcher bei dem Ausbruch, von welchem
Strabo spricht, emporgestiegen.

ja die Stadt Phalara wurde bis auf den Grund zerstört. Die Larier und Larisfäer erlitten ein ähnliches Unglück. Skarphea wurde bis auf den Grund sammt 1700 Einwohnern vernichtet; zu Thronium kamen mehr als halb so viel um. Das Meer drang mit drei Strömen in's Land; der eine nahm die Richtung gegen Skarphe und Thronium, der zweite gegen die Thermopylen, der dritte gegen das Phocische Daphnus. Die Quellen der Flüsse gaben einige Tage hindurch kein Wasser. Der Fluß Sperchius änderte seinen Lauf und machte die Wege schiffbar. Auch der Fluß Boagrius schlug einen neuen Weg ein. Die Städte Alope, Cynus und Opus litten großen Schaden. Die über der Stadt liegende Feste Oeum brach ganz zusammen und in Elatea ein Theil der Mauer. Bei Algonus bestiegen 25 Jungfrauen einen am Hafen gelegenen Thurm, um dem Feste der Thesmophorien zuzusehn; aber der Thurm stürzte mit ihnen in's Meer. Die Insel Atalante bei Euböa soll mitten durch so geborsten sein, daß man hindurch schiffen konnte. Das Land wurde an mehreren Stellen 20 Stadien weit unter Wasser gesetzt, und ein von den Schiffswerften weggetriebenes Schiff stürzte über die Mauer.

Geogr. 2, 4. Erde und Meer bilden zusammen eine Kugel, die so groß ist, daß die Berge, wenn man die Gestalt im Ganzen betrachtet, nicht zu berücksichtigen sind. Die Erde wird in fünf Zonen getheilt, und diese durch Linien geschieden, welche mit dem Aequator parallel laufen. Zwei dieser Linien schließen die heiße Zone ein, die zwei nächsten die gemäßigten Zonen, die folgenden die kalten. Die eine Halbkugel, auf welcher wir wohnen, heißt die nördliche, die andre die südliche. Der Mittelpunkt der Erde ist zugleich der Mittelpunkt des Himmels. Der Himmel dreht sich um die Are der Erde, welche zugleich seine eigne ist. Mit dieser Umdrehung drehen sich die Firsterne in Parallelkreisen um den Pol; dagegen bewegen sich die Planeten, die Sonne, der Mond in schiefen Linien, die im Thierkreis liegen. Der Wendekreis geht gerade durch Syene, weil daselbst der Sonnenzeiger zur Zeit der Sommer-Sonnenwende um Mittag keinen Schatten wirft. Pytheas von Massilia glaubt, der Polarkreis gehe durch Thule, die nördlichste britannische Insel; ich aber glaube, daß man ihn weit südlicher suchen müsse. — In unsrer Zeit wissen wir mehr als unsre Vorfahren über die Britannier, die Germanen, über die Leute am Ister*[164]), am Kaukasus, in Hyrkanien und Baktriana. Das glückliche

---

*[164]) Donau.

Arabien haben wir neulich besser kennen gelernt, da mein Freund Aelius Gallus einen Feldzug dahin unternommen; und alexandrinische Kaufleute unterhalten jetzt eine **Flotte** auf dem **Nil** und senden eine Flotte auf dem **Arabischen Meerbusen**[165]) nach Indien. Deswegen kennt man auch diese Gegenden weit besser als früherhin. Als ich mich zu **Syene** und an den Grenzen **Aethiopiens** befand, erfuhr ich, daß gerade eine **Flotte von 120 Schiffen** aus **Myoshormus** absegelte. Noch zur Zeit der Ptolemäischen Könige wagten nur wenige Leute, Waaren aus Indien zu holen.

Geogr. 3, 2. Aus **Turbetanien** im südlichen **Spanien** wird **Röthel** [μίλτος] ausgeführt, welcher nicht schlechter ist als die **Sinopische Erde** [Σινωπικὴ γῆ] [166]); auch gibt es hier Gruben für **Steinsalz** [ἅλες ὀρυκτοί] so wie nicht wenige **salzige** [ἀλμυρός] Flüsse.... Ganz Spanien [Ἰβήρων χώρα] ist reich an **Metallgruben** [μεταλλεία]; wenige Gegenden sind jedoch reich an verschiedenartigen **Metallen** [μέταλλον], nur in Turbetanien und der es umgebenden Gegend findet sich Gold, Silber, Kupfer und Eisen in reicherer Menge und größerer Güte als sonst irgendwo auf Erden. — Das **Gold** wird in Turbetanien nicht bloß gegraben [μεταλλεύειν], sondern auch durch **Wascharbeit** [σύρειν] gewonnen. Flüsse und Gebirgsbäche führen **Goldsand** [τὴν χρυσῖτιν ἄμμον], der sich auch vielfach an wasserlosen Stellen findet. An solchen sieht man ihn nicht von selbst; unter Wasser wird er dagegen durch seinen Glanz sichtbar. Man sucht ihn also an trocknen Stellen, indem man sie unter Wasser setzt. Auch wenn man Brunnen oder sonstige Höhlungen gräbt, gewinnt man Goldsand, und so sind denn die **Gold-Waschwerke** häufiger als die **Gold-Bergwerke** [πλείω τῶν χρυσορυχείων τὰ χρυσοπλύσια]. Uebrigens behaupten doch die Gallier, sie hätten in den **Sevennen** [ἐν τῷ Κεμμένῳ ὄρει] und in den **Pyrenäen** [ἐν τῇ Πυρήνῃ] noch bessere **Metalle** [μέταλλον]. — Unter dem spanischen Goldsand [ψῆγμα χρυσοῦ] sollen bisweilen Klumpen von der Schwere eines halben Pfundes vorkommen, die auch nur eine geringe Läuterung bedürfen. Auch in zerschlagenen Steinen findet man zuweilen kleine Klümpchen. Das **Gold** wird mit Zusatz einer **alaunhaltigen** [στυπτηριώδης] Erde geschmolzen und gereinigt, und so bleibt **Elektron** [ἤλεκτρον] zurück, das

---

*165) Dem Rothen Meer.
*166) Die **Sinopische Erde** ist dem Röthel ähnlich, heißt auch bei Strabo, 12, 2, Σινωπικὴ μίλτος.

heißt eine Verbindung von Gold und Silber. Das Elektron wird nochmals in glühender Spreu geschmolzen, wobei das Silber verbrennt, das Gold aber bleibt*[187]). — Das Gold, welches sich im Sande der Flüsse oder in der Erde gegrabener Schachte [ψῆγμα] vorfindet, wird durch Wascharbeit [σύρειν καὶ πλύνειν] gereinigt. — Die Schmelzöfen für Silber werden hoch gebaut [τὰς τοῦ ἀργύρου καμίνους ποιοῦσιν ὑψηλάς], so daß der Rauch in die Höhe geführt wird, denn er ist schwer und verderblich*[188]). — Einige Kupfergruben [τῶν χαλκουργῶν τινα] heißen Goldgruben [καλεῖται χρυσεῖα], woraus man den Schluß zieht, daß sie früherhin Gold geliefert. — Posidonius sagt, „die Turdetaner grüben tief in die Erde nach Silber und wältigten die unterirdischen Wasser durch Wasserschrauben. Ihre Bergwerke brächten viel mehr ein als die attischen."

„Das Zinn [ὁ καττίτερος]", sagt Posidonius, „werde ebenfalls gegraben, und zwar auf den oberhalb Lusitaniens gelegenen Zinn-Inseln*[189]); von Britannien aus werde es nach Massalia*[190]) geschafft." — Bei den Artabern, welche im Nordwesten Lusitaniens wohnen, soll silberhaltiges Zinn und weißes Gold auf dem Erdboden liegen*[191]), das letztere ist von seinem Silbergehalte [ἀργυρομιγής ἐστι] weiß und wird durch Wascharbeit aus Flußsand gewonnen.

Polybius sagt von den Silberbergwerken [ἀργύρεῖον] Neukarthago's, sie wären die größten, von der Stadt gegen 20 Stadien entfernt, hätten einen Umfang von 400 Stadien, es arbeiteten darin 40,000 Menschen, welche Tag für Tag dem römischen Volke 25,000 Drachmen*[192]) einbrächten. Ueber die Art der Gewinnung

---

*[187]) Auf diese Weise das Gold vom Silber zu reinigen, ist durchaus unmöglich; das Silber verbrennt nicht, sondern bleibt unverändert mit dem Golde verbunden.

*[188]) Nicht das Silber, sondern der Schwefel-, Blei- und Arsenikgehalt der Erze macht die aufsteigenden Dämpfe schädlich.

*[189]) Jetzt Groß-Britannien.

*[190]) Jetzt Marseille.

*[191]) Silberhaltiges Zinn schwerlich; — weißes Gold ist gediegen Gold mit starkem Silbergehalt.

*[192]) Etwa 5,200 Thaler. — Die Alten haben so fleißig in den Bergwerken Neukarthago's gegraben und in den dasigen Blei- und Silberhütten so emsig gearbeitet und gefeuert, daß allmälig alle Waldung der Gegend weithin verbrannt wurde. — Erst in unsrer Zeit hat man die Arbeit wieder in Angriff genommen, feuert mit englischen Steinkohlen und beschäftigt an 12,000 Leute. — Man vergleiche übrigens unten Plinius 33, 6, 31.

zu reden, wäre zu weitläuftig. — Von den durch Schlemmen gereinigten
Silberklumpen [συρτὴ ἀργυρῖτις βῶλος] sagt er, sie würden klein-
gepocht, in Sieben unter Wasser gebracht, der Bodensatz [ὑπόστασις]
würde nochmals gepocht und geschlemmt und so fort, bis nach der fünften
Schlemmung das Blei [μόλυβδος] abgegossen würde und reines Silber
übrig bliebe*[103]). — Die Silberbergwerke Neukarthago's bestehn auch jetzt noch, sind aber gleich allen andren in die Hände von
Privatleuten gekommen. — Dagegen sind die Goldbergwerke [τὰ
χρυσεῖα] mehrentheils Eigenthum des Staates. — Bei Kastalon und
anderwärts enthält der Boden auch Bleierz [μέταλλον ὀρυκτοῦ μο-
λύβδου], dessen Gehalt an Silber so gering ist, daß man letzteres
nicht ausscheidet. — Bei Kastalon ist ein Berg, aus welchem der Fluß
Bätis *[104]) entspringen soll; er heißt wegen seiner Silbergruben der
Silberberg.

Als einen Beweis von dem Reichthum Spaniens kann man die
Thatsache ansehn, welche die Geschichtschreiber berichten, daß nämlich die
Karthager, welche unter Barkas den Feldzug unternahmen, bei den Tur-
betanern silberne Krippen und Fässer in Gebrauch fanden.
(Geogr. 3, 4. Nach Posidonius' Angabe führt nur das Kupfer
[χαλκός] Cyperns Galmei [καδμεία λίθος], ferner Kupfervitriol
[χαλκανθές] und Hüttenrauch*[105]).

Geogr. 4, 6. Am südlichen Abhang der Alpen wohnen die Salasser in einem Thale, von welchem nordwärts ein Fußpfad über den

---

*[103]) So ginge es gar nicht, denn durch die Siebe würden eben sowohl
die fein-gepochten Erz- als Erdtheile abgehn. — Denken wir uns aber statt
der Siebe wasserdicht aus Spartgras geflochtene Spanische Körbe, so bleibt
das Erz als Bodensatz, die erdigen Theile werden abgeschlemmt, zuletzt ist
Bleiglanz (denn gediegen Blei ist nicht da) nebst gediegen Silber vorhanden, und der Bleiglanz kann noch vom Silber abgeschlemmt werden, weil
er leichter ist.

*[104]) Jetzt Quadalquivir.

*[105]) Siehe Dioscorides 5, 85 und 114. — Der cyprische Hüttenrauch
ist das sich um die Gicht des Schmelzofens, in welchem Kupfererze und
Galmei geschmolzen werden, ansetzende weiße, leichte Zinkoxyd. Es wurde
in der Arzneikunde gebraucht, findet auch jetzt noch in gleicher Art Anwendung. — Die καδμεία λίθος kann entweder das Erz sein, welches wir Galmei
nennen und noch jetzt zur Erzeugung von Messing dem Kupfer zusetzen; oder
es kann unser Aurichalcit sein, der Kupfer und Zink zugleich enthält und
beim Schmelzen ohne Weiteres Messing gibt. — Er ist in den uns näher
bekannten Bergwerken, zu denen die cyprischen leider nicht gehören, ziemlich
selten, könnte und kann jedoch in den cyprischen in Menge vorkommen.

Pönenus geht, während ein andrer Weg durch das Gebiet der Centronen führt. Das Thal der Salasser ist reich an Gold, wodurch sie früherhin mächtig waren; jetzt wird es von römischen Staatspächtern gewonnen, das meiste durch Wascharbeit [τὰ χρυσοπλύσια] aus dem Flusse Durias, dessen Wasser sie seitwärts in viele Gräben leiten.

Geogr. 4, 6. Im Lande der Ligyer*[196]) gibt es Lingurion, auch Elektron*[197]) genannt, in Menge.

Geogr. 5, 4. Bei Puteoli hat die Gegend bis nach Bajä und Cumä hin überkriechendes Wasser und ist reich an Schwefel, Feuer und heißen Quellen [θεῖον πλῆρες καὶ πυρὸς καὶ θερμῶν ὑδάτων]. Die Stadt Puteoli hat einen künstlichen, großen Hafen, dessen Wände aus einer Mischung von Kalk und Sand [ἡ ἄμμος] gebaut sind, welche in hohem Grade fest ist*[198]). Nahe über der Stadt liegt der Marktplatz des Vulkan ['Ηφαίστου ἀγορά], ein Feld, das von ausgeglühten [διάπυρος] Hügeln umgeben ist, welche an vielen Stellen wie Schmelzöfen dampfen und tosen, während die tiefere Stelle mit Schwefel bedeckt ist. — Die Stadt Neapel hat auch heiße Quellen. — In deren Nähe ist die befestigte Stadt Herkulanum ['Ηράκλειον], ferner Pompeja [Πομπηῖα]. Oberhalb derselben liegt der Vesuv [ὄρος τὸ Οὐεσσούϊον], dessen Seiten von schönen Feldern umgeben sind, während der Gipfel größtentheils flach und dabei ganz unfruchtbar ist; er sieht aschenartig aus, und zeigt Höhlungen in Steinen, die von Feuer zerfressen sind. Man ersieht hieraus, daß dieser Gipfel einstmals gebrannt und Feuerschlünde [κρατῆρες πυρός] gehabt haben muß, deren Gluth allmälig durch Mangel an Feuerstoff erloschen ist. Rings sind die Felder sehr fruchtbar, gerade wie beim Aetna, wo die aus dem Berge emporgetriebene und dann niederfallende Asche einen vortrefflichen Boden für den Weinbau gibt. — Nicht weit von der genannten Gegend liegt die Insel Prochyta*[199]), welche von der Insel Pithekusä*[200]) abgerissen ist. Früherhin waren die Bewohner dieser Insel durch die Goldgruben wohlhabend; später wanderten sie aus, weil Erdbeben, Feuer, heißes Wasser und das Meer die Insel verwüsteten. — Wahrscheinlich ist die Meinung, welche Pindar ausspricht, richtig, daß

---

*[196]) Ligurer.
*[197]) Bernstein.
*[198]) Unter Sand ist die dieser Gegend eigne Pozzuolanerde zu verstehn.
*[199]) Jetzt Procida.
*[200]) Jetzt Ischia.

nämlich von Cumä zum Aetna, zu den Liparischen Inseln und zur Insel
Pithekusä das unterirdische Feuer in Einem Zusammenhange stehe. —
Timäus erzählt, daß noch kurz vor seiner Zeit der mitten auf der Insel
Pithekusä gelegene Hügel Epomea ein Erdbeben erlitten, Feuer
ausgeworfen und das zwischen ihm und dem Meere gelegene Erdreich
in's Wasser geworfen. Darauf wäre die aus der Erde gen Himmel
gestiegene Asche wieder auf die Insel zurückgesunken; das Meer wäre
drei Stadien weit vom Ufer rückwärts gewichen, dann aber wiederge-
kommen, hätte die Insel überschwemmt und das auf ihr brennende Feuer
gelöscht. Das Tosen wäre so arg gewesen, daß die Bewohner der kampanischen Küste sich tiefer in's Land hinein geflüchtet.

Geogr. 6, 1. Temesa, jetzt Tempsa genannt, ist eine Stadt der
Bruttier; in ihrer Nähe steht man eine Kupfergrube [χαλκουργεῖα],
die jetzt verlassen ist. Dieses Temese soll Homer meinen, indem er
sagt: „in Temese Kupfer holen" *[201]).

Geogr. 6, 2. Oberhalb der Stadt Katane liegt der Aetna [ἡ
Αἴτνη], weßhalb sie auch von den Auswürfen seiner Krater [κρατήρ]
am meisten leidet, denn die Lavaströme [ῥύαξ] fließen ganz nah an
die Stadt, und die Umgegend der Stadt wird, wenn der Berg tobt,
hoch mit Asche bedeckt, welche anfangs einen unfruchtbaren, später jedoch
einen sehr fruchtbaren Boden gibt. Ist der Lavastrom [ῥύαξ] fest, so
bildet er auf dem Boden eine ziemlich hohe Steinkruste. Sie besteht eigentlich aus Steinen, die im Berge geschmolzen und dann vom
Gipfel herabgeflossen sind, ist schwarz und gibt guten Mühlstein [μυ-
λίας]. Die ausgeworfene Asche [σποδός] stammt auch von verbrannten
Steinen. — Die Höhe des Aetna ist kahl, im Sommer mit Asche, im
Winter mit Schnee bedeckt; unten stehn Waldungen und Pflanzungen
aller Art. Es scheint, als ob sich die Spitzen des Berges nicht selten
durch das sie treffende Feuer veränderten; es bricht öfters aus Einer
Oeffnung, öfters aus mehreren hervor, wirft wechselnd Lavaströme,
Flammen, Rauch und glühende Massen aus. Durch solche Erschütterungen ändern sich natürlich auch die inneren Gänge, und es erscheinen
bisweilen mehrere Oeffnungen um den Hauptkrater herum. Leute, welche
erst ganz kürzlich auf dem Aetna gewesen, haben mir erzählt, sie hätten
auf dem Gipfel ein flaches Feld getroffen, welches einen Umfang von
etwa 20 Stadien hat und von einem Aschenwall wie mit einer Mauer
umgeben ist, so daß Die, welche über den Wall hineinwärts wollen,

---

*[201]) Odyss. 1, 185. — Siehe unsre Anm. 7.

hinab fpringen mußten. In der Mitte des Feldes fahen fie einen afch=
farbigen Hügel, und über diefem ftand eine ungefähr 200 Fuß hohe
Wolkenfäule; diefe bewegte fich, da kein Wind ging, nicht, und fah aus
wie Rauch. Zwei von den Leuten, welche fich zu weit vor wagten,
mußten vor der Hitze und Tiefe des Sandes zurückweichen und fahen
auch nicht mehr als Die, welche fern geblieben waren. An den Krater
felbft konnten fie alfo nicht kommen, nicht hineinfehen; auch hätte man
wegen des von unten nach oben im Krater Statt findenden Luftzugs
nichts hinein werfen können; ferner hätte die den Krater umgebende Hitze
es unmöglich gemacht, an feinen Rand zu gelangen. Und könnte man
doch etwas hinein werfen, fo würde es durch die Gluth ganz verändert
werden, bevor es wieder ausgeworfen würde. Aus alle Dem geht her=
vor, daß die Gefchichte vom Empedokles eine Fabel ift; er foll
nämlich in den Krater des Aetna hinein gefprungen fein, und diefer foll
eine feiner kupfernen Sandalen wieder heraus gefchleudert haben, fo daß
man fie nachher am Rande fand *202). — Sieht man den Aetna von
Weitem, fo zeigt fein Gipfel bei Nacht helle Flammen, bei Tage ift er
von düftrem Rauche verhüllt.

Geogr. 6, 2. Unter den Liparifchen Infeln, welche auch die
Aeolifchen heißen, ift Lipara die größte. Sie hat einen fruchtbaren
Boden und bezieht auch Einkünfte aus ihren Alaunwerken [στυπτη-
ρίας μέταλλα], befitzt warme Quellen und Orte, wo Feuer aus der
Erde fteigt [πυρὸς ἀναπνοὰς ἔχει]. Nicht weit von Lipara liegt die
Heilige Infel des Vulkan [Ἱερὰ Ἡφαίστου νῆσος], ganz wüft, felfig,
von Feuer zerfreffen. Sie hat drei Feuer ausftoßende Krater; aus dem
größten derfelben werden Maffen gefchleudert, welche fchon einen großen
Theil der Seeftraße ausgefüllt haben. Man hat beobachtet, daß fowohl
hier als im Aetna die Flamme fich bei Wind vermehrt, bei Windftille
aufhört. Polybius fagt, „einer von den drei Kratern fei zum Theil
verfchüttet, die übrigen zwei feien aber noch vorhanden; der größte habe
einen Umfang von fünf Stadien, in der Mitte aber nur eine Weite

---

*202) Daß Empedokles in das Feuer des Aetna gefprungen, ift dennoch
fehr möglich; nur darf man fich dabei nicht den Hauptkrater, fondern einen
zufällig tiefer am Berge entftandenen Nebenkrater denken. — Als im Mai des
Jahres 1855 Graf Carl von Görtz, Verfaffer der äußerft intereffanten „Reife
um die Welt", den in vollem Ausbruch begriffenen Befuv befuchte, fand er
an der Seite des Berges 14 kleine Krater, aus welchen die helle Lohe mit bla-
fendem und zifchendem Getöfe hervorfchlug. Mit Hülfe eines ficheren Führers
gelangte der Graf an den oberen Rand einiger folcher Speiteufelchen.

von 50 Fuß. Wenn Südwind bevorsteht, liege über dem Inselchen eine düstre Wolke; bei Nordwind loderten aus dem besagten Krater helle Flammen auf, und im Innern höre man ein heftigeres Donnern; bei Westwind halte der Zustand die Mitte. Die übrigen Krater seien diesem ähnlich, ständen ihm aber an Heftigkeit der Ausbrüche [τὰ ἀναφνσήματα] nach." — Die Insel Strongyle *[203]) enthält auch unterirdisches Feuer; die zu Tage gehenden Flammen sind minder heftig, aber desto glänzender. — Man hat auch schon oftmals im Umkreis der Liparischen Inseln an der Oberfläche des Meeres Flammen emporsteigen gesehn, welche aus einer unter dem Wasser verborgenen Spalte kamen. — Posidonius erzählt, „zu seiner Zeit hätte sich einmal im Sommer früh Morgens das Meer zwischen der Heiligen Insel und der Insel Euonymus außerordentlich hoch gehoben, sei eine Zeit lang unter beständigem Aufwallen so stehn geblieben und dann wieder gesunken. Leute, die sich zu Schiff näher gewagt, hätten todte Fische herumschwimmen gesehn, hätten sich aber wegen der Hitze und des üblen Geruchs wieder entfernen müssen. Nur ein einziges Schiffchen sei noch herangesteuert, hätte aber mehrere Leute eingebüßt, die übrigen hätten auf einige Zeit den Verstand verloren, wären dann aber wieder gesund geworden. Viele Tage nach diesem Ereigniß hätte man Schlamm an die Oberfläche des Meeres kommen sehn, an vielen Stellen sei Feuer, Rauch und Dampf hervorgebrochen, und der Schlamm sei so hart wie ein Mühlstein geworden. Der Statthalter von Sicilien, Titus Flaminius, hätte dem römischen Senat die Thatsache berichtet, und dieser hätte sowohl auf dem Inselchen als auf den Liparischen Inseln den Göttern der Unterwelt und des Meeres Opfer darbringen lassen."

Geogr. 7, 5. In der Nähe von Apollonia am Flusse Aous liegt das Nymphäum, ein Fels, welcher Feuer ausstößt. Unter ihm quillt heißes Wasser und Asphalt; letzterer ist auch wahrscheinlich die Ursache des vorhandenen Feuers.

Geogr. 7, Excerpta 17. Bei Philippi, nahe am Berge Pangäus sind bedeutende Goldbergwerke. Auch im Berge Pangäus selbst wird Gold und Silber gegraben, und es findet sich von da aus am Strymon hin noch Gold bis Päonien.

Geogr. 9, 1. Nicht weit von Athen geben die Steinbrüche des Hymettus und Pentelikon trefflichen Marmor [μαρμάρον κάλ-

---

*[203]) Jetzt Stromboli.

λιστα μέταλλα]*²⁰¹). Auch die Silbergruben [τὰ ἀργυρεῖα] Attika's waren anfangs bedeutend; jetzt sind sie erschöpft. Wie ihre Er-
giebigkeit abnahm, schmolzen die Arbeiter die alten Halden [ἐκβολάς]
und Schlacken [σκωρία] nochmals und erhielten noch reines Silber
aus ihnen, denn die Alten hatten sich auf den Hüttenprozeß nicht recht
verstanden [ἀπείρως καμινεύειν].

Geogr. 10, 1. Bei Karystos auf Euböa liegt Marmarion, woselbst man den Marmor zu den Karystischen Säulen bricht*²⁰⁴).
Dort steht auch ein Tempel des Marmor-Apollo. — Ferner wird daselbst der Stein gefunden, welcher gesponnen und gewebt und zu
Handtüchern verarbeitet wird. Sind diese schmutzig, so brennt man sie
im Feuer rein, wie man Leinwand im Wasser wäscht*²⁰¹).

Geogr. 10, 5. Auf der Insel Paros bricht der Parische Marmor [ἡ Παρία λίθος], der beste für Marmor-Kunstwerke [πρὸς τὴν
μαρμαρογλυφίαν]*²⁰¹).

Geogr. 11, 14. In Armenien gibt es Goldbergwerke bei
Kambala; man gräbt dort auch andre Mineralien, den Sandyx [ἡ
σάνδυξ], welcher auch Armenische Farbe heißt, dem Purpur ähnlich*²⁰⁵).

Geogr. 12, 2. In Kappadocien findet sich der Sinopische
Röthel [Σινωπικὴ μίλτος], der beste von allen, dem nur der Ibe-

---

*²⁰⁴) Der Pentelikon ist 3 Wegstunden von Athen entfernt, hat etwa
4000 Fuß Meereshöhe; sein Fuß besteht, nach Russegger's Untersuchung, „aus
Thonschiefer, Glimmerschiefer, Chloritschiefer, die Höhe dagegen aus körnigem
Marmor. Der beste ist weiß, zuckerkörnig, zu Bildsäulen vortrefflich und seit
Menschengedenken gebraucht. Steinbruch reiht sich an Steinbruch." Letztere
stammen aus alter Zeit, die nicht ganz rein weißen Stücke wurden zum Bauen
benutzt, und man sieht noch jetzt an den gewaltigen Wänden der Steinbrüche
Umrisse von Tempeln, in uralter Zeit dort eingehauen oder eingeritzt. — Der
Marmor vom Hymettus ist graulichweiß. — Auch der Marmor von Paros
ist weiß, zuckerkörnig, lagert zwischen Gneis und Glimmerschiefer, war bei den
Künstlern des Alterthums für Bildsäulen sehr hoch geschätzt. Die alten Steinbrüche gehn zum Theil in bedeutende Tiefe. — Den Marmor von Karystos
an der Südküste Euböa's (Negroponte's) benutzt man noch jetzt. Der oberhalb
Karystos gelegene Berg Ocha, jetzt St. Elias, gibt den Marmo Cipolino der
jetzigen römischen Künstler. Weiter nördlich kommen Lager von Marmor und
Serpentinstein zusammen vor, und letzterer heißt jetzt bei den Künstlern Verdo
antico. In ihm kommen mit Amiant (Asbest) gefüllte Adern vor. Das
Verweben der Amiantfasern geschieht mit Zusatz von Leinenfäden, die man
dann herausbrennt, worauf ein Gewebe von bloßem Amiant bleibt, das in
schwachem Feuer nicht verbrennt und nicht schmilzt, übrigens wenig Festigkeit besitzt.

*²⁰⁵) Jedenfalls ein Röthel oder diesem ähnlich.

rische den Rang streitig macht. Er wird der Sinopische genannt, weil
ihn die Kaufleute früherhin, bevor sich der Handel der Epheser in dieses
Land erstreckte, zuerst nach Sinope[206]) brachten. — Es sollen auch nahe
an der galatischen Grenze Platten von Bergkrystall und von Onyx
[πλάκες κρυστάλλου καὶ ὀνυχίτου λίθου] von den Bergleuten [με-
ταλλευτής] des Archelaos gefunden worden sein. Man traf auch an
Einer Stelle einen weißen, dem Elfenbein an Farbe ähnlichen Stein
in der Gestalt mäßiger Wetzsteine [ἀκών], und machte aus ihm Messer-
griffe; er lieferte auch große, durchsichtige Klumpen [δίοπτρα βῶλος],
die man in Handel brachte[207]).

Geogr. 12, 3. Die Chalyber, wohnhaft in der Nähe Phar-
nacia's an der Südküste des Schwarzen Meeres, besitzen in ihren Bergen
Eisengruben, hatten früher auch Silbergruben; die Leute leben
theils vom Fischfang, theils vom Bergbau.

Geogr. 12, 8. Laodicea in Phrygien leidet oft an Erdbeben [εὔσειστός ἐστι], und eben so dessen Umgegend, wie denn z. B.
einmal bei Karura eine große Gesellschaft, während sie übernachtete, bei
einem Erdbeben versank. Fast der ganze Strich am Mäander ist den
Erdbeben ausgesetzt. — Das Brandland [ἡ Κατακεκαυμένη], welches
von Lydern und Mysern bewohnt wird, hat von seiner vulkanischen Beschaffenheit den Namen, und Philadelphia, eine nahe dabei gelegene
Stadt, besitzt keine festen Mauern, indem sie fast täglich erschüttert und
gespalten werden. Auch die benachbarte Stadt Apamea ist oft von
Erdbeben heimgesucht worden, und war z. B. einstmals, als König
Mithridates dahin kam, zerstört; er gab zu ihrem Wiederaufbau 100
Talente. Dasselbe Unglück soll ihr zu Alexander's Zeit widerfahren
sein. — Die Zerstörung des Berges Sipylus darf man nicht unter
die Fabeln rechnen. Noch in neuer Zeit ist die an dessen Fuß gelegene
Stadt Magnesia durch Erdbeben verwüstet worden, und mit ihr zugleich stürzte Sardes nebst vielen andren Städten ein. Der Kaiser
ließ sie wieder aufbauen.

Geogr. 14, 1. Die Straßen in der Stadt Smyrna sind mit
Steinen gepflastert [λιθόστρωτος][208]).

---

* 206) Sinope liegt in Paphlagonien.

* 207) War der Stein fest genug zu Messergriffen, zugleich elfenbeinweiß
und das Licht durchlassend, so mußte er eine Chalcedonsorte sein.

* 208) Es scheint, als wären vor der Zeit, wo die Römer Griechenland
beherrschten, daselbst nirgends die Straßen oder Marktplätze der Städte gepflastert gewesen.

Geogr. 14, 2. Unter die großartigen Denkmäler der Insel Rho=
dus gehört der Koloß des Sonnengottes*209), 170 Ellen hoch,
unter die sieben Wunder der Welt gerechnet. Jetzt liegt er durch ein
Erdbeben umgestürzt, an den Knieen abgebrochen. Sie richten ihn, in
Folge eines Orakelspruchs, nicht wieder auf.

Geogr. 14, 6. Die Insel Cypern hat reiche Kupfergruben
bei Tamassos, woselbst Kupfervitriol [χαλκανϑίς]*210) und Grün=
span [ὁ ἰὸς τοῦ χαλκοῦ] gewonnen wird, welcher letztere zu Heil=
zwecken dient. — Zum Schmelzen [καῦσις] des Kupfers und Sil=
bers hat die Insel einen Theil ihrer großen Waldungen verbraucht.

Geogr. 15, 1. Megasthenes sagt, „es sei bei den Derben, einem
großen Volke in den östlichen Gebirgen Indiens, eine Hochebene von
ungefähr 3000 Stadien Umkreis; dort seien die indischen Gold=
gruben, das Gold werde von großen Ameisen aus dem Boden herauf=
gewühlt und von den Menschen heimlich weggeholt*211). . . . Geogr.
15, 1. Die Inder schmücken sich mit Gold und Edelsteinen [διa-
λίϑω κόσμω χρῶνται]. — Sie führen aus Bronze [χαλκός] ge=
gossene Gefäße, keine geschmiedeten [ἐλατός], obgleich die gegossenen,
wenn sie fallen, wie irdene zerbrechen. — Das Land bringt übrigens
auch kostbare Edelsteine [φέρει λιϑίαν πολυτελῆ], Bergkrystalle
und Karfunkel aller Art, auch Perlen. — Es führen auch indische
Flüsse Goldsand. Bei festlichen Aufzügen werden viele Elephanten mit
Gold und Silber geschmückt; das ganze Heer zieht in Parade auf;
mit Rossen und mit Ochsen bespannte Wagen fahren große goldene
Becken, klaftertiefe Mischgefäße und von indischer Bronze gefertigte
Tische, Sessel, Trinkgefäße, Waschbecken, meist mit Edelsteinen,
Smaragden, Aquamarinen und indischen Karfunkeln besetzt;
auch die Kleider sind mit Gold durchwirkt.

Geogr. 16, 1. In Babylonien ist bei Arbela eine Steinöl=
Quelle [τοῦ νάφϑα πηγή], und hier sind auch die Feuer*212). —
Die Mauern Babylon's*213) werden zu den Wunderwerken der
Welt gerechnet; eben so der hängende Garten [ὁ κρεμαστὸς κῆ-

---

*209) Aus Bronze gegossen.
*210) Siehe unten Anm. 274 und 660.
*211) Bezieht sich auf die gold= und silberreichen Stellen des Altai. Siehe
meine „Zoologie der alten Griechen und Römer" Seite 8.
*212) Aus der Erde emporschlagende Steinölflammen.
*213) Siehe oben Herodot. 1, 178.

πος]*²¹⁴). — In Babylonien gibt es viel Asphalt [ἡ ἄσφαλτος], von welchem Eratosthenes Folgendes sagt: „Es gibt flüssigen, welcher Naphtha [νάφϑα]*²¹⁵) heißt und sich in Susis findet, ferner trocknen, der fest werden kann, in Babylonien. Dessen Quelle ist nahe am Euphrat, und er wird insbesondre beim Bauen gebraucht; auch sollen die Babylonier Schiffe mit Asphalt überziehn." — Die Naphtha soll die merkwürdige Eigenthümlichkeit haben, daß sie, in die Nähe einer Flamme gebracht, diese an sich reißt*²¹⁶). Bringt man einen mit Naphtha bestrichenen Stoff an eine Flamme, so verbrennt er, und man kann ihn mit Wasser nicht löschen, es sei denn, daß man recht viel Wasser aufgießt*²¹⁷). Alexander soll so ein Experiment gemacht, einen seiner Diener mit Naphtha gesalbt und dann ein Licht nahe an ihn gebracht haben. Der Mensch fing Feuer und wäre beinahe verbrannt, wenn ihn nicht andre Leute schnell tüchtig mit Wasser begossen und so gerettet hätten*²¹⁸). — Posidonius sagt, „die Naphtha der babylonischen Quellen sei theils weiß, theils schwarz, einige enthalte auch flüssigen Schwefel, nämlich diejenige, welche die Flamme anzieht; die schwarze enthalte flüssigen Asphalt, der statt Oeles in Lampen gebrannt wird"*²¹⁹).

Geogr. 16, 2. In Syrien zwischen Ptolemaïs und Tyrus sind am Ufer Dünen, welche den zum Schmelzen tauglichen Glassand [ἡ ὑαλῖτις ψάμμος ἐπιτηδεία εἰς χύσιν] liefern*²²⁰). Man sagt, er

---

*²¹⁴) Siehe meine „Botanik der alten Griechen und Römer", Seite 150 und 151.

*²¹⁵) Steinöl.

*²¹⁶) Das Steinöl ist ein flüchtiges Oel, verdampft, wie schon sein durchdringender Geruch beweist, sehr stark. Hält man einige Zoll hoch über Steinöl ein brennendes Hölzchen, so gerathen die Dämpfe sogleich in's Brennen und entzünden auch gleich die Oberfläche des Oeles.

*²¹⁷) Verbrennen kann natürlich jeder an sich unverbrennliche Stoff auch dann nicht, wenn er mit Naphtha bestrichen ist, aber jedenfalls brennt diese von seiner Oberfläche weg.

*²¹⁸) Steinöl fängt, selbst dünn auf die Haut gestrichen, augenblicklich Feuer, brennt auch eben so leicht an, wenn es auf Wasser schwimmt.

*²¹⁹) Unter weißem Steinöl ist das wasserklare zu verstehn; in ihm ist kein Asphalt aufgelöst, denn dieser schwärzt. — Asphalt löst sich leicht in Steinöl auf und ist in vielen Steinölquellen im Oel enthalten. Auch Schwefel löst sich in Steinöl und allen Oelen auf, ist oft in dem emporquellenden Steinöl zu finden. — Schwefelfreies Steinöl wird noch jetzt an seinen Fundorten in Lampen gebrannt.

*²²⁰) Siehe oben Theophrast. 84 und Anm. 94. — Hier ist noch beizufügen, daß Professor Johannes Roth vor wenigen Jahren in der Gegend

werde nicht an Ort und Stelle verschmolzen, sondern nach Alexandria gebracht und dort zu Glas geschmolzen. Es gibt Leute, die behaupten, dazu
könne man jeden Sand brauchen. Wir haben aber die Arbeiter in den
Glashütten Alexandria's gesagt, auch in Aegypten finde sich Glaserde,
und ohne diese wäre es unmöglich, die vielfarbigen, prächtigen Glasgefäße zu verfertigen, auch bedürfe man zu verschiedenem Glase verschiedene Mischungen. Auch in Rom soll man sich auf dergleichen Mischungen verstehn, mit Leichtigkeit Glas machen und es nach Belieben
farbig oder krystallhell darstellen, so daß man daselbst eine Schale oder
ein Trinkgläschen für einen Chalkos *²²¹) kaufen kann. — An der genannten Küste zwischen Tyrus und Ptolemais ist eine Schlacht von den
Ptolemäern gegen den Feldherrn Sarpedon geliefert worden; die Besiegten flohen am Meere hin; da trat ein Erdbeben ein, die Wogen
schlugen hoch auf das Ufer und verschlangen die Fliehenden. Wie nun
das Meer sich wieder zurückzog, sah man diejenigen Leichen, welche
nicht in die Tiefe geschlemmt worden, nebst todten Fischen herum-
liegen. — Auch am Vorgebirge Kasium bei Aegypten kommt es vor,
daß sich plötzlich bei einem Erdbeben ein Theil des Landes hebt und
das Meer zurücktreibt, während der andere sinkt und überschwemmt wird.
Hinterher nimmt der Boden seine frühere Gestalt wieder an oder
auch nicht.

Geogr. 16, 2. Jerusalem ist eine auf wasserreichem Felsen-
grund gebaute Stadt, rings um sie her ist aber der Boden unfruchtbar
und dürr. Als Pompejus sie erobern wollte, fand er sie von einem in
Felsen gehauenen Graben [τάφρος λαομητρί] umgeben, der 60
Fuß tief und 250 Fuß breit war. Aus den herausgehauenen Steinen
war die Mauer des Tempels gebaut.

Geogr. 16, 2. Das Todte Meer in Syrien *²²²) hat ein Wasser,
das so schwer ist, daß ein hinein fallender Mensch, so wie er bis an
den Nabel drin ist, emporgehoben wird *²²³). Aus seiner Mitte steigen
zu unbestimmten Zeiten Blasen wie von siedendem Wasser in die Höhe,
die Oberfläche krümmt sich wie ein Hügel, und es tritt aus diesem eine
große Asphaltmasse hervor. Zugleich verbreitet sich in der Luft ein

---

des ehemaligen Tyrus (jetzt Sur) altphönicische Glasösen entdeckt hat, und
neben ihnen grüne, rothe und blaue Glasstückchen.

*²²¹) Für zwei jetzige Pfennige.

*²²²) Das Todte Meer ist hier Sirbonis genannt; woher diese Ver-
wechselung stammt, ist unbekannt.

*²²³) Folge des Salzgehaltes.

ebenfalls aus diesem Meere steigender unsichtbarer, rauchartiger Ruß, von welchem das Kupfer, das Silber und Alles, was glänzt, mit Ausnahme des Goldes, rostig wird [κατιόεσϑαι] *224). Der Asphaltklumpen kommt durch unterirdische Hitze geschmolzen aus der Tiefe, breitet sich an der Oberfläche des Wassers aus, wird aber dort beim Erkalten fest. Die Leute binden, wenn Asphalt erschienen ist, Massen von Rohr zusammen, rudern hin, hauen den Asphalt, welcher von selbst obenauf schwimmt, in Stücke und nehmen diese mit an's Ufer. — Es sind auch sonst noch viele Beweise dafür vorhanden, daß diese Gegend vulkanisch [ἔμπυρος] ist. Man sieht nämlich um Moasaba einige rauhe, von Feuer zerfressene Felsen, an vielen Stellen Klüfte und aschenähnliche Erde, auch quellen aus den Felsen Pechtropfen *225) hervor, und siedende Bäche verbreiten weithin einen üblen Geruch. Die Gegend zeigt ferner zerstreute Ruinen von Wohnungen und bei den Eingebornen hat sich die Sage erhalten, daß hier einstmals 13 Städte gestanden, deren Hauptstadt Sodom [Σόδομα, plur.] gewesen, deren 60 Stadien großer Umkreis noch deutlich wahrzunehmen sei. Einst sei bei einem Erdbeben Feuer aufgelodert, heiße, asphalt- und schwefelhaltige Wasser seien dem Boden entstiegen und so das Meer entstanden. Zugleich wären die Felsen in's Glühen gekommen, und die Städte theils versunken, theils von ihren Bewohnern verlassen worden. — Die Aegypter benutzen den Asphalt zum Einbalsamiren der Leichen *226).

Geogr. 16, 3. Nearchus sagt, am Eingang des Persischen Meerbusens liege eine Insel, woselbst sich kostbare Perlen und helle, durchscheinende Steine vorfänden *227).

Geogr. 17, 1. Der Sarg, in welchem Ptolemäus die Leiche Alexander's zu Alexandria beisetzen ließ, bestand aus Gold. Nachdem Ptolemäus Koffes aus Syrien einen Raubzug nach Alexandria gemacht und den goldenen Sarg weggenommen, ward die Leiche in einen gläsernen gelegt.

---

*224) Siehe oben Anm. 122 und 123.

*225) Asphalt.

*226) Henry Mounbrell erzählt noch im Jahr 1697 in seinem Journey from Aleppo to Jerusalem, „er habe am Todten Meere glaubwürdige Leute gesprochen, welche versichert, daß sie an der Stelle, wo Sodom gestanden, noch deutlich Ruinen steinerner Gebäude unter dem Wasser des Todten Meeres gesehen." — Siehe übrigens über das Todte Meer (den Asphaltsee) oben Diodor. Sic. 2, 48.

*227) Jetzt Ceilon.

Geogr. 17, 1. Oberhalb Momemphis liegen die zwei Natrou= seeen [δύο νιτρίαι]*228), welche sehr viel Soda [νίτρον] enthalten.

Geogr. 17, 1. Neben dem Tempel des Apis und dem pracht= vollen Tempel des Vulkan zu Memphis in Aegypten liegt ein aus Einem Steine gehauener Koloß [μονόλιθος κολοσσός]. — In dieser Gegend wirft der Wind große Sandhügel auf, und durch diese waren die Sphinre, als ich sie sah, theils bis an den Kopf, theils bis zur Hälfte bedeckt. — Vierzig Stadien von der Stadt stehen auf einer bergigen Höhe viele Pyramiden, Grüfte der Könige. Zwei davon sind so groß, daß man sie zu den Wundern der Welt zählt. Die dritte ist zwar viel kleiner, hat aber weit mehr gekostet, denn sie ist von unten auf bis fast zur Mitte von jenem schwarzen Gestein ge= baut, welches aus weiter Ferne von den äthiopischen Grenzen kommt, aus welchem auch die Mörser gemacht werden, und dessen Bearbeitung wegen seiner Härte sehr schwierig und kostspielig ist*229). — Ein sehr sonderbarer Umstand, den ich bei den Pyramiden beobachtet habe, be= steht darin, daß sich unter den Abfällen des Steinbehaues Körner von Gestalt und Größe der Linsen [ψήγματα φακοειδῆ] finden, während andre wie halbenthülste Körner aussehn*230). Man hält diese Körner für Ueberbleibsel von den Speisen der Arbeiter; Dies ist jedoch nicht wahrscheinlich, denn auch in meiner Heimath kommt ein Hügel vor, der eben solche linsenartige Körner enthält. — Eine ähnliche Ungewißheit bieten die Meer= und Flußsteinchen dar*231); diese haben aber jeden= falls ihre Gestalt durch die Bewegung des Wassers erhalten; bei den Steinen der Pyramiden ist die Erklärung schwieriger. — Das Laby= rinth ist ein so großer und so verwickelter Bau, daß sich in ihm kein Mensch ohne Führer zurecht finden kann. Als etwas Wunderbares ist zu bemerken, daß in ihm die Decke eines jeden Gemachs aus einem ein=

---

*228) D. h. Seeen mit starkem Sodagehalt, jetzt Natronseeen genannt. Der größte Natronsee Unter=Aegyptens ist vier Meilen lang, zwei breit, über= zieht sich im Sommer mit einer dicken Rinde, die man mit eisernen Stangen zerstößt, an's Ufer zieht, trocknet und in Handel bringt.

*229) Abyssinien ist reich an Basalt, Trachyt, Lava, und diese Gesteine sind hier ohne Zweifel gemeint.

*230) Die Pyramiden von Gizeh sind aus Quadern von Nummuliten= Kalkstein gebaut. — Die Nummuliten sind kleine, versteinerte, flachen Linsen ähnliche Weichthiere, im Nummuliten=Kalkstein zahllos verbauen. — Auch der Ammons=Tempel ist aus Nummuliten=Kalkstein gebaut und steht auch auf solchem.

*231) Die Gerölle.

zigen Steine besteht, und daß auch die Irrgänge der Breite nach mit
Platten, die je aus Einem außerordentlich großen Steine bestehen, gedeckt sind. Holzwerk ist überhaupt beim Bau des Labyrinthes gar nicht
verwendet. Auch die 27 Säulen der Palasthallen sind je aus Einem
Stücke gehauen. — Am Ende des Labyrinthes liegt eine als Grabmal
dienende vierseitige Pyramide von 400 Fuß Höhe und 400 Fuß langen
Seiten.

           Geogr. 17, 1. In Ober=Aegypten liegt die Stadt Theben, jetzt
Diospolis genannt. Von ihr sagt Homer * [232]):

> „Hundert hat sie der Thore; es ziehen zweihundert aus jedem
> Rüstige Männer zum Streit mit Rossen daher und Geschirren."

Noch jetzt zeigen sich die Spuren ihrer ehemaligen Größe in einer Ausdehnung von 80 Stadien. Sie hatte sehr viele Tempel, die aber meist
von Kambyses ruinirt wurden; jetzt stehen nur einige Dörfer an der
Stelle. Bei dem Memnonium sieht man nicht weit von einander
zwei Kolosse, jeden aus Einem Steine gehauen. Der eine ist noch
ganz; von dem andren sind die oberen Theile durch ein Erdbeben
abgebrochen und gestürzt, wie man sagt. Man behauptet auch, daß täglich
einmal ein eigner Ton aus dem an seiner Stelle gebliebenen Theile des
zerbrochenen Kolosses komme, wie wenn an ihn ziemlich schwach geschlagen
würde. Als ich selber mit Aelius Gallus und seinem Heere in Theben
war, hörte ich den besagten Ton in der ersten Morgenstunde, konnte
aber nicht unterscheiden, ob er aus dem Koloß selbst, oder aus dessen
Basis kam, oder ob einer der Anwesenden uns täuschte, denn an sich ist
es nicht glaublich, daß Steine einen Ton von sich geben * [233]). —
Oberhalb des Memnoniums befinden sich gegen 40, in Felsen ge-
hauene, prachtvolle, sehenswerthe Königsgräber; in diesen Grüften
stehen einige Obelisten, deren Inschriften für die Macht der damaligen
Könige zeugen, die sich bis zu den Scythen, Baktriern, Indern und bis
zu dem jetzigen Jonien erstreckte; auch sind die Einkünfte des Reiches

---

* [232]) Il. 9, 383.

* [233]) Die zwei Kolosse des Memnoniums sind noch jetzt nebst unermeßlich
großen Trümmern der aus Stein bestehenden Gebäude und Monumente des
alten Theben's zu sehn. Die zwei genannten Kolosse sind sitzende Bildsäulen,
je 60 Fuß hoch, beide aus äußerst hartem, beim Anschlagen stark tönendem Sandstein gehauen. Der eine ist noch wie zu Strabo's Zeit unversehrt, der andre,
wie es jener Schriftsteller beschreibt, zerbrochen. — Das Tönen des Kolosses
erklärt man sich durch die ausdehnende Wirkung der auf eine kühle Nacht folgenden Sonnenwärme.

verzeichnet, und daß das Heer eine Million an Mannschaft gehabt. —
Zwischen Syene und Philä bin ich zu Wagen durch eine sehr flache
Gegend gekommen. Auf beiden Seiten dieses Weges waren an vielen
Stellen säulenartige, hohe, runde, sehr glatte, schwarze, harte Steine
von der Art, die man zu Reibschalen gebraucht, auf jeder Säule eine
andre und auf dieser wieder eine. Einzelne solche Steinblöcke lagen auch
allein. Der größte hatte volle zwölf Fuß Durchmesser, alle andren aber
wenigstens halb so viel*²³³ᵇ).

Geogr. 17, 2. Im Lande der Aethiopen, deren Hauptstadt
Meroë ist, gibt es Kupfer-, Eisen= und Goldgruben [χαλκω-
ρυχείον, σιδηρουργείον, χρυσείον] und allerlei Edelsteine [λίθων γένη
πολυτελών]*²³⁴). — Das Salz [οἱ ἅλες] wird gegraben wie bei den
Arabern*²³⁵). — Die meisten äthiopischen Weiber tragen in der Lippe
einen Kupferring als Schmuck. — Die Leichen ihrer Angehörigen
werfen manche Aethiopen in den Fluß, andre überziehen sie mit Glas,
noch andre begraben sie in thönernen Särgen.

Dioscorides,
um's Jahr 60 nach Christo.

De materia medica 1, 39. Um Oel aus den Samen des Wunder-
baums zu gewinnen, stampft man sie und kocht sie mit Wasser in einem
verzinnten Kessel [λέβης κεκασσιτερωμένος].

---

*²³³ᵇ) Deutliche Beschreibung des Basaltes. — Den Durchmesser
können wir uns, wie er angegeben ist, als der Länge der Säulen nach genommen denken. Er könnte indeß auch querdurch genommen sein, denn man
kennt auch jetzt Basaltstücke von fünf Fuß Querdurchmesser.

*²³⁴) Ueber die im Lande der Aethiopen gelegene Goldterrasse
von Fazokl ist schon oben in Anm. 114 die Rede gewesen. — Hier noch
Einiges über die ihr benachbarte Goldterrasse von Scheibun: Nach Russegger's an Ort und Stelle angestellten Untersuchungen findet sich im Lande
der Nuba's oberhalb Aegypten, in der Umgebung von Scheibun, Tira und
Tunger, viel Goldsand. Er schätzt die Ausdehnung des goldführenden Bodens
im Ost=Suban auf 1500 geogr. Quadratmeilen. Es kommt theils in Gestalt
kleiner Körner in aufgeschwemmtem Boden, theils in den Gängen des Granits,
Gneises und Chloritschiefers vor, und ist durchgehends von hoher Feine.

*²³⁵) Die Salzebne, welche Tigré und Dankali trennt, und ganz Abys-
sinien mit Salz versorgt, ist vier Tagereisen lang und Eine breit. Die Oberfläche des Bodens ist mit kleinen Salzkrystallen bedeckt; das zum Handel bestimmte
Steinsalz wird durch Steinbrucharbeit aus der geringen Tiefe gewonnen.

5*

De m. m. 1, 110. Die Schwarzpappel*²³⁵ᵇ) soll am Po-Flusse Tropfen fallen lassen, welche hart werden und den Bernstein [ἤλεκτρον] geben, welcher auch Chrysophoron [χρυσοφόρον] heißt. Er ist wohlriechend, wenn er gerieben wird, und hat die Farbe des Goldes. De m. m. 2, 100. Was die Leute vom Lynkurium fabeln, ist nur aus der Luft gegriffen. Es ist weiter nichts als Bernstein, von Einigen auch Elektron Pterygophoron genannt*²³⁶).

De m. m. 5, 84. Im Folgenden wird von den Mineralien [λίθος μεταλλικός] die Rede sein. — — Die Kadmeia [ἡ καδμεία]*²³⁷) kommt am besten aus Cypern; den Vorzug verdient die dichte, mäßig schwere, auswendig traubenförmige, graue, inwendig aschgraue und grünspanfarbige [ἰώδης]. Dieser steht diejenige an Güte am nächsten, welche auswendig bläulich, inwendig aber mehr weiß und schichtweis wie Onyx [ὀνυχίτης λίθος] gefärbt ist. Man benutzt die Kadmeia zu Augenheilmitteln, zu Pflastern u. s. w. Die aus Macedonien, Thracien und Spanien kommende ist unbrauchbar. — Uebrigens erzeugt sie sich in den Oefen, worin Messing geschmolzen wird [ἱεροῦ χαλκοῦ καμινευομένου], indem sich der Rauch an die Wände und den Ausgang des Ofens hängt. Die Hüttenleute [μεταλλουργός] bringen daselbst ein Geflecht von Eisendraht an, woran sich diejenigen Dämpfe festhängen, welche in Ermangelung einer solchen Vorrichtung in die freie Luft entweichen würden. Ist das Geflecht eng, so vereinigt sich die Kadmeia an ihm zu dichter Masse. — Man macht auch Kadmeia indem man einen Stein glüht, welcher Pyrit [πυρίτης] heißt*²³⁸) und sich bei Soli*²³⁹) findet.

----

*²³⁵ᵇ) Die Schwarzpappel gibt keinen Bernstein. — Siehe über den Bernstein bei Plinius 37, 2, 11.

*²³⁶) Siehe Anm. 72. — Pterygophoron heißt geflügelt. Woher dieser Name, läßt sich nicht errathen.

*²³⁷) Hier ist nicht von dem natürlichen Galmei (καδμεία λίθος, Strabo 3, 4) die Rede, sondern von dem Zinkoxyd, wie es sich, mit andren metallischen Stoffen, namentlich Kupfertheilchen, verunreinigt, in Oefen ansetzt, in welchen Kupfer mit natürlichem Galmei gemischt ist, wo sich in der Gluth ein Theil des im Galmei enthaltenen Zinks mit dem Kupfer zu Messing verbindet, während ein andrer oxydirt im Ofen als Rauch aufwärts steigt.

*²³⁸) Pyrit, d. h. Feuerstein, ist bei den Alten jeder Stein, der so hart ist, daß er geschlagen Feuer geben kann. — An dieser Stelle können übrigens nur Zinkblende und Kieselgalmei gemeint sein, welche beide zwar hart sind, jedoch nicht so hart, daß sie Feuer geben. — Sie geben durch bloßes Glühen Zinkoxyd.

*²³⁹) Soli auf Cypern.

De m. m. 5, 85. Der Pompholyx [ἡ πόμφολυξ] *[240]) unterscheidet sich vom Spodos [ἡ σποδός] *[241]) nicht wesentlich. Der Spodos ist etwas schwärzlich, von Hälmchen, Härchen, erdigen Theilen verunreinigt, indem er vom Erdboden und den Ofenwänden der Messinghütten [χαλκουργεῖον] zusammen gekratzt ist. — Der Pompholyx dagegen sieht schmuck und weiß aus und ist so leicht, daß er in die Luft fliegen kann *[242]). Der rein-weiße ist der leichteste *[243]). Man erzeugt diesen, wenn man bei der Erzeugung des Messings [ἐν τῇ κατεργασίᾳ καὶ τελειώσει τοῦ χαλκοῦ] die aus Messingöfen abgekratzte Kadmeia in bedeutender Menge zugibt. — Uebrigens erzeugt man den Pompholyx nicht bloß in Messingöfen, sondern auch geradezu aus der Kadmeia, die man unter Zublasen von Luft glüht. Man läßt den als Rauch emporsteigenden Pompholyx in eine über dem Ofen angebrachte Kammer steigen, woselbst er sich anfangs wie Wasserschaum und bei zunehmender Menge wie Wolle anhängt. — Der schwerere, sich an die Wände des Ofens hängende oder auf den Fußboden der Kammer niederfallende Rauch gibt den Spodos. — Uebrigens ist zu bemerken, daß auch die Oefen, worin Gold, Silber oder Blei geschmolzen wird, eine Art Spodos [σποδιά] *[244]) liefern, wovon der vom Blei den Vorzug hat.

De m. m. 5, 87. Verbranntes Kupfer [κεκαυμένος χαλκός] ist schön roth und wird gerieben wie Zinnober [κινναβαρίζειν]; das schwarze ist zu stark gebrannt. — Man bereitet es aus den kupfernen Nägeln unbrauchbar gewordener Schiffe, welche man in ein rohes Thongefäß legt, und denen man Schwefel, oder Schwefel und Salz, oder Alaun [στυπτηρία], oder Schwefel und Essig, oder nur Essig beifügt. — Das verbrannte Kupfer wird äußerlich und innerlich als Arznei gebraucht *[245]).

---

*[240]) Reines Zinkoxyd.

*[241]) Spodos ist, wie wir sehen, Zinkoxyd, das nicht von metallischen, sondern erdigen, staubigen und dergl. Theilen verunreinigt ist.

*[242]) Das Zinkoxyd fliegt, wenn es in der Hitze entsteht, mit der heißen, aufsteigenden Luft zum Theil weit weg, hängt sich als äußerst feinstäubige, lockre, weiße Masse an.

*[243]) Der rein-weiße enthält keine fremde Beimischung.

*[244]) Ofenbruch und Hüttenrauch, d. h. flüchtig gewordene Stoffe, welche in Oefen, wo Bleierze verschmolzen werden, noch so viel Blei enthalten, daß man dieses heut zu Tage, indem man sie mit Kohle und Schlacke gebender Beschickung einer neuen Schmelzung, der sogenannten Raucharbeit, unterwirft, noch aus ihnen gewinnt.

*[245]) Auf die angegebene Weise würde man sehr verschiedene Kupfer-Ver-

De m. m. 5, 88. **Kupferblüthe** [χαλκοῦ ἄνϑος] ist roth, besteht aus kleinen, schweren Stückchen. Ist sie durch Kupfer=Feilspäne
[ῥίνισμα] verfälscht, so erkennt man diese daran, daß sie sich zwischen
den Zähnen breit beißen lassen. Die Kupferblüthe entsteht, wenn das
Kupfer aus dem **Metall=Schmelztiegel** [μεταλλικὴ χώνη] aus-
geflossen ist und gleich mit kaltem Wasser begossen wird, wobei sie sich
von der Oberfläche des Metalls bei dessen plötzlicher Verdichtung und
Erstarrung ablöst. Dient innerlich und äußerlich als Arznei*[246]).

De m. m. 5, 89. **Schuppen** [λεπίς] von cyprischen **Messing=
Nägeln** sind gelblich und geben, mit Essig befeuchtet, Grünspan,
dienen als Arznei. Die von schlechtem Messing oder weißer **Bronze**
stammenden taugen nichts*[247]).

De m. m. 5, 90. **Schuppen** von **Stahl** [στόμωμα] haben ähnliche Wirkung.

De m. m. 5, 91. Der **Grünspan** [ἰὸς ξυστός] wird folgendermaßen bereitet: In ein Gefäß wird recht scharfer Essig gethan, obenauf
ein hoch gewölbter oder auch ein flacher **kupferner Deckel**, der gut
gescheuert und ohne Ritz oder Loch ist. Nach zehn Tagen öffnet man
und schabt den entstandenen Grünspan ab. — Oder man hängt in einem
Gefäße das **Kupfer** so auf, daß es nicht von dem Essig berührt wird,
und schabt auch in diesem Falle nach zehn Tagen den Grünspan
ab*[248]). — Oder man legt **Kupferplatten** zwischen **Weintrestern**,
die nicht mehr frisch, sondern schon sauer*[249]) sind. — Man kann auch
Grünspan aus den **Feilspänen** des Kupfers machen, oder aus den
dünnen **Kupferplättchen**, zwischen welchen die **Goldschläger** die Gold=

---

bindungen bekommen: 1) Bei schwächerem Glühen des Kupfers ohne Zusatz
schön rothes **Kupferoxydul**; 2) bei stärkerem Glühen schwarzes **Kupferoxyd**. — Von der rothen und schwarzen Farbe spricht Dioskorides. —
3) Mit Schwefel graues **Schwefelkupfer**; 4) mit Kochsalz gelbes **Chlor-
kupfer**; 5) mit Essig **Grünspan**.

*[246]) Die **Kupferblüthe**, χαλκοῦ ἄνϑος, ist rothes **Kupferoxydul**,
zerbeißt sich zwischen den Zähnen oder zerschlägt sich leicht zu Staub; — das
metallische Kupfer dagegen wird durch Druck oder Schlag platt, ohne zu zerfallen. — Es ist zu bemerken, daß χαλκανϑές, χαλκανϑον, χαλκανϑος nicht
Kupferoxydul, sondern Kupfer= und Eisenvitriol bedeutet. — Ueber die **Kupferblüthe** siehe auch unten Plin. 34, 11, 24.

*[247]) **Messing** und **Bronze** sind hier, wie gewöhnlich, beide durch
χαλκός bezeichnet.

*[248]) Hier haben die **Dämpfe** des Essigs auf das Kupfer eingewirkt.

*[249]) Diese Säure ist Essigsäure.

blättchen schlagen [τὰ χρυσᾶ πέταλα ἐλαύνειν], indem man sie mit
Essig befeuchtet. — Es sollen auch zwei Sorten natürlichen Grün=
spans in den cyprischen Kupfergruben vorkommen * [250]).
De m. m. 5, 93. Auch der Eisenrost [ἰὸς σιδήρου] wird als
Arznei gebraucht; ... de m. m. 5, 94; eben so die Eisenschlacke
[σκωρία σιδήρου].
De m. m. 5, 96. Um gebranntes Blei [μόλυβδος κεκαυ-
μένος] zu haben, glüht man kleine Bleistückchen mit Schwefel, und rührt
dabei die Masse so lange, bis ein Pulver entsteht, das gar keine Aehn=
lichkeit mit Blei hat * [231]). Die Nase oder den Mund darf man nicht
darüber halten, weil Bleidämpfe schädlich sind. Dient als Arznei. ...
De m. m. 5, 97. Dazu dient auch die Schlacke [σκωρία] des
Bleies. ... De m. m. 5, 98. Der Bleistein [μολυβδοειδὴς λί-
θος] hat fast dieselbe Anwendung * [232]).
De m. m. 5, 99. Das beste Graufpießglanzerz [στίμμι]
ist sehr glänzend, hat nichts Erdiges oder sonst Schmutziges an sich,
zerbricht leicht. Manche nennen es auch Stibi, Platyophthalmon, Lar-
bason, Gynaikeion, Chalkedonion. Es wird äußerlich medicinisch ver=
wendet. — Man röstet es auch, nachdem man es mit Mehlteig umgeben
und unter glühende Kohlen gelegt, bis der Teig in Kohle verwandelt
ist, löscht es dann mit altem Wein * [233]). Auch glüht man es auf
Kohlen unter Zublasen von Luft; setzt man aber das Glühen zu lange
fort, so verhält es sich wie Blei.
De m. m. 5, 100. Die beste Molybdäna [μολύβδαινα] ist
der Bleiglätte ähnlich [λιθαργυροφανής], gelb, etwas glänzend, zerrieben gelb, bekommt in Oel gekocht eine Leberfarbe. — Sie taugt nichts,
wenn sie luftblau oder bleigrau ist. — Sie entsteht in Gold = oder
Silberschmelzöfen. — Man gräbt auch welche bei Sebaste und Korykus,
und auch von dieser ist die beste gelb und glänzend, nicht schlacken= oder
steinartig * [234]).

---

* [250]) Den natürlichen Grünspan bildet theils das bloße kohlensaure
Kupferoxyd, theils das mit Wasser chemisch verbundene kohlensaure Kupferoxyd
(Malachit).
* [231]) Die entstehende glanzlose, graue Masse ist Schwefelblei.
* [232]) Bleistein besteht in unsren Schmelzöfen ebenfalls aus Schwefelblei,
aber mit vielem Schwefeleisen verschmolzen.
* [233]) Die Hülle von Teig hielt die Berührung der Luft ab, so daß die
Masse schmelzen konnte, ohne sich sonst zu ändern. — Jetzt nennt man diese
geschmolzene Masse in den Apotheken Antimonium crudum.
* [234]) Die gelbe molybdäna des Dioscorides ist bestimmt Das, was

De m. m. 5, 102. Die Bleiglätte [λιθάργυρος] entsteht theils aus sogenanntem Bleisand [μολυβδῖτις ἄμμος], welcher in Oefen stark geglüht wird; oder sie entsteht aus Silber, oder aus Blei *[235]). Die beste kommt aus Attika; dieser zunächst steht die spanische; dann die von Dikäarchia in Kampanien und die sicilische. Die meiste wird aus Bleiplatten erzeugt, die man glüht. Die gelbe, glänzende heißt Gold-glätte [χρυσῖτις] und ist die beste; die sicilische heißt Silberglätte [ἀργυρῖτις], die aus Silber gemachte heißt Lauritis.

De m. m. 5, 103. Bleiweiß [ψιμύθιον] wird folgendermaßen erzeugt: Man gießt in einen Topf scharfen Essig, bringt über diesem ein Rohrgeflecht an und legt auf dieses einen Bleiklumpen. Sodann schließt man den Topf mit einem Deckel so, daß der Essigdampf nicht entweichen kann. Das Blei löst sich im Essigdampfe auf und tröpfelt nieder. Darauf filtrirt man den reinen Essig ab, bringt das auf dem Filtrum Bleibende in ein Gefäß, trocknet es an der Sonne oder über Feuer, zerreibt es dann und siebt es durch *[236]). — Das beste Bleiweiß kommt von

---

unsre Hüttenleute den Herd nennen, d. h. der von der Glätte durchdrungene Mergel des Treibherdes; er sieht ganz so aus wie die Glätte selbst, ist zerreiblich, und wird heutiges Tages dazu benutzt, durch Glühen und Schmelzen mit Kohle metallisches Blei aus ihm zu gewinnen; auch enthält er noch etwa dreiviertel Loth Silber im Centner, die dann mit in das metallische Blei über-gehn. — Die luftblaue und bleigraue molybdäna des Dioskorides ist jedenfalls unser Ofenbruch aus Bleiöfen (d. h. wo Bleiglanz zu Gute gemacht wird). Er ist grauschwarz, auf seinen Flächen schön stahlblau und violet, zerrieben grauschwarz. — Mit „luftblau" bezeichnet Dioskorides jeden-falls „himmelblau". — Die gelbe molybdäna, welche gegraben wird, muß entweder unser Gelbbleierz (molybdänsaures Bleioxyd) seyn, oder was wahr-scheinlicher ist, Dioskorides glaubte irriger Weise, es fände sich auch natürliche molybdäna. — Bei Plinius wird kein Unterschied zwischen molybdäna, galena, lithargyros gemacht; alle drei Namen kann man bei ihm durch Bleiglätte übersetzen, dabei muß man den sogenannten Herd in diesen Begriff mit einrechnen.

*[235]) Bleiglätte ist oxydirtes Blei, entsteht einzig und allein aus Blei oder Bleiasche, heißt jetzt Silberglätte, wenn sie hellgelblich und silber-glänzend, Goldglätte, wenn sie röthlich ist. — Der Bleisand ist jedenfalls unsre Bleiasche, d. h. durch Oxydation grau und staubig gewordenes Blei; die Bleiasche kann durch stärkeres Glühen leicht in Glätte verwandelt werden. Daß Bleiglätte aus Silber entstehe, wurde (und wird auch wohl hier und da noch) geglaubt, weil sie auf dem Treibherd gewonnen wird, woselbst man das Silber vom Blei scheidet.

*[236]) Die Darstellung des Dioskorides leidet an demselben Mangel wie die des Theophrast de lap. 101. Es würde nämlich, ohne Zutritt von

Rhodus, Korinth und Lacedämon; das von Dikäarchia *⁴⁵⁷) ist etwas geringer. — Man kann auch das Bleiweiß rösten, indem man es in ein neues irdenes Gefäß thut, dieses über glühende Kohlen stellt, und die Masse umrührt, bis sie grau wird. — Will man Bleiweiß brennen, so erhitzt man es eben so, aber bis es an Farbe der Mennige [σαν-δαράχη] gleicht. So gebranntes Bleiweiß nennt man auch Sandyx *²⁵⁸).

De m. m. 5, 104. Die beste Chrysololla [χρυσοκόλλα] *²⁵⁹) kommt aus Armenien und ist tief-lauchgrün. Ihr zunächst steht die macedonische, auf diese folgt die cyprische. Immer gibt man der reinen vor derjenigen den Vorzug, welche erdige und steinige Theilchen enthält. Bei ihrem medicinischen Gebrauch ist zu beachten, daß sie Erbrechen bewirkt und sogar tödtlich werden kann.

De m. m. 5, 105. Das beste Armenium [ἀρμένιον] ist glatt, blau, zerreiblich, leistet Dasselbe wie die Chrysokolla, ist jedoch nicht so wirksam *²⁶⁰).

De m. m. 5, 106. Die Kupferlasur [κυανός] kommt in den Kupfergruben Cyperns vor, mehr jedoch in Höhlungen, welche das Meereswasser ausgewaschen. Die dunkelste ist die beste. — Man brennt auch die Chrysololla und den Kyanos *²⁶²).

De m. m. 5, 108. Die beste Gelberde [ὤχρα] ist sehr leicht, durch und durch quittengelb, zerreiblich und stammt aus Attika. Man kann sie ebenfalls brennen.

De m. m. 5, 109. Ammion [ἄμμιον] *²⁶³) wird nur in Spanien aus einem Steine gemacht, welcher mit Silbersand [ἀργυρῖτις ψάμμος] *²⁶⁴) gemischt ist. Während es im Ofen geglüht wird, nimmt es

---

Kohlensäure, nur Bleizucker entstehn, sich im Essig auflösen und mit ihm durch das Filtrum gehn. — Offenbar aber wollen Theophrast und Dioskorides keinen Bleizucker, sondern Bleiweiß.

*²⁵⁷) Puteoli.

*²⁵⁸) Langsam und lange bei Luftzutritt erhitztes Bleiweiß verliert seine Kohlensäure und seinen Wassergehalt, und verwandelt sich in Mennige. So entstandene Mennige nennt also Dioskorides Sandyx. — Gewöhnlich bereitet man die Mennige nicht aus Bleiweiß, sondern aus bloßem Bleioxyd.

*²⁵⁹) Malachit. Siehe oben Anm. 71.

*²⁶⁰) Das Armenium ist unser Bergblau. Bis gegen unsre Zeit hin hat man diese Farbe durch Pulvern der natürlichen Kupferlasur dargestellt. Jetzt fertigt man sie auf chemischem Wege künstlich.

*²⁶²) Beide werden durch Brennen schwarz.

*²⁶³) Mennige.

*²⁶⁴) Silberhaltiges, zerstampftes Bleierz.

eine schöne, feurige Farbe an *[205]). — Im Bergwerk selbst gibt es eine erstickende Ausdünstung von sich; deswegen binden sich die Arbeiter eine Blase vor das Gesicht, so daß sie zwar sehen können, aber die verdorbene Luft nicht einathmen *[206]). — Die Maler brauchen die Mennige bei Anfertigung theurer Wandgemälde.

De m. m. 5, 110. Das Quecksilber [ὑδράργυρος] wird aus dem eben genannten Ammion gemacht, das man auch fälschlich Zinnober [κιννάβαρι] nennt *[207]). Man legt nämlich auf einen irdnen Topf, worin sich der Zinnober [κιννάβαρι] befindet, einen gewölbten eisernen Deckel, streicht ihn mit Lehm fest und feuert mit Kohlen. Später schabt man den Ruß, welcher sich an den Deckel hängt, ab, und er verwandelt sich in Quecksilber *[208]). — Bei manchen Silberschmelzöfen hängt sich auch Quecksilber an die Decke. — Es soll auch an sich in Bergwerken gefunden werden. — Man hebt es in gläsernen, bleiernen, zinnernen oder silbernen Gefäßen auf, weil es jeden andren Stoff verzehrt und ausfließt *[209]). — Verschluckt wirkt es durch seine Schwere verderblich *[209b]).

De m. m. 5, 111. Der Sinopische Röthel [μίλτος σινω-πική] *[210]) ist in bester Sorte dicht, schwer, leberfarb. Man gräbt ihn in Kappadocien, reinigt ihn und schafft ihn nach Sinope, von wo er in Handel kommt; daher sein Name.... De m. m. 5, 112. Der Archi-tekten-Röthel [ἡ τεκτονικὴ μίλτος] *[211]) ist geringeren Werthes als der Sinopische; der beste kommt von Aegypten und Karthago; der spanische wird erzeugt, indem man Gelberde glüht, bis sie roth ist *[212])....

---

*[205]) So weit bezieht sich Alles auf Mennige.

*[206]) Bezieht sich auf die Zinnobergruben; aber diese Vorsichtsmaßregel wurde gewiß nicht im Bergwerk, sondern bei den Glühöfen angewandt.

*[207]) Nicht fälschlich; denn Theophrast 103 und 104 bezeichnet den Zinnober schon durch κιννάβαρι. — (Aus Ammion, Mennige, kann man kein Quecksilber machen).

*[208]) Der Schwefel des Zinnobers verbindet sich chemisch mit dem Eisen des Deckels, das Quecksilber wird frei.

*[209]) Man hebt das Quecksilber in gläsernen oder eisernen Gefäßen auf, Blei, Zinn, Silber werden von ihm gleich aufgelöst. — Alles was Dioscorides vom Ammion und dem Quecksilber sagt, beweist, daß er falsche Nachrichten hatte.

*[209b]) Nicht durch seine Schwere.

*[210]) Siehe Anm. 95.

*[211]) Zum Färben ganzer Wände oder zum Bemalen der Wände.

*[212]) Siehe Anm. 96.

De m. m. 5, 113. Die Lemnische Erde [λημνία γῆ]*²¹³) wird auf der Insel Lemnos durch Grubenbau gewonnen, dann mit Ziegenblut gemischt und in Kuchen geformt, auf welche mit einem Petschaft eine Ziege gedrückt wird.

De m. m. 5, 114. Der Kupfervitriol [χάλκανθον]*²¹⁴) ist eine festgewordene Flüssigkeit und kommt in drei Sorten vor: Die eine tröpfelt im Innern der Bergwerke, heißt auch deswegen bei den Bergleuten Cyperns Tropf-Vitriol [σταλακτίς], bei Andern Pinarion und Stalaktikon. — Die zweite bildet in Höhlen kleine Teiche, wird in Gruben gebracht und verdichtet sich daselbst*²¹⁴ᵇ); solcher heißt Verdichtungs-Vitriol [πηκτόν]. — Die dritte Sorte heißt Koch-Vitriol [ἑφθόν], wird in Spanien bereitet und hat eine schöne Farbe. Er wird dort in Wasser gekocht; dann erstarrt er, bildet dabei viele würfelartige Gestalten, die sich traubenweis an einander hängen*²¹⁵). — Die beste Sorte des Kupfervitriols ist blau und schwer, dicht und durchscheinend. — Man braucht ihn beim Färben der Tücher und als Arznei, brennt ihn auch*²¹⁶).

De m. m. 5, 120. Das Rauschgelb [ἀρσενικόν] findet sich in denselben Bergwerken mit der Sandarache*²¹⁶ᵇ). Das beste bildet platte, goldfarbige, schuppige Stücke*²¹⁷), und enthält keinen fremdartigen Stoff. Es kommt aus Mysien, dem Pontus und Kappadocien. — Man röstet es, indem man es auf eine neue irdne Schale legt, diese auf glühende Kohlen stellt, die Masse umrührt, bis sie brennt und sich ändert, worauf man sie abkühlt. Es wird äußerlich als Arznei gebraucht und vertilgt die Haare*²¹⁷ᵇ).

De m. m. 5, 121*²¹⁸).

---

*²¹³) Ist auch eine Röthelsorte. Siehe oben Theophr. 90 bis 97.

*²¹⁴) Siehe oben Anm. 210 und unten Anm. 660.

*²¹⁴ᵇ) Nämlich in Gruben, welche der Sonne ausgesetzt sind, wenn das überflüssige Wasser verdampft.

*²¹⁵) Er bildet viele Krystalle, schiefe rhomboïdische Prismen, die sich an einander hängen, so daß man die Massen mit Trauben vergleichen kann.

*²¹⁶) Kupfervitriol findet sich in kleinen Krystallen oder in Wasser aufgelöst nicht selten bei Kupfer-Erzen. Jetzt stellt man ihn für den Gebrauch immer künstlich dar. — Schwach geglüht wird er weiß.

*²¹⁶ᵇ) Siehe Anm. 278.

*²¹⁷) Das Rauschgelb hat oft ein körnig-schuppiges Gefüge.

*²¹⁷ᵇ) Das Rauschgelb vertilgt nur den aus der Haut hervorragenden Theil des Haares, und dieses wächst dann wieder nach.

*²¹⁸) Dioskorides handelt in diesem Kapitel von dem Sandarach, oar-

De m. m. 5, 122. Der Alaun [ἡ στυπτηρία] findet sich in Aegypten, auf Melos, in Macedonien, auf Lipara, Sardinien, bei Hierapolis in Phrygien, in Afrika, Armenien und an mehreren andren Orten, wie der Röthel [μίλτος]. Es gibt davon verschiedne Sorten; jedoch wählt man für die Medicin den spaltbaren [σχιστή], weißen, stark riechenden*[279]), sehr zusammenziehenden, nicht fest zusammenklebenden, sondern aus haarförmigen Theilchen bestehenden [τριχῖτις]*[280]). — Es wird auch Alaun künstlich fabricirt [χειροποίητος]. — Der Alaun wird vielfach als Arznei verwendet.

De m. m. 5, 123. Man gebe demjenigen Schwefel [θεῖον] den Vorzug, welcher noch nicht vom Feuer berührt worden, welcher glänzend, durchsichtig und frei von Steinen ist*[281]). — Von Schwefel, der schon am Feuer gewesen, ist der gelbe und fette am besten. Den meisten Schwefel findet man auf Melos und Lipara. — Der Schwefel dient als Arznei, der Dampf brennenden Schwefels ebenfalls.

De m. m. 5, 124. Der beste Bimsstein [κίσσηρις] ist sehr leicht, hat viele Höhlungen, ist spaltbar, enthält keine Steine, kann zerrieben werden, hat eine weiße Farbe.

De m. m. 5, 125. Das wirksamste Salz [ἅλς] wird aus der Erde gegraben [τὸ ὀρυκτόν], ist rein von Steinchen, durchsichtig, dicht und überall von gleicher Masse. Das beste kommt aus der Nähe des Ammons-Tempels, läßt sich leicht nach geraden Flächen spalten. — Das Seesalz [τὸ θαλάσσιον] ist dicht, weiß und gleichartig. Das beste kommt von Cypern, Megara, Sicilien, Afrika, Phrygien.

De m. m. 5, 132. Um trocknen gebrannten Kalk [ἄσβεστος] zum medicinischen Gebrauch zu haben, glüht man Schalen von See-

---

δαράχη. — Bei Vitruv, 7, 12, ist Sandarak bestimmt die Mennige. — Was Dioskorides meint, ist gar nicht zu sagen. Er behauptet: „die Sandarache bewirke Haarwuchs auf kahlen Stellen, man athme, wenn sie erhitzt werde, ihren Dunst gegen Husten ein, verzehre sie mit Honig, um eine reine Stimme zu bekommen, und mit Harz gegen Engbrüstigkeit."

*[279]) An sich hat der Alaun keinen Geruch; jedoch behält der aus Braunkohle gezogene, nicht gehörig gereinigte, etwas von deren Geruch bei; auch gibt der Ammonial-Alaun, mit Soda erhitzt, Ammoniakdämpfe.

*[280]) Jetzt wird der meiste Alaun künstlich bereitet. Der natürliche, sogenannte Federalaun hat ein haariges, fasriges Gefüge; solcher findet sich namentlich, wie Tournefort beobachtet, auf der Insel Melos.

*[281]) Die natürlichen Schwefelkrystalle sind glänzend, durchsichtig, frei von Steinen.

ſchnecken, oder Strandſteinchen [κόχλαξ]*²⁴²) oder Marmor, [μάρ-μαρος], taucht ſie in kaltes Waſſer, legt ſie in einen Topf, deckt ſie eine Nacht hindurch gut zu. Dann iſt der Kalk fertig. Er wirkt am kräftigſten, wenn er friſch und trocken iſt. . . . Do m. m. 5, 133. Auch der Gyps [ἡ γύψος] hat arzneiliche Eigenſchaften.

Do m. m. 5, 142. Der Pyrit=Stein [πυρίτης λίθος] gehört zu denen, aus welchen man Meſſing ſchmilzt [χαλκὸς μεταλλεύεται]. Man wählt ſolchen, der eine Meſſingfarbe hat [χαλκοειδής] und leicht Funken gibt*²⁴³).

Do m. m. 5, 143. Der Rotheiſenſtein [αἱματίτης λίθος] iſt am beſten, wenn er ſich leicht zerreiben läßt und dunkel=blutroth oder ſchwarz iſt. Von Natur iſt er hart und von überall gleicher Maſſe ohne fremde Beimiſchung. Man findet ihn in Aegypten, kann ihn aber auch künſtlich darſtellen, wenn man Magneteiſenſtein gehörig brennt [μαγνήτιδος πέτρας καιομένης ἐφ᾽ ἱκανόν].

De m. m. 5, 144*²⁴⁴).

De m. m. 5, 145. Der Gagat [γαγάτης λίθος] iſt am beſten, wenn er leicht anbrennt und dabei nach Asphalt riecht. Er iſt meiſt ſchwarz und leicht*²⁴⁵).

De m. m. 5, 146. Der Thraciſche Stein [Θρᾳκίας λίθος] findet ſich bei Sintia im Fluſſe Pontus. Er wird gebraucht wie der Gagat, ſoll ſich mit Waſſer entzünden, dagegen mit Oel gelöſcht werden, was auch beim Asphalt geſchieht*²⁴⁶).

De m. m. 5, 147. Der Magneteiſenſtein [ὁ μαγνήτης

---

*²⁴²) Dieſe nur, wenn ſie aus kohlenſaurer Kalkerde beſtehn. — Hier ſind übrigens ſchwerlich Steinchen gemeint, ſondern die am Strande herumliegenden, von geſtorbenen Schnecken ſtammenden Deckel, mit welchen die lebenden Thiere ihr Häuschen ſchließen können; nach dem Tode fallen ſie ab.

*²⁴³) Hier liegt eine Verwechslung zweier ſich dem Anſehn nach ſehr ähn-licher Mineralien, des Kupfer= und Eiſenkieſes, vor. — Der Kupfer-kies gibt Kupfer, aber niemals Funken. — Der Eiſenkies gibt kein Kupfer, aber treffliche Funken. Er allein von beiden kann alſo Pyrites Lithos, d. h. Feuerſtein, heißen.

*²⁴⁴) Der in dieſem Kapitel beſchriebene σχιστὸς λίθος läßt ſich nach den angegebenen Kennzeichen nicht beſtimmen.

*²⁴⁵) Hier iſt wohl unſer Gagat, eine braunſchwarze oder ſchwarze Braun-kohlen-Sorte, gemeint.

*²⁴⁶) Hier iſt wohl diejenige Steinkohle gemeint, welche, wenn man ſie im Ofen brennen will, erſt ſtark mit Waſſer befeuchtet werden muß. — Daß ſie oder Asphalt mit Oel gelöſcht werden könne, klingt unwahrſcheinlich.

λίϑος] ist am besten, wenn er Eisen leicht anzieht und eine bläuliche
Farbe hat, zugleich dicht und nicht allzu schwer ist. — Er wird auch
geglüht und dann als Rotheisenstein [αἱματίτης] verkauft. •
. De m. m. 5, 148. Der Arabische Stein [ἀραβικὸς λίϑος]
sieht aus wie Elfenbein, gibt gebrannt ein treffliches Zahnpulver * ²⁸⁷).
De m. m. 5, 149 * ²⁸⁸).

De m. m. 5, 152. Der Alabaster [ἀλαβαστρίτης λίϑος],
welchen auch Onyx [ὄνυξ] heißt, wird für medicinische Zwecke gebrannt * ²⁸⁹).

De m. m. 5, 155. Der Amiant [λίϑος ἀμίαντος] findet sich
auf Cypern, sieht dem fasrigen Alaun ähnlich, ist biegsam; aus seinen
Fasern macht man zur Schau dienende Gewebe, die im Feuer zwar
brennen, aber nicht verbrennen und dann reiner heraus kommen * ²⁹⁰).

De m. m. 5, 159. Der Jaspis [ἴασπις λίϑος] ist zuweilen
dem Smaragd ähnlich [σμαραγδίζειν], zuweilen dem Bergkrystall
[κρυσταλλώδης], oder luftblau, oder rauchgrau, und in diesem Falle
heißt er Kapnias. Ist er von weißen Strahlen durchzogen, so heißt
er Astrias. Der bläulichgrüne heißt Terebinthen-Jaspis [τερε-
βινϑίζων]. Alle Sorten werden als Amulet [φυλακτήριον] getragen.
... De m. m. 5, 160. Eben so dient der Adlerstein [ἀετίτης],
welcher klappert, wenn man ihn bewegt, als säße in ihm ein andrer
Stein * ²⁰¹). ... De m. m. 5, 161. Der Ophit [ὀφίτης] ist theils
schwarz und schwer, theils aschgrau und punktirt. Er wird gegen
Schlangenbiß und Kopfweh angewandt * ²⁰²). ... De m. m. 5, 162.
Die in Badeschwämmen sitzenden Steinchen werden mit Wein gegen
die Steinkrankheit getrunken. ... De m. m. 5, 163. Steinkitt

---

* ²⁸⁷) Vielleicht Speckstein oder Meerschaum.

* ²⁸⁸) Der in diesem Kapitel beschriebene Galaktit, grau, eine Art Milch
gebend, süß schmeckend, ist nicht bestimmbar; — eben so wenig der noch süßer
schmeckende Melitit des folgenden Kapitels. — Der Morochthos des
161. Kapitels könnte Speckstein sein.

* ²⁸⁹) Bei Onyx ist hier nicht an den Quarz dies Namens zu denken. Es
mag wohl ein buntfarbiger Alabaster gemeint sein. .... Der Stein
Thyïtes des 153. Kapitels ist unbestimmbar; eben so der Judenstein im
154. Kapitel.

* ²⁹⁰) Ueber Amiant siehe unten Anm. 325. In den folgenden Kapiteln
kann der σάπφειρος unser Saphir sein; was Memphit und Selenit ist,
kann nicht ergründet werden.

* ²⁰¹) Jaspis und Adlerstein haben diese Namen noch jetzt.

* ²⁰²) Siehe oben Anm. 146.

[λιθοκόλλα] wird bereitet, indem man Marmor [μάρμαρος] oder Pa-rifchen Stein [λίθος πάριος] * ²⁰³) mit Rindsblut mifcht. . . . De m. m. 5, 164. Der Oftracit [όστρακίτης] ift einer Mufchelfchale ähnlich, blättrig und leicht zu zerfpalten. Die Damen brauchen ihn ftatt Bimsfteins, um Haare wegzutreiben * ²⁰⁴). De m. m. 5, 165. Der Smirgel [σμύρις] ift ein Stein, mit welchem die Schmuckfteine [ψῆφος] von den Steinfchneidern [δακτυλιογλύφος] gefchliffen werden. . . . De m. m. 5, 167. Der Wetzftein [ἀκόνη] von der Infel Naxos gibt, wenn Eifen auj ihm gefchliffen wird, ein feines, brauchbares Pulver * ²⁰⁵).

De m. m. 5, 180. Die Weinftock-Erde [ἀμπελῖτις γῆ], welche auch Pharmacitis heißt, findet fich in Syrien bei Seleucia; die befte ift fchwarz und Holzkohlen ähnlich, läßt fich ziemlich leicht fpalten, glänzt, fchmilzt gerieben, wenn etwas Del auf fie gegoffen ift. Man fetzt fie zu Mitteln, welche die Haare färben, auch beftreicht man damit im Frühjahr die Weinftöcke, um das Ungeziefer zu tödten * ²⁰⁶).

Plinius,
um's Jahr 60 nach Chrifto.

Historia naturalis 2, 38, 38. Zuweilen regnet es Steine [lapidibus pluore]. . . . Hist. nat. 2, 58, 59. Die Griechen rühmen den Klazomenier Anaxagoras, welcher vorausgefagt haben foll, daß an einem beftimmten Tage ein Stein vom Himmel fallen würde, was denn auch richtig eintraf, indem einer bei hellem Tage am Fluffe Aegos in Thracien fiel. Diefen Stein zeigt man noch jetzt; er ift fo groß, daß er eine Wagenlaft macht, und fchwärzlich von Farbe. Wer den Anaxagoras für einen Propheten halten will, mag es nach Belieben thun; jedenfalls ift es eine ausgemachte Sache, daß öfters Steine fallen. — Auch im Gymnafium zu Abydus verehrt man einen Stein, der mittelmäßig groß und ebenfalls vom Himmel gefallen ift. Ein andrer

---

* ²⁰³) Parifchen Marmor.

* ²⁰⁴) Der Oftracit ift jedenfalls kein Stein, fondern das Os sepiä.

* ²⁰⁵) Was die in den folgenden Kapiteln erwähnten Erden betrifft, fo ift die Geodes unbeftimmbar; die Cretrias, Samias, Chias, die Seli-nufta, Cimolia, Pnigitis find wohl fämmtlich Thon- oder Mergelforten; die Melifche Erde [μηλία] (fiehe oben Anm. 104) des Dioskorides ift wohl ein Thon, welcher Alaun und vulkanifche Afche enthält.

* ²⁰⁶) Ift demnach eine viel Afphalt enthaltende Erde. — Siehe auch unten Plin. 35, 16, 53.

wird zu Kassandria verehrt, das jetzt Potidäa heißt, und wohin eben aus dem Grunde, weil dort der Stein gefallen war, eine Kolonie geführt wurde. — Ich selbst habe auf der Feldmark der Bokontier einen Stein gesehn, welcher kurz zuvor gefallen war.

Hist. nat. 2, 79, 81. Die Babylonier sind der Meinung, daß Erdbeben [motus terrä], Erdspalten [hiatus] und alle ähnlichen Erscheinungen dem Einfluß der Gestirne zuzuschreiben sind. — Der Physiker Anaximander von Milet soll den Lacedämoniern ein bevorstehendes Erdbeben prophezeit und sie davor gewarnt haben, worauf wirklich die ganze Stadt zusammen- und ein Felsen vom Taygetus über sie her stürzte. — Pherecydes, Lehrer des Pythagoras, soll aus dem eigenthümlichen Geschmack, den das Wasser eines Brunnens annahm, ein Erdbeben prophezeit haben. — Ich selbst glaube, daß die Winde Ursache der Erdbeben sind. Letztere ereignen sich nur bei voller Windstille *[207]), während der Wind sich in die unterirdischen Klüfte versenkt hat und von da wieder hervorbricht.

Hist. nat. 2, 80, 82. Die Wirkungen der Erdbeben sind sehr verschieden; sie werfen Mauern um oder versenken sie in entstehende Abgründe; sie treiben Erdmassen, Wasserströme, Feuerströme und heiße Quellen empor und verändern den Lauf der Flüsse. Solchen Erscheinungen geht ein furchtbares Tosen, murmelnd oder brüllend oder dem Geschrei der Menschen oder dem Klirren der Waffen ähnlich, je nach der Eigenheit der unterirdischen Höhlungen, voran. Die Erde schüttert, bebt, schwingt. Die Spalten bleiben entweder und zeigen, was sie verschlungen, oder sie schließen sich und verbergen, was hinabgesunken, selbst Städte und ganze Landstrecken. Am ärgsten toben die Erdbeben an den Seeküsten, aber sie verschonen auch die Gebirge nicht, und ich weiß bestimmt, daß auch die Alpen und Apenninen öfters gebebt haben. Gallien und Aegypten sind fast frei davon.

Hist. nat. 2, 81, 83. Bebt das Meer mit, so schwillt es, und bei den Stößen klirren die in den Schiffen befindlichen Sachen. Bebt das Land, so hört man das Klirren in den Gebäuden, und die Vögel sitzen ängstlich da. Am Himmel erscheint als Zeichen der bevorstehenden Gefahr bei voller Heiterkeit eine Wolke, die sich wie eine lange, schmale Linie hinzieht. In den Brunnen wird das Wasser trübe und bekommt einen üblen Geruch. . . . Hist. nat. 2, 82, 84. Brunnen und viele Höhlen können auch dem Erdbeben entgegen wirken, indem die im Innern

---

*207) Auch bei Wind oder Sturm.

eingeschlossene Luft durch sie in's Freie gelangt. Selbst Städte, die
viele Abzugskanäle, und Häuser, die viele Keller haben, werden weniger
als andere erschüttert, wie denn z. B. in Neapel diejenigen Häuser
immer am meisten leiden, welche auf festem Grund und Boden stehn.
Die sichersten Theile der Gebäude selber sind die Gewölbe, ferner die
Ecken der Wände und die Pfosten; auch die Backsteinwände leiden weniger als andre. Uebrigens sind die Erschütterungen an sich sehr verschieden. Am geringsten ist die Gefahr, wenn die Erde so schwankt,
daß die Gebäude knarren, wenn sie sich dabei schwellend hebt und wechselnd wieder senkt. Auch können Gebäude unbeschädigt bleiben, von
denen während des Erdbebens eins sich gegen das andre bewegt. Verderblich ist die wellenförmig vorschreitende Bewegung des Bodens, oder
der in Einer Richtung gradaus gehende Stoß. — Erhebt sich Wind,
so hört die Bewegung auf; wo nicht, so läßt sie 40 und mehr Tage
lang nicht nach, und manche Erdbeben haben ein bis zwei Jahre ge-
dauert. . . . Hist. nat. 2, 83, 85. In dem Jahre, wo Lucius Mar-
cius und Sextus Julius Konsuln waren, sind, wie ich in den heiligen etruskischen Büchern finde, bei Mutina zwei Berge unter lautem
Krach emporgesprungen, dann zurückgewichen und wieder zusammen-
gestoßen, wobei Flammen und Rauch gen Himmel stiegen, während viele
römische Ritter nebst ihrer Dienerschaft und andren Leuten zusahen.
Alle Villen der Gegend wurden bei diesem Ereigniß sammt dem in
ihnen befindlichen Vieh vernichtet. — Ein ähnlicher Fall hat sich auch
zu meiner Zeit und zwar im letzten Jahre Kaiser Nero's ereignet, indem
in der Marrucinischen Feldmark auf den Gütern des römischen Ritters
Vectius Marcellus Wiesen und Olivenpflanzungen über die Landstraße
hinweg auf die entgegengesetzte Seite geworfen wurden. . . . Hist. nat.
2, 84, 86. Bei Erdbeben tritt auch oftmals das Meer hoch in's
Land. — Das heftigste Erdbeben seit Menschengedenken ist unter der
Regierung des Kaisers Tiberius vorgekommen, wobei in einer einzigen
Nacht zwölf Städte Asiens zusammenstürzten. — Die meisten Erdbeben
sind im zweiten Punischen Kriege vorgekommen, wo in einem einzigen
Jahre deren 57 nach Rom gemeldet wurden. In diesem Jahre kämpften
die Römer mit den Karthagern während eines Erdbebens am Trasime-
nischen See, ohne die Erschütterung zu bemerken. — Auch Rom hat
öfters Erdbeben erlebt, und sie waren daselbst immer Vorbedeutungen
großer Gefahren.

Hist. nat. 2, 85, 87. Hebt die unterirdisch wirkende Kraft der
Luft ganze Strecken des Bodens aus dem Meere herauf, so entstehen

neue Länder; andre entstehen durch Anschwemmung von Flüssen. Die
Echinaden-Inseln sind vom Flusse Achelous gebildet worden, der größere
Theil Aegyptens vom Nil; dieses war nämlich nach Homer's glaubhafter
Angabe früher von der Insel Pharus eine Tag- und Nachtreise weit
entfernt. Nach Homer soll bei Circeji Land durch den Rücktritt des
Meeres entstanden sein; eben so soll sich im Hafen von Ambracia eine
Landstrecke von 10,000 römischen Schritten gebildet haben, eine andre
im Peiräeus bei Athen von 5000 Schritt, eine dritte bei Ephesus, wo-
selbst das Meer ehemals bis an den Tempel der Diana reichte. Nach
Herodot's Angabe hat sonst das Meer in Aegypten über Memphis
hinaus bis an die äthiopischen Berge gereicht. Auch bei Ilion war
Meer, in ganz Teuthrania und da, wo der Mäander Land angespült
haben mag. . . . Hist. nat. 2, 86, 88 und 89. Zuweilen steigt plötzlich
eine Insel aus dem Meere herauf; auf diese Weise sollen Delos und
Rhodos entstanden sein, später kleinere Inseln, wie jenseit Melos Anaphe,
zwischen Lemnos und dem Hellespont Neä, zwischen Lesbos und Teos
Halone; unter den Cykladen im vierten Jahre der 135. Olympiade * 297 b)
Thera und Therasia; zwischen denselben 130 Jahre später Hiera, die
auch Automate heißt, und zwei Stadien davon 110 Jahre später, zu
meiner Zeit, unter den Konsuln Marcus Junius Silanus und Lucius
Balbus am 8. Juli, Thia. . . . Hist. nat. 2, 88, 89. Vor meiner
Zeit hat sich nahe bei Italien, zwischen den Aeolischen Inseln, desgleichen
neben Kreta eine Insel von 2500 römischen Schritten Umfang und
warme Quellen enthaltend, erhoben; eine andre im dritten Jahre der
163. Olympiade * 298) im Tuscischen Meerbusen und zwar unter Feuer-
erscheinung und heftigem Sturm. Der Sage nach schwamm eine große
Menge todter Fische um die neu entstandene Insel her, und Leute, welche
davon genossen, starben. Eben so sollen die Pithekusen-Inseln im Kampanischen Meerbusen entstanden sein, worauf der auf ihnen stehende Berg
Epopos Flammen ausstieß und bis zur Ebne hinab einsank. In Kampanien soll auch eine Stadt in die Tiefe versunken und durch ein andres
Erdbeben ein Sumpf entstanden sein, durch noch ein andres die Insel
Prochyta.

Hist. nat. 2, 88, 90. Die Natur hat auch Sicilien von Italien
losgerissen, Cypern von Syrien, Euböa von Böotien, Atlante und
Makris von Euböa, Besbikos von Bithynien, Leukosia vom Vorgebirge

---

* 297b) 238 vor Chr.
* 298) 127 vor Chr.

der Sirenen. . . . Hist. nat. 2, 89, 91. Andrerseits hat die Natur auch Inseln mit dem Lande verbunden, wie z. B. Antissa mit Lesbos, Zephyrion mit Halikarnassus, Aethusa mit Myndus, Tromiskus und Perne mit Milet, Narthekusa mit dem Parthenischen Vorgebirge. Hybanda ist einstmals eine Insel Joniens gewesen; jetzt liegt es 200 Stabien vom Meere. Eben so liegt jetzt Syrie mitten im Lande bei Ephesus und nicht weit davon die Derasiden und Sophonia bei Magnesia. Epidaurus und Orikon sind ebenfalls vor Zeiten Inseln gewesen.

Hist. nat. 2, 90, 92. Plato behauptet, das Atlantische Meer, das Mittelmeer, der Pontus und die sie verbindenden Meerengen seien durch Versinkung des Landes entstanden.

Hist. nat. 2, 91, 93. Die Erde selbst hat den hohen Berg Kibotus sammt der Stadt Kuris verschlungen, ferner den Sipylus auf Magnesia, auch früher daselbst eine berühmte Stadt Namens Tantalis; ferner die Feldmarken von Galene und Galame in Phönicien und das höchste Gebirge Aethiopiens Namens Phegium. . . . Hist. nat. 2, 92, 94. Am Mäotis-Meer *[200]) hat der Pontus Pyrrha und Antissa verschlungen; im Korinthischen Meerbusen sind Helice und Bura versunken, und man sieht noch deren Trümmer in der Tiefe. Von der Insel Koa ist ein Stück von mehr als 30,000 römischen Schritten sammt vielen Menschen plötzlich abgerissen worden; in Sicilien hat das Meer die Hälfte der Stadt Tyndaris sammt dem Lande, welches Sicilien und Italien verband, verschlungen; auch Eleusis in Böotien ist in's Meer versunken.

Hist. nat. 2, 93, 95. Von Erdbeben, bei welchen Städte nur eingestürzt, aber nicht ganz verschwunden sind, will ich, um Weitläufigkeit zu vermeiden, schweigen. — Hier will ich nur noch kurz erwähnen, wie die Erde so reich an Metallen [metalla, plur.] ist, daß sie deren immer zur Gnüge liefert, obgleich seit Jahrhunderten deren täglich eine Unmasse durch Feuer, Schiffbruch, Krieg u. s. w. verloren geht; ferner wie uns die Erde die prachtvoll gefärbten, glänzenden Edelsteine [lapis] liefert, wie sie heilsame Quellen sprudeln, Feuer Jahrhunderte lang brennen und an vielen Orten eigenthümliche Dünste aufsteigen läßt; diese sind am Sorakte in der Nähe Rom's nur für Vögel tödtlich, an andren Orten für Alles, was lebt, mit Ausnahme des Menschen, tödtlich, an andren aber auch für die Menschen, wie in der Feldmark von Sinuessa und Puteoli. Man nennt solche mit giftigem Dunste gefüllte Höhlen spiracula und Charoneas scrobes. So ist z. B. bei Ampsakum

---

* [200]) Dem Asow'schen Meer.

6 *

im Hirpinischen beim Tempel der Mephitis ein Ort, wo alle Menschen, die ihn betreten, des Todes sind, ein ähnlicher zu Hierapolis in Asien, den nur der Priester der Großen Mutter der Götter ohne Schaden betreten kann. — Bei dem berühmten Orakel zu Delphi und anderwärts gibt es Höhlen, durch deren Hauch die Menschen betäubt werden und die Zukunft prophezeien. — Ueberall wirkt die Gotteskraft der Natur.

Hist. nat. 2, 94, 96. Bei Gabii ohnweit Rom und ferner bei Reate gibt es Strecken, welche beben, wenn ein Reiter über sie hintrabt.

Hist. nat. 2, 95, 96. Es gibt Inseln, welche fortwährend schwimmen*[300]), z. B. bei Cäcubum, bei Reate, Mutina, Statonia. Auf dem Vadimonischen See und bei den Kutilischen Gewässern ist ein schattiger Wald, der bei Tag und Nacht nie an derselben Stelle gesehen wird. In Lydien dienten die sogenannten Kalaminischen Inseln, welche durch Winde und durch Stangen in Bewegung gesetzt werden können, während des Mithridatischen Krieges vielen Leuten als Zufluchtsort. Auf dem Nymphäum sind kleine Inseln, welche Tanzende Inseln [Saliares] genannt werden, weil sie sich bewegen, wenn man am Ufer mit dem Fuße aufstößt. Auf dem großen Tarquinienser See in Italien schwimmen zwei mit Wald bedeckte Inseln, welche beim Andrang des Windes bald dreiseitig, bald rund, aber nie vierseitig sind.

Hist. nat. 2, 96, 98. In der Umgegend von Assos in der Landschaft Troas findet sich ein Stein, den man Sarkophag nennt, weil er alle Körper verzehrt*[301]). — Neben dem Indus Flusse gibt es zwei Berge, wovon der eine alles Eisen anzieht, während der andre es abstößt. Hat man eiserne Nägel an der Schuhsohle, so kann man auf dem einen Berge den Fuß nicht losreißen, auf dem andern dagegen nicht fest stehn*[302]).

Hist. nat. 2, 104, 108. Zu Samosata, einer Stadt in Kommagene, ist ein stehendes Wasser, welches einen brennenden, klebrigen Schlamm ausstößt, den man Maltha [maltha] nennt. Als die Stadt

---

*[300]) Aus lauter Pflanzen und Pflanzenstoffen bestehend.
*[301]) Siehe die Anmerkung zu Hist. nat. 36, 17, 27.
*[302]) Müssen beide aus aktivem Magneteisenstein bestehn. — Man weiß jetzt aus Erfahrung, daß auf solchen Bergen Eisen allerdings angezogen wird, jedoch eben so leicht wieder weggenommen werden kann wie von einem starken künstlichen Magnet. — Die Ursache liegt darin, daß der Magnet nur in seiner Nähe kräftig wirkt, das Eisen also auch auf dem Magnetberge nur der Anziehung der nächsten Magnettheile ausgesetzt ist.

von Lukullus belagert wurde, warfen die Vertheidiger brennende Maltha
auf die Feinde. Waſſer verſtärkt die Gluth, nur mit Erde kann ſie
gelöſcht werden * [303]).

Hist. nat. 2, 105, 109. Der Maltha iſt das S t e i n ö l [na-
phtha] ähnlich, eine in Babylonien und im Aſtaceniſchen Parthien quellende
Flüſſigkeit. Kommt Feuer in ſeine Nähe, ſo ſpringt es ſogleich auf
das Steinöl über.

Hist. nat. 2, 103, 106. Am Fuße des Ä t n a ſprudeln Quellen,
obgleich er ſo wüthend brennt, daß er glühende Aſchenmaſſen auf eine
Entfernung von 50 ⸱ bis 100,000 römiſche Schritt * [304]) weit
wirft. . . . Hist. nat. 2, 106, 110. Es iſt ein wahres Wunder, daß
dieſer Berg jede Nacht brennt, und daß ihm ſeit uralter Zeit der Feuerſtoff nie mangelt. Im Winter liegt Schnee auf ihm und deckt die
ausgeworfene Aſche. . . . Hist. nat. 3, 8, 14. Sein Krater hat
20 Stadien * [305]) Umfang; ſeine Aſche gelangt noch heiß nach Tauromenium und Katania; ſein Donnern hört man bis Maroneum und bis
zu den Zwillingshügeln. . . . Hist. nat. 2, 106, 110. Bei Phaſelitis * [306]) brennt ein Berg Namens C h i m ä r a ununterbrochen Tag
und Nacht. Kteſias von Knidos behauptet, ſein Feuer werde durch
Waſſer vermehrt, dagegen durch Erde und Heu gelöſcht. — In Lycien
brennen auch die H e p h ä ſ t u s - B e r g e, wenn man ſie mit einer brennenden Fackel berührt; dabei wird die Gluth ſo arg, daß ſelbſt die
Steine und der Sand am Boden der Bäche heiß werden. Zieht man
dort mit einem brennenden Stocke Furchen, ſo bekommt man Feuerbäche * [307]). — In Baktrien brennt Nachts der Gipfel des K o p h a n -.
t e s, auch ſieht man ſolche Brände in M e d i e n und in Sittacene bei
Perſien, vorzugsweis bei S u ſ a am Weißen Thurm, und zwar aus
15 Oeffnungen, aus der größten auch bei Tage. In B a b y l o n i e n

---

* [303]) M a l t h a iſt A ſ p h a l t, der viel Steinöl enthält. Da er ſchwimmt
und das Steinöl ſich auf der Oberfläche des Waſſers verbreitet, ſo kann man
den ſchwimmenden Aſphalt und das ſchwimmende Steinöl über der Oberfläche
des Waſſers anbrennen. — Brennend auf Feinde geſchleudert iſt der Aſphalt
um ſo furchtbarer, weil er klebt.

* [304]) Auf 10 bis 20 deutſche Meilen.

* [305]) Eine halbe deutſche Meile.

* [306]) In Lycien.

* [307]) Der Boden der Chimära und des Hephäſtus-Berges mußte mit
S t e i n ö l durchzogen ſein, oder durch ausſtrömendes G r u b e n g a s Feuerbrunnen geben; eben Das gilt von den andren genannten Orten.

brennt ein Stück Land, auf welchem sich ein Wasserteich von einem Morgen Ausdehnung befindet. — Neben dem Berg Hesperius in Aethiopien schimmern die Felder bei Nacht wie Sterne; Aehnliches sieht man in der Feldmark von Megalopolis, jedoch wird daselbst das Laub des darüber stehenden Waldes nicht versengt. — Theopompus erzählt, daß der Feuerquell von Apollonia neben einem kalten Wasserquell hervorbreche; Regen verstärken dieses Feuer; mit dem letzteren wird auch flüssiger Asphalt [bitumen] ausgeworfen und von dem dabei befindlichen Wasser gelöscht. — Die Insel Hiera hat während des Bundesgenossen-Krieges sammt der sie umgebenden See mehrere Tage lang gebrannt. — Am stärksten brennt aber der Götter-wagen [Theon Ochema] im Aethiopischen Gebirge *[308]).

Hist. nat. 2, 107, 111. Feuer finden wir überall, in den Sternen, der Sonne, den Steinen, dem Holze, den Wolken. Der Hohlspiegel zündet mit den Strahlen der Sonne. Von kleinen natürlichen Feuern wimmelt es auf Erden: Im Nymphäum *[309]) brennt eine Flamme aus dem Felsen, die durch Regen angezündet wird; eine eben solche bricht bei dem Skantischen Wasser *[310]) hervor, ist aber so schwach, daß eine von ihr berührte Esche immer grünt. Auch im Mutinensischen Gebiete bricht an den Tagen, welche dem Vulkan geweiht sind, eine Flamme hervor *[310b]). Einige Schriftsteller behaupten auch, daß sich in den unterhalb Aricia *[311]) liegenden Fluren der Boden entzünde, wenn eine glühende Kohle darauf falle; daß im Sabinischen und Sidicinischen ein Stein sei, der brenne, wenn er mit Oel bestrichen werde; daß bei der salentinischen Stadt Egnatia ein Fels sei, wo darauf gelegtes Holz sogleich in Flammen ausbreche; ja es entzünden auch plötzliche Flammen an menschlichen Körpern *[312]);

---

*[308]) Abyssinien ist reich an Kratern, an vulkanischen Gesteinen und an heißen Quellen. Nach Aussage der Eingebornen hat noch vor einigen Jahrzehnten in der abyssinischen Provinz Schoa ein Berg gebrannt.

*[309]) In Illyrien.

*[310]) In Kampanien.

*[310b]) Noch jetzt beobachtet man in jener Gegend aus der Erde kommende Feuer: Aus einer sumpfigen, schwankenden Stelle des Pietro malo auf der Höhe der Apenninen zwischen Bologna und Florenz sieht man zwar bei hellem Tage keine Flammen; aber bei Nacht zeigen sich daselbst immerfort an ver-schiedenen Stellen rothe Flammen, auch brechen solche aus jedem Loch, das man stößt, hervor.

*[311]) In Latium.

*[312]) Elektrische Flammen.

der Trafimenifche See habe einmal in feiner ganzen Ausdehnung gebrannt*³¹³) u. f. w.

Hist. nat. 3, 3, 4. Faſt ganz Spanien iſt überreich an Blei=, Eiſen=, Kupfer= [äs], Silber= und Goldbergwerken [metallis plumbi etc. scatet], das diesſeitige auch an Fenſterglimmer [specularis lapis]; in Bätifa gräbt man Zinnober [minium]*³¹⁴). Es gibt in Spanien auch Marmorbrüche [marmorum lapicidinä].

Hist. nat. 3, 9, 14. Ohnweit der Inſel Lipara liegt eine Inſel, welche früher Theraſia hieß, jetzt aber Hiera*³¹⁵) genannt wird, denn ſie wird wegen eines Hügels, der Flammen auswirft, für heilig gehalten. Die dritte dieſer Inſeln, Strongyle, gibt hellere Flammen*³¹⁶).

Hist. nat. 3, 26, 30. Im nördlichen Ende des Adriatiſchen Meeres liegen viele Inſeln. Einige davon nennen die Griechen Bern= ſtein=Inſeln [Electrides] und behaupten, dort finde ſich der Bern=ſtein [succinum]. Diese Angabe ſcheint aber aus der Luft gegriffen zu ſein, und man weiß nicht, welche Inſeln ſie meinen.

Hist. nat. 4, 16, 30. Im Germaniſchen Meere*³¹⁷) liegen die Bernſtein=Inſeln [Glessariä insulä]*³¹⁸), welche die Griechen Elektriden nennen, weil ſich da der Bernſtein [electron] findet. — Der Geſchichtſchreiber Timäus berichtet, „ſechs Tagereiſen von Britannien entfernt liege die Inſel Miktis, woſelbſt ſich das Zinn [candidum plumbum] finde*³¹⁹), und von wo es die Britannier mit Schiffen holten." ...

Hist. nat. 4, 22, 36. Celtiberien gegenüber liegen die Inſeln, welche wegen ihres Reichthums an Zinn [plumbum] Kaſſiteriden genannt werden*³²⁰).

Hist. nat. 4, 12, 21. Die Inſel Euböa iſt vorzüglich berühmt durch ihren bei Karyſtos brechenden Marmor.

Hist. nat. 5, 5, 5. In Afrika liegt ſüdlich von Mauritanien eine Landſchaft, wo die Leute ihre Wohnungen aus Salz bauen, das

---

*³¹³) Iſt ſehr möglich, wenn ſich neben ihm eine Steinölquelle geöffnet und ihn überzogen hat.

*³¹⁴) Siehe oben Vitruv. 7, 8.

*³¹⁵) Das heißt „die Heilige".

*³¹⁶) Hiera heißt jetzt Volcano, Strongyle Stromboli.

*³¹⁷) Nord= und Oſtſee.

*³¹⁸) Von glessum, gläsum, Bernſtein.

*³¹⁹) Das Zinn kommt aus Britannien ſelbſt.

*³²⁰) Derſelbe Irrthum. — Man findet ihn auch bei den alten Geographen Ptolemäus und Strabo.

sie durch Steinbruchsarbeit gewinnen*[321]). Geht man von da aus 7 Tagereisen südwestlich, so kommt man zu den Troglodyten, bei welchen man Edelsteine [gemma], welche Karfunkel [carbunculus] heißen, einhandelt.

Hist. nat. 5, 14, 15. Das Todte Meer [Asphaltites] bringt nichts hervor als Asphalt [bitumen], und hat davon seinen Namen. Thiere, wie z. B. Rinder und Kameele, sinken in ihm nicht unter. An seiner Seite sprudelt die warme Quelle Kallirrhoë.

Hist. nat. 5, 19, 17. An der phönicischen Küste findet sich ein Bach, der Pagida und auch Belus heißt; er führt Glassand [vitri fertiles arenä]. Die Kunst, Glas zu machen, ist in der Stadt Sidon heimisch.

Hist. nat. 6, 28, 34. Im Arabischen Meerbusen liegt die Insel Topazos, nach welcher ein Edelstein benannt ist.

Hist. nat. 9, 40, 65. Schmilzt man Gold und Silber zusammen, so entsteht eine Mischung, die man Elektrum [electrum] nennt; setzt man noch Kupfer hinzu, so entsteht das Korinthische Kupfer [äs corinthium].

Hist. nat. 14, 19, 24. In Afrika mildert man die Schärfe des Weins durch Gyps [gypsum] und an einigen Orten mit Kalt [calx]; in Griechenland erreicht man denselben Zweck durch Thon [argilla], oder Marmor [marmor], oder Salz [sal], oder Meereswasser*[322]). ... Um zu versuchen, ob Wein verdorben ist, legt man eine Bleiplatte hinein und beobachtet, ob sie die Farbe ändert*[323]).

Hist. nat. 16, 1, 1. Die Chaulen trocknen Erdklumpen an der Luft und brauchen sie dann zur Feuerung[323b]).

Hist. nat. 17, 6, 4 und 17, 8, 4[324]).

---

*[321]) Siehe oben Anm. 38.

*[322]) Daß Gyps und Kalt dem Weine zugesetzt werden, kommt auch noch in unsrer Zeit, namentlich in Griechenland und in den andern das Mittelmeer begrenzenden Ländern, vor. Beide dienen dazu, dem Wein, wenn sich Essigsäure in ihm bildet, den Essiggeschmack zu nehmen, indem sich essigsaure Kalkerde bildet.

*[323]) Hat sich Essigsäure im Wein gebildet, so löst diese vom Blei ab, und es entsteht essigsaures Bleioxyd.

*[323b]) Die Chaulen wohnten von der Wesermündung bis zur Elbe, brannten Torf.

*[324]) Diese Stellen habe ich auf Seite 55 meiner „Botanik der alten Griechen und Römer" übersetzt. Es geht aus ihnen hervor, daß die Alten sehr großen Werth auf Mergelbildung legten.

Hist. nat. 19, 1, 4. Man hat ein Gewebe erfunden, welches durch Feuer nicht zerstört werden kann. Man nennt ein solches ein lebendiges [vivum], und ich habe selbst Tischtücher gesehn, aus denen der Schmutz herausgebrannt wurde, und welche dann reiner aussahen, als wenn sie mit Wasser gewaschen wären. Aus diesem Stoffe sind auch die Tücher gemacht, worin die Leichen der Könige verbrannt werden; die dazu dienenden Fäden kommen von einer in Indien wachsenden Pflanze, sind selten und schwer zu weben, stehen an Preis den schönsten Perlen gleich. Die Griechen nennen sie Asbestinum, was unverbrennlich bedeuten soll* 325).

Hist. nat. 19, 5, 23. Kaiser Tiberius war ein großer Freund von Gurken, ließ sie in beweglichen, auf Rädern stehenden Kästen ziehn und während der Winterkälte in Häuser bringen, die durch Fensterglimmer [lapis specularis] vor der kalten Luft geschützt waren.

Hist. nat. 20, 1. Der Magneteisenstein [magnes lapis] zieht Eisen an, ein andrer stößt es ab* 326). Der Diamant [adamas] ist beliebter als alle andren Schätze, kann durch keine Gewalt verletzt, wohl aber durch Bocksblut zersprengt werden* 327).

Hist. nat. 20, 9, 39. Will man Meerzwiebel-Essig bereiten, so legt man eine dieser Zwiebeln in Essig, streicht den Deckel des Gefäßes mit Gyps [gypsum] fest an und setzt es unter ein Ziegeldach [sub tegulis], welches den ganzen Tag von der Sonne beschienen wird. . . .

Hist. nat. 21, 14, 47. Viele Leute besitzen Bienenstöcke, die aus

---

* 325) Es ist hier von dem Mineral die Rede, welches Amiant heißt; siehe oben Dioscorides 5, 155. — Im Jahre 1633 hat man in Pezzuolo ein antikes Amiantgewebe aufgefunden und in der Gallerie Barberini aufbewahrt. — Ein zweites Stück ward im Jahr 1702 eine englische Meile vor der Porta major Rom's gefunden, worüber ein von Rom datirter Brief zu „Montfaucon's Reisen in Italien" Bericht erstattet. Das 5 Fuß breite und 6½ Fuß lange Stück lag in einem marmornen Sarge, und enthielt die Gebeine eines verbrannten Menschen. Der mit Skulpturen verzierte Sarg stammte wahrscheinlich aus der Zeit Constantin's. Sir J. E. Smith hat dieses Amiantgewebe in der Bibliothek des Batikan gesehn und beschreibt es in folgender Weise: „Es ist grob gesponnen, aber so weich und biegsam wie Seide. Unser Führer brachte Feuer an eine Ecke desselben, aber sie wurde nicht beschädigt." — Ein drittes antikes Amiantgewebe liegt auch in dem Museo Borbonico zu Neapel, ist groß und in den Abruzzen zu Baste, dem alten Histonium, gefunden.

* 326) Bezieht sich auf das verschiedne Verhalten der magnetischen Pole gegen Stahl.

* 327) Er kann durch Hammerschläge leicht zersprengt werden, wird wahrscheinlich von Bocksblut nicht verändert.

Fensterglimmer [lapis specularis] gemacht sind, so daß man die Bienen bei ihrer Arbeit beobachten kann.

Hist. nat. 22, 23, 47. Schwämme sind das einzige Gericht, welches vornehme Leute eigenhändig zubereiten, wobei sie im Voraus in Erwartung des Genusses ganz selig sind, und die Schwämme mit Bern= steinmessern [succinea novacula] oder silbernen Messern zer= schneiden.

Hist. nat. 31, 6, 31. Wasser leitet man am besten in irdenen [fictilis] Röhren; deren Höhlung zwei Zoll weit, deren Verbindung büchsenförmig ist, so daß sich die obere in die untere einschiebt und der Ritz mit einer Mischung von ungelöschtem Kalt [calx viva] und Oel verstrichen wird. Wo die Röhrenfahrt hoch steigt, müssen die Röhren von Blei [plumbum] sein.

Hist. nat. 31, 7, 39. Kochsalz [sal] wird aus Wasser ent= weder durch künstliches oder durch natürliches Verdunsten jener Flüssig= keit gewonnen. So z. B. verdunstet das Wasser auf natürliche Weise im Tarentinischen See während der Sommerhitze, so daß die ganze, übrigens nur mäßig große, Fläche zu Salz wird [in salom abit]; eben Das geschieht in Sicilien in dem Kokanischen und dem bei Gela ge= legenen See; bei diesen und den in Phrygien, Kappadocien und bei Aspendos gelegenen Seeen geschieht es jedoch nur am Rande oder bis gegen die Mitte. Nimmt man bei Tage Salz weg, so kommt bei Nacht wieder eben so viel herauf. Alles Salz aus Seeen bildet nur Körner, keine Blöcke. — An manchen Küsten gibt der Schaum des Seewassers Salz, indem er zurückbleibt und von der Sonne ausgetrocknet wird. Ist der Strand felsig, so ist sein Salz schärfer. Im Baktrischen liegen zwei große Seeen, welche Salz ausschäumen; bei Cition auf Cypern und in der Gegend von Memphis zieht man Salz aus dem See und trocknet es an der Sonne. — Es gibt auch sogenannte Salzflüsse, auf deren Oberfläche sich das Salz wie zu einer Eisdecke verdichtet; so z. B. in den Kaspischen Thoren*328). Dieselbe Erscheinung zeigt sich im Lande der Marder und Armenier. — Die baktrischen Flüsse Oxus und Ochus führen Blöcke von Steinsalz [salis cämenta] aus den von ihnen bespülten Bergen. — In Afrila gibt es trübe Salzquellen; im Pagasäischen und anderwärts finden sich heiße Salzquellen. — Es gibt auch Berge von natürlichem Salz [montes nativi salis], wie in Indien der Oromenus, aus welchen

---

*328) Engpaß am Kaspischen Meere, jetzt Chawar genannt.

es durch Steinbruchsarbeit gewonnen wird [lapicidinarum modo
cäditur], immer wieder nachwächst* [329]) und dem Könige mehr einbringt
als Gold und Perlen. In Kappadocien bricht man es gerade wie
den Fensterglimmer [lapis specularis], und zwar in schweren Blöcken
[globa]; ein solcher heißt mica. In Gerrä, einer Stadt Arabiens,
baut man Mauern und Häuser aus Salzsteinen, die man mit Wasser
zusammenklebt* [330]). Bei Pelusium in Aegypten fand Ptolemäus,
als er dort sein Lager aufschlug, Steinsalz; und da man es weiter
verfolgte, so entdeckte man nachher zwischen Aegypten und Arabien sogar
an sumpfigen Stellen unter dem Sande Steinsalz; eben so in den
dürren Gegenden Afrika's bis zum Orakel des Hammon* [331]). Cyre-
naika ist ja wegen des Hammon-Salzes [sal hammoniacus]
berühmt; es hat seinen Namen davon, weil man es unter dem Sande* [332])
findet. An Farbe ähnelt es demjenigen Alaun, welchen man schistos
nennt* [333]); dabei bildet es lange, undurchsichtige Blöcke, welche unangenehm schmecken, aber heilkräftig sind. Die beste Sorte ist jedoch durchsichtig und in gerader Richtung spaltbar. In den Gruben soll es sehr
leicht sein, an der Luft aber unglaublich an Schwere zunehmen* [334]).
Verfälscht wird das Hammon-Salz mit sicilischem, auch mit dem
ihm durchaus ähnlichen cyprischen. Auch in dem diesseitigen Spanien wird bei Egelasta Salz gebrochen; die von dort kommenden
Blöcke sind fast durchsichtig und werden schon längst von Aerzten den
andren Sorten vorgezogen* [335]). — Jeder salzreiche Boden ist unfruchtbar. — Das vorzugsweis bei uns in Gebrauch kommende Salz

---

* [329]) Wächst nicht nach. — Die Gebirgskette zwischen dem Dschelam und
Indus liefert vorzugsweis das Steinsalz für Vorderindien.

* [330]) Strabo sagt 16, 3 ungefähr Dasselbe, und nennt die Umgegend der
Stadt Gerrha am Persischen Meerbusen das Salzland [ἁλμυρίς].

* [331]) Noch jetzt findet man in der Umgegend des Ammons-Tempels viel
Steinsalz.

* [332]) Der Sand heißt griechisch ἄμμος.

* [333]) Siehe Anmerkung 280.

* [334]) Das hier genannte Hammon-Salz ist jedenfalls nicht unser
Salmiak, sondern ein mit andren Salzen rc. verunreinigtes Steinsalz. — An
solchem ist die Strecke zwischen Aegypten und Algerien sehr reich, z. B. die
Oase Siwah mit dem Ammons-Tempel, die Oase Angila, Fezzan, auch
Algerien selbst enthält ungeheure Massen. Auf Sicilien sind die größten
Salzlager bei Castro Giovanni, sonst Enna. — „Daß Steinsalz in der Grube
sehr leicht sein, an der Luft aber sehr schwer werden könne", ist jedenfalls irrig.

* [335]) Der große Steinsalzberg Spaniens steht bei Cardona in
Catalonien.

wird aus See wasser gewonnen, wozu vor Allem reichlicher Sonnen-
schein gehört. In der Gegend von Utika in Afrika schichtet man das
Seesalz zu Haufen auf, welche, wenn sie durch Sonne und Mond
hart geworden, dem Regen widerstehn und mit eisernen Werkzeugen
zerschlagen werden müssen. In Kreta gewinnt man das Salz aus
Seewasser, das man in Pfannen kocht. Auch in Aegypten kocht man
in der Nähe des Meeres am Ausfluß des Nils das salzige Wasser in
Pfannen. In Babylonien verdichtet sich das Wasser beim ersten Auf-
sieden in flüssigen Asphalt [bitumen], welcher dem Olivenöl ähnlich
ist und in Lampen gebrannt wird; unter ihm findet sich das Salz * ³³⁰).
In Kappadocien bringt man das Wasser von Ziehbrunnen und
Quellen in die Salzwerke [salina]. In Chaonien kocht man das
Wasser einer Quelle und gewinnt daraus Salz. In Gallien diesseits
und jenseits der Alpen gießt man salziges Wasser auf brennendes Holz,
eben so in Germanien. . . . Hist. nat. 31, 7, 40. Auch in einem Theile
Spaniens gießt man die Salzsoole [muria], welche aus Ziehbrunnen
geschöpft wird, auf glühendes Holz; Eichenholz hält man für das beste
zu diesem Zweck, da seine Asche an sich schon salzig schmeckt; anderwärts zieht man Haselholz vor. Die aufgegossene Soole verwandelt
die Kohle selbst in Salz. Alles aus Holz gemachte Salz ist schwarz. —
Bei Theophrast finde ich, daß die Umbrer Asche von Rohr und Binsen
einkochen * ³³¹). — Man kocht auch die Lake von eingesalzenen Dingen
wieder ein, um das Salz wieder zu bekommen. . . . Hist. nat. 31,
7, 41. Das tragasäische und das akanthische Salz knistert und
springt im Feuer nicht, wie denn überhaupt jeder Salzschaum und
jedes ganz feine Salz diese Eigenschaft entbehrt. Das agrigentinische
springt nicht im Feuer, wohl aber aus dem Wasser. — Das Salz ist
auch an Farbe verschieden; das von Memphis ist roth, von Opus
braun, von Centuripä purpurfarbig. Bei Gela in Sicilien ist es so
glänzend, daß es ein Spiegelbild gibt. In Kappadocien gibt es safran-
gelbes, durchsichtiges, äußerst wohlriechendes Steinsalz. Man würzt
auch andres zum Essen bestimmtes Salz mit etwas Wohlriechendem,
damit es besser schmeckt. Man gibt ferner den Schafen, Ziegen und
Kühen Salz, worauf sie mehr fressen und mehr Milch geben. Besonders angenehm ist es als Gewürz des Käses. — Ueberall wird Salz

---

* ³³⁰) Asphalt und Steinöl finden sich oft bei Steinsalz und Salzwasser.
Beim Kochen des salzigen Wassers muß der Asphalt obenauf schwimmen und
das Wasser durch ihn hindurch verdampfen.

* ³³¹) So bekommt man Petasche.

genoffen. Wie hoch es geschätzt wird, ersieht man auch daraus, daß keine heilige Handlung ohne Salz und Mehl verrichtet wird.

Hist. nat. 31, 10, 46. Die Soda [nitrum] ist von Kochsalz nicht sehr verschieden. Sie findet sich in geringer Menge in den Thälern Mediens, welche weiß werden, wenn sie austrocknen; sie heißt dort Halmyraga. Noch weniger gibt es bei Philippi in Thracien; dort ist sie mit Erde vermengt und heißt rohe Soda. — Aus verbranntem Eichenholz ist sie nie in Menge bereitet worden und längst auf-gegeben *[338]). — Sodahaltige Quellen fließen an mehreren Orten, doch ohne ihre Kraft zu verdichten *[339]). — Die beste Soda ist bei Litä in Macedonien reichlich vorhanden, heißt chalastrische und steht dem Kochsalz sehr nah. Dort ist ein sodahaltiger See, aus dem man die Soda während der größten Sommerhitze aus dem Wasser nimmt, wo sie aber offenbar aus dem Boden stammt. In Aegypten wird sie noch weit reichlicher und fast in der Art wie das Kochsalz gewonnen; sie ist jedoch dort schlechter, braun und steinig. Man nimmt sie, sobald sie sich zu verdichten beginnt, aus dem Wasser, damit sie sich nicht wieder auflöst. — Im Afranischen See und in einigen Quellen bei Chalcis ist die obere Schicht des Wassers süß und trinkbar, die untere sodahaltig. Je feiner die Soda ist, desto besser ist sie; daher ist ihr Schaum am besten, zu manchen Dingen aber, z. B. zum Purpurfärben und über-haupt in der Färberei gibt man der schmutzigen den Vorzug. Sehr viel wird für die Glasfabriken verwendet. — Früherhin gab es in Aegypten nur bei Naukratis und Memphis Sodawerke [nitra-riä] *[340]). Verhandelt wird die ägyptische Soda in Gefäßen, die wasser-dicht verpicht sind. — Will man Soda glühen, so geschieht es in einem Napfe, welcher zugedeckt ist, damit sie nicht herausspringt *[341]); aus dem Feuer springt sie nicht. In den Sodaseen wächst keine Pflanze und

---

*[338]) Aus Holzasche gewinnt man die Salzart, welche im Handel Pot-asche heißt, der Soda sehr ähnlich und zu denselben Zwecken brauchbar ist.

*[339]) Auch in Deutschland kommt natürliche Soda als Bestandtheil einiger Quellen vor. — „Sie verdichten ihre Kraft nicht" soll heißen: „Sie setzen keine trockne Soda ab."

*[340]) Die Sodaseeen Aegyptens, gewöhnlich Natronseeen genannt, liegen westlich vom Nil in der Makariuswüste (zwischen dem alten Memphis und Naukratis). Man gewinnt zur Zeit, wo sie durch die Hitze austrocknen, eine Mischung von Kochsalz und Soda; und scheidet die letztere für den Handel ab. — Auch Fezzan liefert aus seinen Natronseeen viel Soda.

*[341]) Reine Soda springt beim Glühen nicht; dagegen können die der unreinen beigemengten Kochsalztheile springen.

lebt kein Fisch; die Schuhe der Leute, welche die Soda holen, werden bald
von ihr vernichtet; der Gesundheit der Leute schadet die Arbeit nicht. Man
bäckt auch S o d a statt K o ch s a l z e s in's Brod, würzt Rettige damit,
weil sie dadurch zarter werden; an Fleisch thut man sie beim Kochen
oder Braten nicht, dem Kohl gibt man aber durch sie eine grüne Farbe.
Als Heilmittel dient sie in sehr verschiedenen Fällen.

Hist. nat. 33, 1, 4 bis 6. Lange Zeit hindurch haben in Rom
nur die Gesandten, welche zu auswärtigen Völkern geschickt wurden,
g o l d n e R i n g e getragen, und diese wurden ihnen auf Staatskosten gegeben; gewöhnlich trugen auch Feldherrn, welche triumphirten, während
ihres Triumphzugs goldne Ringe, jedoch erst in späterer Zeit, so daß
noch Marius mit einem e i s e r n e n R i n g am Finger über den Jugurtha
triumphirte, und vor seinem dritten Konsulat keinen goldenen trug. Dagegen war die etruscische Krone, welche hinter den triumphirenden Feldherrn von einem Sklaven empor gehalten wurde, von G o l d. Die
Gesandten, welche goldene Ringe empfangen hatten, trugen zu Hause
dennoch nur eiserne. In unsrer Zeit wird immer noch der Verlobten
ein e i s e r n e r R i n g geschickt und zwar ohne einen Ringstein. — Zu
Homer's Zeit muß es noch keine R i n g e gegeben haben, denn er erwähnt
sie nie und spricht auch nie von Siegeln. — In R o m war lange Zeit
hindurch das G o l d selten; wenigstens konnten nur 1000 Pfund zu-
sammengebracht werden, wie die Stadt den Frieden von den Galliern
erkaufen mußte. Daß dagegen die G a l l i e r mit g o l d e n e m Schmucke in
den Kampf gingen, sieht man aus der Geschichte vom Torquatus. —
Ringe mit E d e l s t e i n e n [gemma] muß es damals schon gegeben haben,
wie man aus der Thatsache ersieht, daß der Tempelwärter des Kapitols,
wie er gefangen war und die im Kapitol verborgenen Schätze verrathen
sollte, seinen Ringstein im Munde zerbiß, auf der Stelle starb und dadurch bewirkte, daß die Schätze nicht verrathen werden konnten * 342). —
Anders stand es schon 307 Jahre später in Rom, wo Cajus Marius
der Sohn aus dem K a p i t o l, welches brannte, und aus den übrigen
Tempeln 14,000 Pfund G o l d nach Präneste abführen ließ, welche
Sulla später dort wegnahm und wie eine gemachte Beute in Rom bei
einem Triumphzuge mit aufführte, wobei er außerdem noch 6000 Pfund
Silber führte. Uebrigens hatte er schon am Tage vorher 15,000 Pfund

---

* 342) Man muß hier annehmen, daß G i f t im Ringstein verborgen war. —
Daß Demosthenes G i f t unter seinem Ringsteine trug, wird im Folgenden
erzählt.

Gold und 150,000 Pfund Silber, als Beute von seinen andren Siegen, in die Stadt gebracht. — Goldne Ringe mußten zur Zeit des zweiten Punischen Krieges in Rom schon allgemein sein, denn Hannibal schickte drei Scheffel erbeuteter Ringe nach Karthago * ³¹³). — Ueber einen Ring entstand bei einer Versteigerung die Feindschaft zwischen Cäpio und Drusus, durch welche der Grund zu dem Bundesgenossen-Kriege gelegt wurde. Damals hatten übrigens noch nicht alle Senatoren goldne Ringe, und noch zu unsrer Väter Zeit sind Viele, die Prätoren gewesen waren, mit ihren eisernen Ringen alt geworden. In der Familie der Quintier herrschte die Sitte, daß nicht einmal die Frauen Gold trugen, und noch jetzt tragen die meisten unsrer Herrschaft unterworfenen Völker keine Fingerringe. Noch heute versiegelt kein Morgenländer und kein Aegypter seine Briefe * ³¹¹). Bei uns hat die Verschwendung auf mancherlei Art gewechselt: Man hat herrlich glänzende Edelsteine [gemma] in die Ringe gesetzt; dann hat man in die Ringsteine Figuren geschnitten; dann hat man wieder behauptet, es wäre eine Sünde, wenn man die Edelsteine verletzte und hat ihnen wieder eine glatte Fläche gegeben. Manche gaben auch den Ringsteinen an der Innenseite keine Unterlage von Gold. Andre bringen an ihren Ringen gar keine Steine an und siegeln mit dem Golde selbst, was unter der Regierung des Kaisers Claudius aufkam. Jetzt fassen sogar die Sklaven ihre eisernen Ringe in Gold und schmücken andre Theile ihres Körpers mit lauterm Golde. — Anfangs war es in Rom Sitte, nur an Einem Finger und zwar an dem, welcher dem Kleinen zunächst steht, einen Ring zu tragen, wie wir es auch an den Bildsäulen des Numa und Servius Tullius sehn; nachher steckte man den Ring an den Zeigefinger, was auch an den Bildsäulen der Götter geschah; dann steckte man auch einen an den Kleinen Finger. Jetzt ist bei uns der Mittelfinger der einzige, an dem man keinen trägt. Der zum Siegeln bestimmte Ring wird als besonders wichtig und als eine vor Mißbrauch zu schützende Sache ganz besonders in Acht genommen. — Es gibt auch Leute, welche, wie der größte Redner Griechenlands, Demosthenes, Gift unter ihrem Ringsteine tragen. — In alten Zeiten wurde nichts versiegelt; jetzt versiegelt man sogar Speise und Trank, damit nichts davon gestohlen wird. So spielt nun der Siegelring in allen Verhältnissen

---

* ³¹²) Der römische Scheffel, modius, wird zwei Drittheilen eines jetzigen braunschweiger Himptens gleich gerechnet.

* ³¹¹) Die goldnen Ringe der Griechen und Römer, mit oder ohne Edelstein, waren fast alle zugleich die Petschafte ihrer Besitzer.

des Lebens eine große Rolle, und man stiehlt ihn sogar Schlafenden und Sterbenden.

Hist. nat. 33, 3, 12. Für die Götter kommt Gold bei den Opfern nur insofern in Anwendung, als man die Hörner der Opferstiere vergoldet. — Unter den römischen Truppen ist die Sucht, sich mit Gold zu schmücken, eingerissen, und bei Philippi waren die Kriegstribunen des Marcus Brutus mit goldenen Spangen geschmückt. — Unsre Damen tragen Gold an den Füßen, den Armen, an allen Fingern, am Halse, in den Ohren, in den Haarzöpfen; an ihren Seiten fallen goldene Ketten herab, ihr goldener Hals ist auch mit Perlenschnuren geschmückt. — Beim Kaiser Claudius war nur Denjenigen der Zutritt zu ihm gestattet, welche sein goldnes Bild in einem Ringe trugen.

Hist. nat. 33, 3, 13. Der erste römische König, welcher Kupfer prägte [äs signare], war Servius; bis dahin war nur ungeprägtes bei den Römern in Gebrauch. Die Kupfermünzen des Servius waren mit dem Bild eines Stück Viehs [pecus] bezeichnet und hießen deswegen pecunia. — Silber wurde erst im Jahre der Stadt 485, fünf Jahre vor dem ersten Punischen Kriege, geprägt. Später mischte Livius Drusus als Volks=Tribun zu dem Silber des Geldes den achten Theil Kupfers. — Die ersten Goldmünzen [aureus nummus] wurden 62 Jahre später geschlagen als die Silbermünzen.

Hist. nat. 33, 3, 14. Allmälig hat sich die Goldgier bis zum Unsinn gesteigert. Septimulejus, ein Freund des Cajus Gracchus, verkaufte dessen abgeschnittenen Kopf, nachdem er den Mund mit Blei gefüllt, an Opimius, der aus dem Staatsschatz so viel Gold für den Kopf gab, als er sammt dem Bleie wog. Der Triumvir Antonius benutzte einen goldenen Eimer als Abtritt und einen goldenen Topf als Nachttopf.

Hist. nat. 33, 3, 15. Die Römer haben besiegten Völkern die Kriegssteuer immer in Silber aufgelegt. Als sie z. B. Karthago überwunden hatten, mußte es sich verpflichten 50 Jahre lang je 800,000 Pfund Silber zu zahlen. — Bei alle Dem hat in der Welt niemals Mangel an Gold Statt gefunden; schon Midas und Krösus hatten davon ungeheure Massen, schon Cyrus hatte in dem von ihm besiegten Asien 24,000 Pfund Gold gefunden und daneben noch verarbeitetes Gold in großer Menge. Außerdem erbeutete er 500,000 Talente Silbers und darunter das Mischgefäß der Semiramis, welches allein 15 Talente wog; ein solches Talent wog nach Varro's Angabe 80 Pfund.

Hist. nat. 33, 3, 16. Cäsar war, noch bevor er Diktator wurde, der Erste, welcher den ganzen Kampfplatz mit Silber ausschmückte; es kämpften dabei Verbrecher mit silbernen Waffen gegen die wilden Thiere, eine Verschwendung, die man jetzt auch in Landstädten sieht. — Bei den Schauspielen, welche Cajus Antonius gab, war die Bühne mit Silber überladen; eben solche gab Lucius Murāna; und Kaiser Cajus *³⁴⁵) führte im Circus einen Wagen umher, an welchem 124,000 Pfund Silber angebracht waren. Als sein Nachfolger Claudius über Britannien triumphirte, zeigte er durch Inschriften an, daß er unter den goldnen Kronen eine von 7000 Pfund habe, welche das diesseitige Spanien, und eine andre von 9000 Pfund, die ihm die Gallia comata verehrt. Sein Nachfolger Nero deckte das Theater des Pompejus mit Gold, jedoch nur für Einen Tag, an welchem er es dem armenischen König Tiridates zeigen wollte. Und dieses Gold war doch eine Kleinigkeit gegen dasjenige, welches er an seinem goldnen Hause verschwendete.

Hist. nat. 33, 3, 17. Vor dem dritten Punischen Kriege befanden sich 17,410 Pfund Gold, 22,070 Pfund Silber in der römischen Staatskasse, ferner 6,135,400 Stück Münzen. Zu Anfang des Bundesgenossenkrieges befanden sich 1,620,831 Pfund Goldes im Staatsschatz. Als Cajus Cäsar *³⁴⁶) im Bürgerkrieg das erste Mal in die Stadt einrückte, nahm er aus dem Staatsschatz 15,000 Barren [later] Gold, 30,000 Barren Silber und an gemünztem Gelde 30,000,000 Sestertien. Zu keiner andren Zeit war der Staat reicher. — Als Aemilius Paulus den macedonischen König Perseus besiegt hatte, brachte er 300,000,000 Sestertien als Beute in die Staatskasse, und von dieser Zeit an zahlte das römische Volk keine Abgaben mehr.

Hist. nat. 33, 3, 18. In früherer Zeit wurde Catulus darüber getadelt, daß er die kupfernen Dachplatten des Kapitols vergoldet hatte; jetzt sind im Innern des Kapitols und in Privathäusern Decken und Wände vergoldet.

Hist. nat. 33, 3, 19. Das Gold hat vor andren Metallen [metallum] dadurch den Vorzug, daß es im Feuer gar nichts verliert, selbst in Feuersbrünsten und auf Scheiterhaufen nicht; ja es gewinnt sogar durch öfteres Glühen an Güte *³⁴⁷). Das durch Feuer geläuterte

---

*³⁴⁵) Caligula.

*³⁴⁶) Cajus Julius Cäsar der Diktator.

*³⁴⁷) Die unedlen Metalle werden beim Glühen oxydirt und ausgeschieden, namentlich Kupfer. — Silber ändert sich im Feuer so wenig wie Gold, aber es verliert beim Gebrauch durch Berührung von Schwefeldünsten den Glanz.

nennt man obrussa. Man reinigt es namentlich durch Auskochen in
Blei*³⁴⁸). Ein andrer Grund seines Werthes liegt darin, daß es
die Hände nicht beschmutzt, wogegen Silber, Kupfer und Blei
abfärben. Es ist auch kein andres Metall so dehn- und theilbar.
Eine Unze läßt sich in 750 oder noch mehr Blättchen ausschlagen,
jedes 4 Zoll breit in's Gevierte. — Das Gold wird nur in Stücken
oder in Blättchen gefunden, die an sich Gold und als solches sogleich
anwendbar sind; alle übrigen Metalle müssen erst durch Feuer aus
Erzen herausgeschmolzen werden [cetera in metallis reperta igni per-
ficiuntur]. — Das Gold setzt ferner keine Art von Rost an und
scheidet nichts aus, was seine Güte verringern oder sein Gewicht mindern
könnte. Auch von Kochsalz und von Essig, die doch andre Dinge
stark angreifen, wird es nicht verändert. Man kann es auch spinnen
und wie Wolle weben. Schon Tarquinius der Aeltere triumphirte in
einer goldnen Tunika. Ich selbst habe Agrippina, die Gemahlin des
Kaisers Claudius, gesehn, wie sie bei dem Schauspiel eines Seetreffens
neben ihm saß und ein Obergewand trug, das rein aus Goldfäden
gewoben war. In die sogenannten Attalischen Kleider wird es schon
längst gewebt, was eine Erfindung der asiatischen Könige ist.

Hist. nat. 33, 3, 20. Auf Marmor und Alles, was der Gluth
nicht ausgesetzt wird, klebt man Gold mit Eiweiß, jedoch auf Holz
mit einer leimhaltigen Mischung. Kupfer [äs] wird mit Quecksilber [argentum vivum] oder mit Hydrargyrus*³⁴⁹) vergoldet
[inaurare]. Zu diesem Zwecke wird das Kupfer glühend in eine
Mischung von Salz, Essig und Alaun getaucht, dann mit Sand
gescheuert [exaronare]*³⁵⁰), wieder im Feuer abgedämpft, worauf
die Goldblättchen [bractea] mit einer Mischung von Bimsstein
[pumex], Alaun [alumen] und Quecksilber [argentum vivum]
aufgeklebt werden*³⁵¹). — Mit Alaun [alumen] kann man das
Gold reinigen wie mit Blei [plumbum]*³⁵²).

Hist. nat. 33, 4, 21. In Indien wird Gold von Ameisen ge-

---

*³⁴⁸) Treibarbeit, noch jetzt gebräuchlich.

*³⁴⁹) Argentum vivum ist, wie wir bald weiter unten sehen werden, das
metallisch in der Erde vorkommende Quecksilber, hydrargyrus das künstlich
aus Zinnober gewonnene.

*³⁵⁰) Um seine Oberfläche metallisch-blank zu machen.

*³⁵¹) In dieser Art zu vergolden ist unmöglich.

*³⁵²) Ohne Zweifel werden unter alumen auch oft durch Verwechslung
ihm ähnliche Stoffe, wie Borax und Salpeter, verstanden.

graben, in Scythien von Greifen* ³⁵⁵). — Uebrigens findet es sich in dreierlei Art: erstlich im Flußsand, z. B. des Tagus* ³⁵⁴) in Spanien, des Padus in Italien, des Paktolus in Kleinasien, des Hebrus in Thracien, des Ganges in Indien. Zweitens gräbt man Gold in Schachten [in puteorum scrobibus] oder in Bergtrümmern. Zuerst schürft man nur, wäscht den Sand [arena] aus, und schließt aus dem Rückstand, ob die Arbeit der Mühe lohnt. In seltnen Fällen ist man so glücklich, gleich an der Oberfläche Gold zu finden, wie neulich in Dalmatien, wo man täglich 50 Pfund gewann. — Anders verfährt man in den dürren, unfruchtbaren Bergen Spaniens, die außer Gold gar nichts Nutzbares liefern. Das darin vorkommende nennt man Grubengold [canalicium, canalienso aurum]; es hängt an Marmorbrocken, nicht wie im Morgenland im Lasurstein [sapphirus] im Thebaïschen Stein und andren Edelsteinen, worin es glänzende Punkte bildet* ³⁵⁵). Die goldführenden Gänge [venarum canales], durchschneiden die Seiten der Schachte in verschiedner Richtung. Die ausgehauenen Räume werden durch Zimmerung und Ausmauerung gestützt [columnis suspendere]. Das gegrabene Gestein wird gepocht, gewaschen, geröstet, zu mehlartigem Pulver gemahlen oder gestampft. — Was aus den Schmelzöfen [caminus] als Unreinigkeit ausgeschieden wird, heißt bei allen Metallen Schlacke [scoria]. Die aus den Oefen, worin Gold geschmolzen wird, stammende Schlacke wird gepocht und wieder ausgeschmolzen. — Schmelztiegel werden aus tasconium gemacht, einer weißen Thonart. Andre Erdarten halten das Gebläse, das Feuer und das glühende Metall nicht aus. — Die dritte Art von Goldbergwerken übertrifft die Arbeiten der Giganten: Man treibt Stollen und Strecken [cuniculus] tief in's Innere der Berge, arbeitet bei Lampenschein Tag und Nacht, und die Bergleute sehen oft Monate lang das Tageslicht nicht. Solche Bergmanns-Arbeit nennt man arrugia. Bisweilen stürzen die ausgehauenen Räume plötzlich zusammen und verschütten die Arbeiter. Deswegen muß man die Decke der Räume wölben, so daß sie dem Druck der Bergmassen widerstehen können. Oft trifft

---

* ³⁵³) Fabeln. — Siehe meine „Zoologie der alten Griechen und Römer", Seite 551.

* ³⁵⁴) Jetzt Tejo; — Padus jetzt Po; — Paktolus jetzt Sarabat; — Hebrus jetzt Maritza.

* ³⁵⁵) Die kleinen Eisenkieskrystalle im Lasurstein wurden für Gold angesehn (Plin. 37, 9, 39). — Der Thebaïsche Stein (Plin. 36, 8, 13) möchte ein Serpentin sein, dessen Glimmerblättchen für Gold galten.

man auf hartes Gestein [silex] und muß es durch Feuer und Essig
sprengen. Weil aber bei diesem Verfahren Dampf und Rauch erstickend
wirkt, so haut man das Gestein lieber in Stücke von 150 · Pfund, und
diese Stücke werden auf den Schultern hinaus auf die Halde getragen,
indem ein Arbeiter sie dem andern übergibt. Nur die Arbeiter, welche
zuletzt tragen, bekommen das Tageslicht zu sehn. Dehnt sich das harte
Gestein zu weit aus, so umgeht man es mit dem Stollen. Dennoch
arbeitet man in festem Gestein leichter als in solchem, das aus festem,
mit Kies [glarea] gemengten Thonstein [argilla] besteht und mit Keilen
und Hämmern gespalten werden muß. Ist der Berg durchwühlt, so
beginnen die den Gewölben zur Stütze dienenden Pfeiler * 356) zusammen-
zubrechen, und zwar die hintersten zuerst. Dieses Ereigniß merkt niemand als der auf der Bergspitze stehende Wächter * 357), und dieser
ruft nun die Leute heraus. Der Berg zerfällt in Trümmern, die weit
wegrollen; der Krach ist entsetzlich, der Luftdruck fürchterlich. Die Leute
schauen der Vernichtung siegreich zu. Aber sie haben noch immer kein
Gold, konnten auch während des Grabens gar nicht wissen, ob sie
welches bekommen würden. Es beginnt nun eine neue, noch schwierigere
Arbeit: es wird Wasser zum Auswaschen der Trümmern an 100 römische Meilen weit über den Gebirgsrücken herbeigeleitet, wobei Thäler
überbrückt und Felsen durchhauen werden müssen. Bei solchen Bauten
müssen die Leute oft an Seilen schwebend arbeiten. Am Ausgang der
Berge gräbt man Teiche, 200 Fuß in's Geviert und zehn Fuß tief,
und jeder hat fünf Ausflüsse. Sind die Teiche voll, so öffnet man die
Ausflüsse, das Wasser stürzt mit Gewalt hervor, in die Abzugskanäle
sind Sträuche gelegt, welche ulex heißen, dem Rosmarin ähnlich sind
und das Gold zurückhalten. Der bloße Schlamm fließt in's Meer,
wodurch Spanien sich schon vergrößert hat * 358). — Aus andren Bergwerken wird das Wasser mit ungeheurer Anstrengung ausgeschöpft, damit
es die Schachte nicht ersäuft. — Die in der beschriebenen Weise bearbeiteten Berge Spaniens liefern öfters Klumpen, wovon einige bis
zehn Pfund schwer sind. Der Ulex aus den Wasserkanälen wird zuletzt
getrocknet und verbrannt, worauf die Asche über grasreichem Rasen geschlemmt wird, woselbst das Gold zu Boden sinkt. — Jedes Jahr sollen

* 356) Diese können von Holz sein, in Brand gesetzt werden, wobei den
Arbeitern Zeit genug zur Flucht bleibt.
* 357) ?
* 358) Plinius hatte bei den Angaben von den unterwühlten und einstür-
zenden Bergen u. s. w. offenbar fabelhafte Berichte vor sich.

Afturien, Galläcien und Lufitanien zufammen 20,000 Pfund
Gold liefern*³⁵⁹), Afturien jedoch mehr als die andren. Diefer Gold-
gewinn-Spaniens dauert schon viele Jahrhunderte und kommt in diesem
Maße sonst nirgends vor. — In Italien wird wenig Gold gewonnen,
weil da die Bergwerksarbeit durch einen Senatsbeschluß verboten ist;
eigentlich ist kein Land reicher an Metallen*³⁶⁰). Es gibt noch ein
Gesetz ehemaliger Censoren über die Goldgruben [aurifodina] bei
Biktumalä im Gebiet von Vercellä*³⁶⁰ᵇ), durch welches bestimmt wird,
daß die Staatspächter daselbst nicht über 5000 Arbeiter halten dürfen.

Hist. nat. 33, 4, 22. Man kann auch Gold aus Rauschgelb
[auripigmentum] ziehn, welches in Syrien gegraben wird, goldgelb und
so zerbrechlich ist wie Fensterglimmer [lapis specularis]. Der gold-
gierige Kaiser Cajus hatte die Hoffnung, daraus eine Menge Gold zu
gewinnen; deswegen ließ er eine große Menge Rauschgelb ausschmelzen
[excoquere]. Er bekam denn auch wirklich gutes Gold daraus, jedoch
so wenig, daß er trotz der Wohlfeilheit des Rauschgelbs Verlust
hatte*³⁶¹).

Hist. nat. 33, 4, 23. Alles Gold enthält auch Silber, bald
den zehnten, bald den neunten oder achten Theil; nur in Galläcien
findet sich das sogenannte Albukrarensische Gold, worin nur der sechs-
unddreißigste Theil Silber ist, so daß es vor andrem den Vorzug
hat. — Das Gold, worin der fünfte Theil Silber ist, heißt auch
Elektrum. Man macht solches auch absichtlich durch einen Zusatz
von Silber*³⁶²ᵃ).

Hist. nat. 33, 4, 24. Im Kriege des Antonius gegen die Par-
ther soll ein römischer Soldat im Tempel der Anaitis eine massiv-

---

*³⁵⁹) Die Länder heißen jetzt: Afturien, Galicien, Portugal.

*³⁶⁰) Es ist sehr arm daran.

*³⁶⁰ᵇ) Jetzt Vercelli, zwischen Turin und Mailand, liefert heutiges Tages
wenig Gold oder keins.

*³⁶¹) Ohne Zweifel hatte die goldgelbe Farbe des Rauschgelbs den Kaiser
zu dem Versuche veranlaßt; es war kein Gold darin, aber man that heimlich
etwas hinein, um nicht in die Gefahr zu kommen, ihm zu widersprechen.

*³⁶²) Bei den in unsrer Zeit in Griechenland vielfach vorgenommenen
Ausgrabungen sind viele antike Goldwaaren zu Tage gefördert. „Es
fand sich durch Untersuchung", sagt X. Landerer, „daß dieselben nicht mit
Kupfer legirt waren, dagegen als fremde Beimischung nur Silber und
zwar bis 10, und 20 und 38 Procent enthalten. Deswegen sind sie durchaus
blank geblieben. — Man fand auch in einem antiken Grabe den hohlen Zahn
eines Schädels dicht mit einem Goldblättchen ausgefüllt.

goldene Bildsäule erbeutet haben. — Der Leontiner Gorgias war aber jedenfalls von allen Menschen der Erste, welcher eine ihn selbst vorstellende Bildsäule aus massivem Gold fertigen ließ, die er in den Tempel zu Delphi stellte.

Hist. nat. 33, 5, 26 u. 27 u. 29. Chrysokolla *362b) ist ursprünglich eine Flüssigkeit, wird aber durch die Winterkälte so fest wie Bimsstein [pumex]. Sie kommt in Gold-, Silber- und Bleigruben vor, in bester Sorte jedoch in Kupfergruben. In allen solchen Bergwerken bereitet man sie auch künstlich, jedoch viel schlechter als die natürliche, indem man vom Herbst bis zum Juli Wasser in Erzgängen stehen und nach Verlauf dieser Zeit abfließen läßt. Man erhöht auch die schöne Farbe der Chrysokolla künstlich durch die Pflanze Wau [lutum] und Alaun. Am beliebtesten ist sie, wenn ihre Farbe das Grün üppig sprossender Saat hat. Sie wird von den Malern gebraucht, auch ließ Kaiser Nero den Kampfplatz des Cirkus damit bestreuen, als er selber dort in einem eben so gefärbten Kleide den Wagen lenken wollte. — Die Goldarbeiter [aurifex] bedienen sich der Chrysokolla zum Löthen des Goldes.

Hist. nat. 33, 5, 30. Zum Löthen des Eisens [ferrum] dient Thon [argilla] *363); für Kupfer-Massen Galmei [cadmia]; für Platten Alaun [alumen] *364); für Blei und Marmor Harz *365). Das Blei [plumbum nigrum] wird mit Zinn [plumbum album] gelöthet; das Zinn [plumbum album] mit Oel *366); das Zinn [stannum] mit Kupferspänen [äramentum] *367); das Silber mit Zinn. — Kupfer und Eisen werden am besten mit Fichtenholz geschmolzen, aber auch mit ägyptischem Papyrus; dagegen Gold mit Spreu.

---

*362b) Malachit, siehe oben Anm. 71.

*363) Thon kann nicht löthen; aber man hüllt das Eisen, nachdem man in die zu löthenden Stellen Kupferblech geschoben, in nassen Thon, glüht heftig, der Thon hält die Luft ab, und unter seinem Schutze löthet das Kupfer.

*364) Alaun bedeutet hier wohl Borax oder Salmiak; beide nehmen das oxydirte Metall weg, so daß die rein metallischen Flächen sich vereinen können.

*365) Beim Löthen des Bleies verhindert Harz die Oxydation; — bei Marmor verkittet es die Stücke.

*366) Nicht mit Oel, sondern mit Hülfe des aufgestrichenen, die Oxydation verhindernden Oels.

*367) Geht gar nicht; dagegen wird umgekehrt Kupfer mit Zinn gelöthet.

Hist. nat. 33, 6, 31. Silber findet sich nur in Schachten und verräth sich nicht durch seinen funkelnden Glanz. Ausschmelzen läßt es sich nur mit Zusatz von Blei [plumbum nigrum], oder Bleiglätte [galena]*361b), welche man dicht bei den Silberadern [argenti vena] findet. — Bei der Feuerarbeit [opus ignium] scheidet das Blei sich aus, und das Silber schwimmt oben auf wie Oel auf Wasser*368). — Silber findet sich fast in allen Provinzen, das schönste aber in Spanien und zwar in unfruchtbarem Boden und in Bergen. Die von Hannibal dort eröffneten Gruben sind noch jetzt in Betrieb. Aus einer derselben bezog Hannibal täglich 300 Pfund. Der Berg ist schon 1500 römische Schritt tief unterhöhlt; in diesem ganzen Raume sind Leute vertheilt, welche Tag und Nacht bei Lampenscheine und nach der Lampe die Zeit messend Wasser schöpfen, aus dem sich ein Fluß bildet*308b). — Der Geruch der Silbergruben [argenti fodina] ist für alle lebende Wesen schädlich, besonders aber für Hunde*369). — Je weicher Gold und Silber sind, desto schöner sind sie. — Mit Silber kann man schwarze Striche machen.

Hist. nat. 33, 6, 32. In den Erzgängen [vena] kommt auch ein Gestein [lapis] vor, dessen Ausschwitzung das ewig flüssige Quecksilber [liquoris äterni argentum vivum] ist, ein Gift für alle Dinge, denn es zerfrißt und durchbricht alle Gefäße. Alle Dinge schwimmen auf Quecksilber mit Ausnahme des Goldes, welches versinkt*370). — Es ist ein gutes Mittel, Gold zu reinigen, indem es, in irdnen Gefäßen zu wiederholten Malen mit ihm geschüttelt, alles Unreine ausscheidet. Ist Dies geschehn, so gießt man es in gegerbtes Leder, aus welchem es abfließt und das Gold zurückläßt*371). Goldblättchen kann man mit Quecksilber sehr fest auf Kupfer befestigen.

---

*361b) Findet sich nicht natürlich. — Uebrigens sehe man unten 34, 18, 53 und Anm. 451 dazu, so wie oben Anm. 254. Es könnte auch sein, daß hier unter galena nicht Bleiglätte, sondern Bleiglanz gemeint sei.

*368) Im Gegentheil sinkt auf dem Treibherd das reine Silber unter dem sich oxydirenden Blei zu Boden.

*368b) Man vergleiche über die spanischen Silbergruben oben Anm. 192.

*369) Die Silbererze machen die Luft nicht ungesund; aber in jedem tiefen, nicht gehörig gelüfteten Bergwerk erzeugen sich schädliche Gasarten. — Die Bemerkung des Plinius bezieht sich übrigens jedenfalls auf Quecksilberbergwerke.

*370) Alle den Alten bekannt gewesenen Dinge sind leichter als Quecksilber, mit Ausnahme des Goldes.

*371) Das reine Quecksilber fließt durch die Poren des Leders ab, die Ver-

Hist. nat. 33, 6 33. und 34. In den Silbergruben findet man auch einen hellen, glänzenden, undurchsichtigen Stein, das Grau-spießglanzerz [stimmi appellant, alii stibium, alabastrum, lar-bason]. — Er ist gut für die Augen, die er namentlich erweitert, heißt deswegen auch Kalliblepharon, wird übrigens viel als Arznei gebraucht.

Hist. nat. 33, 6, 35. Die Schlacke [scoria] der Silber-schmelzöfen nennen die Griechen Helkysma * ³⁷²). — In denselben Bergwerken [in iisdem metallis] wird auch die Glätte [spuma argenti] gemacht. Man unterscheidet Goldglätte [chrysitis], Sil-berglätte [argyritis], Bleiglätte [molybditis] * ³⁷³). Alle drei entstehen, indem das ausgeschmolzene Metall aus dem oberen Tiegel in den unteren fließt; sie werden mit eisernen Spateln abgenommen und nochmals an der Flamme selbst geglüht. — Schlacke ist die Aus-scheidung des sich reinigenden Stoffes, Glätte die Ausscheidung des schon gereinigten. — Man zerschlägt auch die Glätte in Stückchen und glüht sie nochmals vor dem Luftstrom der Blasebälge, und wäscht sie dann mit Wein und Essig rein. Die Argyritis reinigt man durch Kochen in Wasser, worin sich Leinwandläppchen befinden, in welche Weizen und Gerste gebunden sind; das Kochen wird fortgesetzt, bis die Läppchen rein erscheinen. Später wird sie sechs Tage lang in Mörsern gestampft und dabei dreimal täglich mit kaltem Wasser gewaschen. Ist die Zeit des Stampfens vorbei, so wäscht man sie noch in heißem Wasser, wobei man ein wenig Steinsalz [sal fossilis] hinzufügt. Zuletzt verwahrt man die Glätte in einem bleiernen Gefäße und verbraucht sie zu Heilzwecken.

Hist. nat. 33, 7, 36. In den Silbergruben wird auch der Zinnober [minium] gefunden, welcher als Malerfarbe in hohem Ansehn steht, ehemals bei den Römern auch bei heiligen Handlungen in Gebrauch war. Verrius nennt die Schriftsteller, aus deren Angaben hervorgeht, daß man an Festtagen das Gesicht der Bildsäule Jupiter's mit Zinnober bemalte, daß auch der Körper triumphirender Feldherrn

---

schmelzung von Quecksilber und Gold bleibt in breiartigem Zustande zurück, und das Gold wird abgeschieden, indem man das Quecksilber durch Hitze in Dampf verwandelt.

* ³⁷²) Das Wort bedeutet ein Ding, das gezogen wird. Sie wird nämlich, wenn das Geschmolzene aus dem Ofen geflossen und zur schnelleren Kühlung Wasser aufgegossen ist, vom Metall herunter gezogen.

* ³⁷³) Siehe oben Anm. 255 und 254, ferner Anm. 451.

damit übertüncht wurde, daß namentlich Camillus so triumphirte. Auch jetzt wird bei Triumphen noch die Bildsäule des Jupiter mit Zinnober geschmückt, und bei der Triumph-Mahlzeit werden die Salben damit gemischt. — Die Häuptlinge der Neger bemalen sich und ihre Götter-bilder ebenfalls mit diesem Farbestoff am ganzen Leibe. . . . Hist. nat. 33, 7, 38. Die Griechen nennen den Röthel [rubrica] miltos, den Zinnober cinnabaris, aber diese Namen sind verwechselt worden; Cinnabaris nennt man nämlich auch den Geifer der Drachen, welche mit Elephanten kämpfen und durch die Last des sterbenden Feindes er-drückt werden; dieser Geifer drückt auf Gemälden die Farbe des Blutes am besten aus[374]. Der Drachengeifer ist zu Heilzwecken vortrefflich; die Aerzte wenden aber, indem sie durch den Namen cinnabaris zum Irrthum verleitet werden, Zinnober statt seiner an, obgleich der Zin-nober geradezu Gift ist. . . . Hist. nat. 33, 7, 39. Die Alten malten die einfarbigen Bilder mit Zinnober; jetzt ziehen die Maler zu diesem Zwecke Röthel [rubrica] und Sinopische Erde [sinopis] vor. . . . Hist. nat. 33, 7, 40. Nach Rom gelangt der Zinnober nur von Spanien aus; der berühmteste aus der Umgegend von Sisapo in Bä-tila[375] aus einem Bergwerke, welches dem römischen Staate gehört. Das Erz darf nicht in Spanien gereinigt werden, sondern wird zu diesem Zwecke gestempelt nach Rom geschafft, jährlich an 2000 Pfund. — Es gibt auch eine andre Art von Minium, welche sich fast in allen Silber- und Bleibergwerken [in argentariis et plumbariis metallis] vorfindet; man bezieht dieses Minium aus solche Adern enthaltendem Gestein, welches man ausglüht, aber nicht aus dem Gestein, welches Quecksilber liefert[376]. Rein muß die zweite Art des Minium eine karmoisinrothe Farbe haben. Man prüft seine Aechtheit auf glühendem Golde; das verfälschte wird dabei schwarz, das reine behält seine Farbe. In Wandgemälden wird seine Farbe durch Sonnen- und Mondenlicht verdorben, was man jedoch vermeiden kann, wenn man auf die getrock-nete Wand mit einem Pinsel Punisches Wachs aufträgt, das in Oel aufgelöst ist; dann wird die Wand mit Galläpfel-Kohlen zum Schwitzen gebracht, nachher noch mit Kerzen überfahren und endlich mit reinen Leinentüchern glänzend gemacht, was auch beim Marmor geschieht. —

---

[374] Hier ist die Farbe gemeint, welche wir ebenfalls Drachenblut nennen. Sie kommt vom ostindischen Drachenbaum, Dracäna Draco, Linné.

[375] Sisapo soll jetzt Guadalcanal heißen; Bätila ist das jetzige An-dalusien nebst einem Theil von Granada.

[376] Diese zweite Art minium ist Mennige (oxydirtes Blei).

Leute, die in den Werkstätten das Minium reiben, verbinden sich dabei
das Gesicht mit dünnen Blasen, um dabei zwar sehen zu können, aber
den schädlichen Staub nicht einzuathmen. — Mit Minium schreibt man
auch in Büchern, auf Gold, auf Marmor, auf Grabmäler.

Hist. nat. 33, 8, 43. Der Probirstein [coticula] wird an
verschiednen Orten gefunden und heißt auch Heraklius und Lydius.
Er ist etwa vier Zoll lang, nicht über zwei Zoll breit. Sachverständige
streichen Erz [e vena] darauf hin und sehen dann gleich an Dem, was
sich vom Erz abreibt, wie viel darin an Gold, Silber, Kupfer
[äs]*[377]).

Hist. nat. 33, 8, 44. Dasjenige Silber gilt für gut, welches
weiß bleibt, wenn es auf einer eisernen Platte geglüht wird. Das
braunroth werdende ist ziemlich gut, das schwarz werdende gar nicht*[318]).

Hist. nat. 33, 9, 45. Man glaubt, gute Spiegel könnten nur
aus dem besten Silber gemacht werden. Ist der Spiegel gut polirt
und ein wenig einwärts vertieft, so vergrößert er das Bild. Man
macht auch Becher, an denen man eine Menge Spiegel anbringt, so
daß man sein Bild vielfach sieht. Auch sind verzerrende Spiegel aus-
gedacht worden, wie sie z. B. im Tempel zu Smyrna hängen. Vor den
silbernen Spiegeln galten bei uns die brundisischen, aus einer Mischung
von Zinn [stannum] und Kupfer [äs] gemachten für die besten.
Die silbernen kamen zur Zeit des großen Pompejus auf. Zuletzt ist
man noch auf die Behauptung gekommen, daß die Spiegel ein besseres
Bild geben, wenn sie hinten vergoldet sind*[379]).

Hist. nat. 33, 9, 46. Matt gearbeitetes Silber ist theurer und
wird folgendermaßen bereitet: Man setzt zum Silber ein Drittel vom
feinsten Cyprischen Kupfer [äs], sogenanntem Kranzkupfer [corona-
rium], ferner eben so viel Schwefel [sulphur] wie Silber*[380]). —

_____

*[377]) Man muß sich hier denken, daß sich auf dem Probirstein das
gediegene Gold, Silber, Kupfer von dem mit nicht-metallischen Stoffen
verbundenen unterscheiden läßt.

*[318]) Je mehr Kupfer im Silber, desto schwärzer wird es beim Glühen;
reines Silber ändert seine Farbe nicht.

*[379]) Vergoldung auf der Rückseite kann nichts helfen. — In alten grie-
chischen und römischen Gräbern hat man bronzene Spiegel in Menge
gefunden; mit Zinn-Amalgama belegte Glasspiegel hatten die Alten nicht. —
Noch jetzt sind die Spiegel der Japanesen trefflich polirte Stahlscheiben.

*[380]) Schwefel hat man gewiß nicht zugesetzt, weil es Silber und
Kupfer blüstergrau und zerbrechlich macht. — Das Kranzkupfer ist Messing;
siehe unten Anm. 392.

Silber wird durch harte Eidotter schwarz*[381]). — Der Triumvir Antonius hat die Denare aus einer Verschmelzung von Silber und Eisen gemacht*[382]). Falsche Münzen bestehn aus Silber und Kupfer; auch sind Münzen geprägt worden, die zu leicht sind. Eigentlich sollen 84 Denare aus dem Pfund Silber geprägt werden. Es ist auch ein Gesetz über die Prüfung der Münzen gegeben worden, und dieses war dem Volke so willkommen, daß es dem Marius Gratidianus, der es durchgesetzt, in allen Gemeinden Bildsäulen setzte.

Hist. nat. 33, 11, 49 bis 53. Früherhin wurden Diejenigen getadelt, welche silbernes Küchengeräth hatten, wurde ein Greis, der schon triumphirt hatte, von den Censoren öffentlich getadelt, weil er fünf Pfund Silber besaß; in neuerer Zeit werden die Kutschen mit getriebener Silberarbeit geziert, die Ruhebetten der Damen mit Silber überzogen; der römische Feldherr Pompejus Paulinus besaß 12,000 Pfund Silber; Poppäa, Gemahlin des Kaisers Nero, ließ die Hufe der Staatsmaulthiere mit Gold beschlagen. Kurz vor dem Syllanischen Bürgerkriege befanden sich, wie man bestimmt weiß, mehr als 150 silberne Schüsseln in Rom, wovon jede über 100 Pfund wog, und mancher Besitzer einer solchen Schüssel wurde nur um ihretwillen verbannt, weil ihm seine Feinde die Schüssel wegnehmen wollten. In unsrer Zeit ist's noch ärger getrieben worden: So besaß unter des Kaisers Claudius Regierung dessen Sklave Drusillanus eine silberne Schüssel von 500 Pfund, zu deren Anfertigung man eine eigne Werkstatt hatte bauen müssen, und dessen Genossen besaßen acht ähnliche Schüsseln von je 250 Pfund Gewicht. — Auch der Preis silberner Kunstwerke ist in's Ungeheure gesteigert worden. So hatte Cajus Gracchus silberne Delphine, von denen er das Pfund mit 5000 Denaren bezahlte; der Redner Lucius Crassus besaß zwei mit getriebner Arbeit vom Künstler Mentor gefertigte Trinkbecher für 100,000 Sestertien; diese schonte er, brauchte dagegen für gewöhnlich Becher, wovon er das Pfund mit 600,000 Sestertien bezahlt hatte. Solche Verschwendung begann in Italien nach der Unterwerfung Kleinasiens; von dort brachte nämlich Lucius Scipio zu seinem Triumphe 1400 Pfund an silbernen, in getriebner Arbeit gefertigten Gefäßen, 1500 Pfund an goldenen. — Der Aufwand für Bildsäulen und Gemälde begann mit dem Sieg über den Achäischen

---

*[381]) Eidotter und mehr noch Eiweiß färben Silber schwarzgrau, weil sie Schwefel enthalten, der sich mit dem Silber zu Schwefelsilber verbindet.

*[382]) Der Denar galt etwa sechs Silbergroschen jetzigen Geldes. — Silber läßt sich mit Eisen zusammenschmelzen, Kupfer desgleichen.

Bund. . . . Hist. nat. 33, 12, 54. In unsrer Zeit hält man schon das Elfenbein für zu schlecht für die Degengriffe der Soldaten und beschlägt sie lieber mit getriebenem Silber; die Degenscheiden klirren von Kettchen, die Gürtel von Silberplatten; Damen baden nur in silbernen Badewannen; aus Silber macht man jetzt die Schüsseln für die Gastmähler, und aus Silber macht man die Nachttöpfe. . . . Hist. nat. 33, 12, 55. Durch Kunstwerke in getriebner Goldarbeit [aurum cälare] hat sich niemand berühmt gemacht, in getriebner Silberarbeit aber Viele. Dem Range nach steht der schon erwähnte Mentor am höchsten, dann folgen Akragas, Boëthos und Mys. — Silber wird durch Heilquellen [aquä medicatä] und durch salzige Dämpfe angegriffen [afflatu salso inficitur]*³⁸³).

Hist. nat. 33, 12, 56. Die Gelberde [sil] kommt in Gold- und Silbergruben vor und dient als Farbe. Am besten ist die attische. Eine dunklere Sorte dient zu Schattirungen bei Gemälden; die helleren Sorten zu Lichtpartieen; für Wandmalerei eine mit Marmorstaub gemischte, weil der Marmor dem ätzenden Einfluß des frisch aufgetragenen Kalkes widersteht.

Hist. nat. 33, 13, 57. Die Kupferlasur [cöruleum] ist ein Sand. Die beste Sorte kommt aus Aegypten, andre kommen aus Scythien, Cypern, Puteoli, Spanien. Jede Sorte wird noch mit einem Kraute gefärbt. Uebrigens verfährt man mit der Kupferlasur wie mit dem Malachit*³⁸⁴). — Jetzt führt man auch indisches cöruleum ein. — Reines Cöruleum brennt auf Kohlen.

Hist. nat. 34, 1, 1. Die Kupfersorten (äris metalla, plur.) stehn dem Werthe nach dem Silber zunächst; — das Korinthische Kupfer [äs corinthium] ist sogar mehr werth als Silber und fast mehr als Gold*³⁸⁵). — Kupfer dient auch als Geld, und wurde schon hoch geschätzt, als Rom gebaut wurde; Numa bildete aus den Kupferschmiden die dritte Innung. . . . Hist. nat. 34, 1, 2.

---

*³⁸³) Schwefelhaltige Wasser erzeugen in Berührung mit Silber Schwefelsilber. — Metallisches Silber wird von Kochsalz und von Salzsäure nicht angegriffen; enthält es aber Kupfer, so wird dieses von salzigen Dämpfen leicht angegriffen.

*³⁸⁴) Der bewußte Sand ist jedenfalls zerriebene Kupferlasur; der mit einer Pflanze (z. B. Waid) gefärbte ist künstliche blaue Farbe. — Das indische cöruleum ist Indigo. — Dieser brennt auf Kohlen, die Kupferlasur glüht nur und wird schwarz.

*³⁸⁵) Das Korinthische Kupfer besteht, wie wir oben, Plin. Hist. nat. 9, 40, 65, gesehn, aus einer Legirung von Kupfer, Gold, Silber.

Das Kupfererz [vena] wird auf die schon beschriebene Weise auf-
gesucht und durch Feuerarbeit gereinigt. — Man bereitet es auch aus
einem kupferhaltigen Stein, welcher Galmei [cadmia] heißt*³⁸⁶); er
findet sich vorzugsweis jenseit des Meeres, jetzt auch im Gebiete der
Bergomaten*³⁸⁷). Ehemals soll es auch in Kampanien gegraben worden
sein, jetzt in Germanien gegraben werden. Man bereitet auch Kupfer
aus einem andren Stein [lapis], den man auf Cypern, woselbst die
Bearbeitung des Kupfers erfunden worden, Kupfererz [chalcites]
nennt*³⁸⁸). — Später wurde das Kupfer sehr wohlfeil, weil man
anderwärts besseres fand, namentlich das Aurichalkum, welches lange
Zeit hindurch für das beste und schönste galt*³⁸⁹), aber seit langer
Zeit gar nicht mehr gefunden wird. — Das Marianische Kupfer,
welches auch das Korbubensische heißt, verschmilzt am besten mit Galmei
[cadmia]. Man macht aus ihm Doppelasse, die an Güte denen aus
aurichalcum gleichkommen*³⁸⁹ᵇ).

Hist. nat. 34, 1, 3. Nach Kunstwerken aus Korinthischem
Kupfer streben manche Leute mit wahnsinniger Gierde, und man
behauptet, daß Verres nur deswegen vom Antonius in die Acht erklärt
worden, weil er seine Korinthischen Kunstwerke dem Antonius nicht über-
lassen wollte. — Uebrigens sind solche Korinthische Kunstwerke,
wie sie die eleganten Leute führen, in der Regel Speisegeräthe, Leuchter,
ferner Becken zu verschiedenartigem, zum Theil schmutzigem Gebrauch.
Das Korinthische Kupfer kommt übrigens in vier Sorten vor:
1) hell mit Silberglanz, das Silber auch in der Metallmischung vor-
herrschend; 2) goldgelb; 3) alle Bestandtheile gleichmäßig gemischt;
4) von kostbarer Leberfarbe, Hepatizon genannt. Diese wird zu Büsten
und Bildsäulen gebraucht, und die Art, wie man für sie die Metalle
mischt, hat der Zufall an die Hand gegeben. Es ist zwar von den

---

*³⁸⁶) Reiner Galmei enthält gar kein Kupfer, dagegen Zink und dieses
gibt mit Kupfer zusammengeschmolzen Messing. — Die Alten nannten
sowohl das reine Kupfer, als auch jede seiner Legirungen mit andren Metallen,
wie z. B. Messing, Bronze und Korinthisches Kupfer: χαλκός und
äs. Siehe unten Plin. Hist. nat. 34, 8, 20.

*³⁸⁷) Die Bergamasker in Nord-Italien.

*³⁸⁸) Man kann bei den Angaben des Plinius annehmen, daß er unter
dem Kupfer, welches ohne Weiteres durch Feuer gereinigt wird, gediegen
Kupfer und Rothkupfererz versteht; unter chalcites jedes andre kupferhaltige Erz.

*³⁸⁹) Das aurichalcum muß gelb gewesen sein, da man es den Topasen
als Folie unterlegte, Plin. 37, 9, 42; es war also Messing.

³⁸⁹ᵇ) Weil sie Dasselbe sind, nämlich Messing.

andren drei eigentlichen Sorten des Korinthischen Kupfers sehr
verschieden, aber doch dem Delischen und Aeginetischen, welche lange
den ersten Rang einnahmen, weit vorzuziehn.
Hist. nat. 34, 2, 4 und 5. Das altberühmte Delische Kupfer
wurde zu seiner Zeit nach allen Weltgegenden hin verhandelt. Zuerst
waren besonders die daraus gefertigten Füße der Speisepolster beliebt,
späterhin auch die Bildsäulen von Göttern, Menschen und Thieren. —
Das Aeginetische Kupfer wurde nicht aus Metallen gefertigt,
welche die Insel selbst erzeugt, aber es wurde dort aus importirten
Metallen gemischt und zusammengeschmolzen. — In Rom steht ein
Stier von Aeginetischem Kupfer auf dem Rindermarkt, und ein
Jupiter aus Delischem auf dem Kapitol. — In Aeginetischem
arbeitete Myron, in Delischem Polykletus, beide Zeitgenossen und
in ihrer Jugend Mitschüler.
Hist. nat. 34, 3, 7. Kupferne Schwellen und Thürflügel sieht
man an Tempeln und Privathäusern, kupferne Knäufe an Säulen. . . .
Hist. nat. 34, 4, 9. Heut zu Tage werden überall Bildsäulen von
Göttern und Menschen aus Bronze [äs] gegossen. Die Alten überzogen sie mit Asphalt [bitumen]; jetzt belegt man sie lieber mit
Gold [auro integere]. . . . Hist. nat. 34, 5, 10 bis 12. Nach
griechischer Sitte werden die menschlichen Figuren unbekleidet, nach
römischer dagegen werden sie bekleidet dargestellt. Die Griechen stellten
Pferde auf, welche in den heiligen Wettkämpfen gesiegt hatten; in Rom
schätzt man Reiterstatuen sehr hoch. Wagen sind für Feldherrn
gegossen worden, die triumphirt hatten; seit dem Zeitalter des vergötterten Augustus hat man auch sechsspännige und Elephanten; zwei-
spännige Wagen stammen ebenfalls aus neuer Zeit. Die Sitte, einem
Menschen Bildsäulen als Ehrenbezeigung zu setzen, stammt
von den Griechen; die meisten sind wohl dem Demetrius Phalereus
gesetzt worden, und zwar in Athen; es wurden ihm 360 gesetzt, also
gerade so viel, als das Jahr nach damaliger Zeitrechnung Tage hatte.
Diese Bildsäulen wurden bald wieder zerstört; eben so diejenigen, welche
die Tribunen zu Rom in allen Straßen dem Marius Gratidianus
errichtet hatten.
Hist. nat. 34, 7, 16 bis 18. Bis Asien von den Römern besiegt
und von da die Verschwendung nach Italien verpflanzt wurde, waren
die an heiligen Orten stehenden Bilder der Götter vorzugsweis
aus Holz oder Thon geformt. Bei alle Dem war die Kunst, Bilder
aus Bronze zu gießen [statuaria ars] in Italien sehr alt, und es

stammt noch der auf dem Rindermarkt stehende Herkules, welcher bei
Triumphen ein Triumphkleid umgehängt bekommt, so wie der von
Numa geweihete Janus geminus aus der frühesten Zeit, so wie sich
denn in Etrurien gefertigte alte Bildwerke überall zerstreut finden. Als
vor langen Zeiten die Römer Volsinii eroberten, befanden sich daselbst
2000 Bildsäulen, und Metrodorus Skepsius behauptet, die Römer
hätten die Stadt nur um dieser Bildsäulen willen erobert. . . . In
Rom standen, als Marcus Scaurus Aedil war, nur auf der Bühne
eines für kurze Zeit aufgeschlagenen Theaters 3000 Bildsäulen. —
Als Mummius Achaja erobert hatte, füllte er ganz Rom damit an. —
Mucianus, welcher dreimal Konsul gewesen, versichert, auf Rhodus
ständen noch jetzt 3000 Bildsäulen, und eben so viel sollen noch in
Athen, Olympia und Delphi übrig sein. — Der große Künstler Lysippus soll allein 1500 Bildsäulen geliefert haben, jede einzelne so
kunstvoll gearbeitet, daß sie allein seinen Ruhm hätte begründen können.
Für ein Kunstwerk von ganz unschätzbarem Werth galt namentlich ein
Hund von Bronze im Tempel der Juno, welcher seine Wunden leckte
und durchaus wie ein lebender Hund aussah. Da sein Werth alles
Maß überstieg, so mußten die Wächter mit ihrem Leben für ihn
bürgen. Er verschwand, als die Vitellianer das Kapitol in Brand
steckten.

Hist. nat. 34, 7, 18. Riesige Bildsäulen nennt man Kolosse.
Der Apoll auf dem Kapitol, welchen Lucullus aus Apollonia im Pontus
gebracht, ist 30 Ellen hoch und hat 500 Talente gekostet. Ihm ähnlich
ist der vom Kaiser Claudius auf dem Marsfelde geweihete Jupiter,
desgleichen der zu Tarent stehende, welcher 40 Ellen hoch und von
Lysippus gegossen ist. Fabius Verrucosus hätte ihn gern nach Rom
geschafft, aber Das ging wegen seiner Größe nicht. — Das größte
derartige Wunderwerk war jedoch der Sonnenkoloß auf Rhodus,
welchen der Lindier Chares, ein Schüler des Lysippus, gegossen hatte.
Diese Bildsäule [simulacrum] wurde, nachdem sie 56 Jahre gestanden,
durch ein Erdbeben niedergeworfen, wird aber immer noch bewundert.
Wenige Leute können deren Daumen umklaftern, und die übrigen Finger
sind größer als viele Statuen. In den zerbrochenen Gliedmaßen sieht
man schwere Steinmassen, durch deren Gewicht der Koloß fester stand. Zur
Herstellung dieses Kolosses sollen 12 Jahre nöthig gewesen und 300 Talente
verwendet worden sein; das Metall soll von den Kriegsmaschinen genommen sein, welche König Demetrius, als er Rhodus lange vergeblich
belagert, zurückließ. — In der Stadt Rhodus sind auch 100 kleinere

Kolosse, jeder genügend groß, um eine andre Stadt berühmt zu machen. Auch Italien hat Kolosse geschaffen: Einen tuscanischen *[300]), der von den Fußzehen an 50 Fuß hoch, an dem die Bronze und die Arbeit vortrefflich sind, sieht man in der Büchersammlung des Augustus-Tempels. Einen ähnlichen Koloß hat Spurius Carvilius aus den Brust-harnischen, Beinschienen und Helmen der besiegten Samniten gegossen; aus den davon abfallenden Feilspänen hat der Künstler seine eigne Statue gegossen und neben den Koloß gestellt. — Die größte Bildsäule unsrer Zeit hat Zenodotus gegossen. Erst hatte er in Gallien im Staate der Arverner 10 Jahr an einem Merkur gearbeitet, welcher 400,000 Sester-tien kostete und sehr künstlich ausgeführt wurde; dann ward er von Nero nach Rom berufen, und goß als dessen Bild einen Koloß von 120 Fuß Höhe. Nach Nero's Tode wurde dieser Koloß der Sonne geweiht. Erst hatte sich der Künstler dazu ein ganz kleines Bild ent-worfen, dann hatte er ein Modell in Thon ausgeführt; beide habe ich in seiner Werkstatt gesehn und bewundert. . . . Hist. nat. 34, 8, 18. Es gibt Leute, die eine solche Vorliebe für die sogenannten Korin-thischen Statuen haben, daß sie dieselben überall mit sich nehmen; so z. B. der Redner Hortensius eine dem Verres abgenommene Sphinx und Nero eine Amazone. Kurz vor ihm besaß der gewesene Konsul Cestius eine Büste, die er sogar mit in die Schlacht nahm. Hist. nat. 34, 8, 20. Nun noch von den Verschiedenheiten des Kupfers und seiner Legirungen [differentiä äris et mixturä] *[391]): Bei dem Cyprischen Kupfer unterscheidet man Kranz- und Stangen-kupfer [coronarium et regulare]. Beide lassen sich schmieden. Das Kranzkupfer wird zu Blättern geschlagen, mit Ochsengalle gefärbt und hat so an den Kränzen [corona] der Schauspieler das Ansehn von Gold *[392]). — Stangenkupfer wird auch außer Cypern bereitet, eben so Gußkupfer [äs caldarium]. Der Unterschied liegt darin, daß jenes geschmiedet werden kann, letzteres aber unter dem Hammer bricht. Das Stangenkupfer wird dadurch streckbar, daß es sorg-fältig im Feuer gereinigt wird *[393]). — Eine andre Kupfersorte

---

*[390]) D. h. von tuscischen (etrurischen) Künstlern.

*[391]) Siehe oben Anm. 386.

*[392]) Das Schmieden zu Blättern und die Goldfarbe zeigt, daß das Cyprische Kranzkupfer Messing war. Die Ochsengalle gab einen gegen die Luft schützenden, schwach-grünlich färbenden Ueberzug.

*[393]) Nach den angegebenen Unterschieden ist das Stangenkupfer Kupfer, welches durch mehrmaliges Umschmelzen so gut als möglich von fremd-

wird in Kapua bereitet und nach der cyprischen für die beste gehalten, indem sie sich zu Geräthen und Gefäßen am besten paßt. Sie wird nicht mit Kohlen-, sondern mit Holzfeuer geschmolzen*[304]. Nun wird es in einem aus Eichenholz gemachten Siebe gereinigt*[305], mit kaltem Wasser übergossen, und mehrmals in ähnlicher Weise geschmolzen, indem man zuletzt auf 100 Pfund Kupfer zehn Pfund spanisches silber-haltiges Blei zusetzt. So wird es zäh und nimmt eine hübsche Farbe an*[306]. — Bei andren Kupfersorten sucht man die hübsche Farbe durch Olivenöl und Sonnengluth hervorzubringen*[307]. — Die Art, das Kupfer zu bereiten, ist in vielen Theilen Italiens und in den Provinzen der kampanischen ähnlich; doch setzt man nur acht Procent Blei [plumbum] zu und schmilzt es dann nicht mit Holz, sondern mit Kohle*[308]. — In Gallien gießt man das Kupfer zwischen glühende

---

artigen Stoffen gereinigt ist; Gußkupfer ist dagegen der zuerst beim Schmelzen schwefelhaltiger Kupfererze entstehende viel Schwefel und auch andre Stoffe enthaltende Kupfer-Rohstein. Kalt zerbricht er unter dem Hammer, nur geschmolzen läßt er sich umformen, daher der Name caldarium.

*[304]) Wird jedenfalls zuerst mit Kohle geschmolzen, kann aber im Flamm-ofen mit loderndem Holzfeuer unter starkem Luftzug nochmals geschmolzen und gereinigt (verblasen), wobei namentlich noch vorhandenes Blei oxydirt und aus-geschieden wird.

*[305]) Die Angabe vom Eichenholz-Siebe beruht gewiß auf Mißverständniß.

*[306]) Durch Zusatz von zehn Procent Bleies würde man, trotz des Sil-bergehaltes (der übrigens im Verhältniß zur Bleimasse sehr gering ist), das Kupfer mißfarbig und brüchig, also schlecht machen. — Setzt man dagegen das silberhaltige Blei zu, treibt dann das Blei im Flammofen durch Oxydation ab, so nimmt es auch die andren uneblen, sich oxydirenden Metalle mit; das reine Kupfer bleibt, weil es sich schwerer oxydirt als die übrigen gewöhnlich vorhandenen uneblen Metalle; eben so bleibt das reine Silber, vertheilt sich im Kupfer, macht es besser. — So muß das Verfahren gedacht werden. — Daß die alten Griechen und Römer Schwefel und Blei so gut als möglich aus ihren Kupferlegirungen entfernten, beweisen die vielen in ihren Gräbern u. s. w. vorgefundenen Waaren: Die antiken Messing-waaren, der Hauptzahl nach Gegenstände des Schmucks, bestehn wie bei uns aus Kupfer und Zink; — die Bronze-Waffen früher Zeit aus Kupfer und Zinn; die harten, kurzen, dicken Bronze-Schwerter aus etwa 83 Procent Kupfer, 17 Proc. Zinn. — Uebrigens war, wie bei uns, der Zusatz von Zink oder Zinn sehr verschieden.

*[307]) Mit Oel bestrichnes reines oder legirtes Kupfer überzieht sich sehr bald mit Grünspan (kohlensaurem Kupferoxyd), welcher das Metall vor wei-ter eindringender Zerstörung schützt und mit dem Oel im Verlaufe der Zeit allmälig den sogenannten edlen Rost des Alterthums gibt.

*[308]) Geht allerdings auch mit Kohle, wenn ein starkes Gebläse hilft.

Steine; denn wenn die Gluth es ganz durchzieht, erhält man schwarzes, brüchiges Kupfer *³⁹⁹). Uebrigens wird es in Gallien nur noch Einmal nachgeschmolzen, obgleich es durch oft wiederholtes Umschmelzen sehr verbessert wird. . . . Hist. nat. 34, 9, 20. Um Bildsäulen und Platten zu gießen, bedient man sich einer andren Mischung [temperatura statuaria et tabularis]: Erst wird die Masse [massa] *⁴⁰⁰) geschmolzen; dann wird ein Drittel gebrauchtes, zusammengelaufenes Kupfer zugesetzt. Ist die Mischung zusammengeschmolzen, so setzt man ihr auch wohl 12½ Pfund silberhaltiges Blei zu. Mustermischung [formalis temperatura] nennt man diejenige Mischung, welche die zarteste Bronze gibt, weil der zehnte Theil bloßes Blei [plumbum nigrum] und der zwanzigste Silberblei dazu gethan wird. — Nach der neuesten Mode thut man zu 100 Pfund Kupfer drei bis vier Pfund Silberblei *⁴⁰¹). — Schmilzt man Blei mit Cyprischem Kupfer zusammen, so bekommt man ein Metall, das die Purpurfarbe der Togasäume hat *⁴⁰²).

Hist. nat. 34, 9, 21. Das Kupfer wird nicht bloß zu Denkmälern, sondern auch zu den Kupfertafeln [tabula aenea] benutzt, in welche die Gesetze gegraben werden.

Hist. nat. 34, 10, 22. Der Galmei [cadmia] ist entweder ein Stein [lapis], welcher zur Erzeugung des Messings [äs] nöthig und als Heilmittel brauchbar ist; theils kommt von ihm der sich in Schmelzöfen ansetzende Galmei *⁴⁰³), welcher ebenfalls cadmia heißt. Er entsteht aus den durch Feuer und Gebläse emporgetriebenen zarten Theilen; die leichtesten hängen sich an die Decke des Ofens [fornax], die andren an dessen Seiten, die feinsten an die Mündung des Ofens, aus welcher die Flammen lodern; er heißt Rauch-Galmei [capnitis], ist ausgebrannt und leicht wie Asche. Der inwendig an der Decke

---

*³⁹⁹) Ist nicht geradezu verständlich; soll aber wohl, nach unsrer Art ausgedrückt, heißen: „Wenn das Kupfer zu lange und stark geglüht wird, so verbrennt es zu brüchigem, schwarzem Kupferoxyd."

*⁴⁰⁰) ?

*⁴⁰¹) Daß Plinius glaubt, das Metall der Bildsäulen bestehe aus Kupfer und Blei, ist nach dem Vorstehenden gewiß, denn unter spanischem Silberblei und unter plumbum nigrum kann man unmöglich Zinn verstehn. — Ohne Zweifel rührt der Irrthum des Plinius daher, daß plumbum sowohl Blei als Zinn bedeutet, genauer plumbum nigrum Blei, plumbum album Zinn. — Man sehe übrigens unsre Anm. 396.

*⁴⁰²) Hier ist auch wohl eine Legirung von Kupfer, Zink, Zinn (nicht Blei) gemeint; herrscht in ihr das Kupfer stark vor, so ist sie braun.

*⁴⁰³) Zinkoxyd. — Siehe oben Dioscorides de m. m. 5, 84.

traubenartig hängende heißt Trauben-Galmei [botryitis] und ist der beste. Diese Sorte ist schwerer als die vorige, dagegen leichter als die folgenden, kommt aschfarbig und purpurfarbig vor. Die dritte, schwerere Sorte hängt an den Wänden der Oefen und heißt Blätter-Galmei [placitis], weil sie einen flachen Ueberzug bildet. — Aller aus den Oefen Cyperns kommende Galmei ist vorzüglich gut; die Aerzte glühen ihn auf reinen Kohlen nochmals aus.

Hist. nat. 34, 11, 24. Die Schlacke [scoria] der Kupfer-schmelzöfen wird zerstampft, gewaschen, getrocknet, und dient als Heil-mittel; eben so die Kupferblüthe [äris flos]*[404]); sie besteht aus kleinen Schuppen, die das Kupfer im Ofen vor einem starken Gebläse ansetzt. Andre rothe Schuppen [squama, lepis], welche von Kupfer-massen [panis äris] abfallen, wenn sie im Wasser gekühlt werden, dienen zur Verfälschung der Kupferblüthe*[405]).

Hist. nat. 34, 11, 26. Der Grünspan [ärugo] wird vielfach gebraucht und in verschiedner Weise gewonnen. Theils kratzt man ihn nämlich von dem Stein*[406]), aus welchem Kupfer geschmolzen wird, theils von dem lauteren Kupfer [äs candidum]*[407]), welches man durchbohrt und in Fässern über Essig hängt, deren Deckel ebenfalls kupfern [äreus] ist. Dieses Verfahren ist besser, als wenn man den Grünspan aus Schuppen [squama]*[408]) macht. Manche Leute stellen Gefäße von lauterem Kupfer in irdene, mit Essig gefüllte Töpfe und schaben sie am zehnten Tage ab; Andre bedecken das Kupfer mit Wein-trestern und schaben den Grünspan ebenfalls am zehnten Tage ab. Wieder Andre besprengen Kupferfeilspäne mit Essig und wenden sie täglich mehrmals, bis sie sich ganz in Grünspan verwandelt haben. Andre reiben solche Feilspäne mit Essig in kupfernen Mörsern. Am schnellsten bekommt man Grünspan, wenn man Abgänge von Kranz-kupfer*[409]) in Essig legt. — Man verfälscht den rhodischen Grünspan vorzüglich mit zerriebenem Marmor, mit Bimsstein oder Gummi. Am meisten täuscht der mit Eisenvitriol [atramentum sutorium]

---

*[404]) Die Kupferblüthe ist Kupferoxydul; s. Anm. 246.

*[405]) Da diese Schuppen ebenfalls roth sind, so sind sie ebenfalls Kup-feroxydul.

*[406]) Hier sind wohl die an sich grünen Kupfer-Erze gemeint.

*[407]) Hier ist offenbar lauteres Kupfer, im Gegensatz von legirtem, nament-lich von Messing und Bronze, gemeint.

*[408]) Siehe den vorigen Abschnitt.

*[409]) Messing. Siehe oben Anm. 392.

verfälschte, denn die andren beigemischten Stoffe erkennt man daran, daß sie zwischen den Zähnen knirschen*⁴¹⁰). Um zu erfahren, ob Grünspan mit Eisenvitriol gemischt ist, glüht man ihn auf einem Eisenblech; dort bleibt seine Farbe, wenn er rein ist, unverändert, dagegen wird sie durch Eisenvitriol geröthet*⁴¹¹). Das Dasein des Eisenvitriols verräth sich auch sogleich, wenn man Papier mit Galläpfeln einweicht und dann mit dem Grünspan bestreicht, wobei es vom Vitriol sogleich schwarz gefärbt wird*⁴¹²). — Jedem unreinen Grünspan fehlt übrigens die reine grüne Farbe des unverfälschten.

Hist. nat. 34, 12, 29. Die Chalcitis [obalaitis] ist ein Stein [lapis], aus welchem ebenfalls*⁴¹²ᵇ) Messing [äs] geschmolzen wird. Er unterscheidet sich vom Galmei [cadmia] dadurch, daß er an der Oberfläche des Bodens aus zu Tage stehenden Felsen gehauen wird, der Galmei dagegen aus unterirdischen; ferner dadurch, daß die Chalcitis sich sogleich zerreiben läßt, von Natur weich ist und wollig aussieht. Ein andrer Unterschied liegt darin, daß die Chalcitis dreierlei metallische Stoffe, Kupfer, Misy und Sory, enthält. Man schätzt die Chalcitis besonders, wenn sie honigfarb, zierlich geädert und zerreiblich ist. Frisch gilt sie für besser, denn alt soll sie sich in Sory verwandeln. — Weicht man die Chalcitis 40 Tage in Essig, so bekommt sie eine Safranfarbe*⁴¹³).

Hist. nat. 34, 12, 32. Der Eisenvitriol [atramentum su-

---

*⁴¹⁰) Den Eisenvitriol erkennt man sogleich an seinem Geschmack.

*⁴¹¹) Der Eisenvitriol wird durch starkes Glühen seines Gehalts an Wasser und Schwefelsäure beraubt, und hinterläßt nur rothes Eisenoxyd.

*⁴¹²) Der Grünspan färbt das Papier nicht; der Eisenvitriol dagegen löst sich im Wasser auf und gibt mit der Gerbsäure der Galläpfel schwarze Farbe (gerbsaures Eisenoxyd).

*⁴¹²ᵇ) „Ebenfalls", das heißt: „wie aus cadmia".

*⁴¹³) Die Chalcitis ist nach den gegebenen Merkmalen jedenfalls nichts als Galmei, durchaus kein Kupfererz in der Bedeutung, die wir dem Worte Kupfererz beilegen. — Der Galmei kommt über und unter der Erde, kommt erdig, safrig, braun vor. — Wäre die Chalcitis ein kupferhaltiges Erz, so müßte sie in Essig liegend Grünspan geben. — Der Galmei enthält gar keine Kupfertheile, aber Plinius glaubte, aus ihm allein würde das Messing geschmolzen; und auch das Messing heißt bei ihm äs. .... Das Sory, welches Plinius im folgenden Abschnitt beschreibt, ist jedenfalls eine Mischung von Mineral- und Pflanzentheilen, wie man aus seinem starken Geruche schließen kann. — Das Misy kann Galmei sein, in welchen kleine Eisenkies-Krystalle eingewachsen sind, welche beim Reiben goldgelbe Funken geben können. — Man vergleiche Galenus, de simplicium medicam. temp. 9, 21.

torium]*⁴¹⁴) wird von den Griechen wegen seiner Verwandtschaft mit dem Kupfer Chalkanthon genannt. Es entsteht in Ziehbrunnen und stehenden Wassern Spaniens. Man siedet das Wasser, worin sich Eisenvitriol vorfindet, und gießt es dann in hölzerne Bottiche. In diesen sind Querhölzer angebracht, an welchen Fäden hängen, die je von einem Steine abwärts gespannt werden. An diese Fäden setzt sich der Vitriol traubenartig. Man nimmt ihn weg und trocknet ihn 30 Tage. Er hat eine blaue Farbe, glänzt schön, sieht aus wie Glas. In Wasser aufgelöst dient der Vitriol zur Färbung des Leders. — Man gewinnt ihn auch aus Gruben, an deren Wänden er sich im Winter wie Eiszapfen [stalagmias] anhängt. Man findet ihn ferner zuweilen in nassen Felsenklüften, namentlich da, wo die Sonnenhitze das Wasser wegzehrt. — Es giebt übrigens außer dem natürlichen Eisenvitriol auch künstlichen. — Als Heilmittel hat der Cyprische den Vorzug. — Vor nicht gar langer Zeit ist man auch auf den Gedanken gekommen, auf dem Kampfplatze den Bären und Löwen Eisenvitriol in den Rachen zu werfen, wobei seine zusammenziehende Kraft so gewaltig wirkt, daß sie nicht beißen können.

Hist. nat. 34, 13, 33 bis 37*⁴¹⁵).

Hist. nat. 34, 14, 39. Die Eisenerze [ferri metalla, plur.] liefern dem Menschen die nützlichsten und die gefährlichsten Werkzeuge. Mit Eisen bearbeiten wir die Erde, pflanzen Bäume, beschneiden Sträucher, verjüngen die Weinstöcke durch Abschneiden des Unnützen, bauen Häuser damit, behauen Steine, erreichen durch seine Hülfe noch

---

*⁴¹⁴) Atramentum sutorium heißt Schusterschwärze. Reibt man nämlich das lohgare Leder der Schuhe mit in Wasser aufgelöstem Eisenvitriol, so verbindet sich die Gerbsäure mit dem oxydirten Eisen des Vitriols zu gerbsaurem Eisenoxyd, welches schwarz ist und das Leder nun schwarz färbt. — Der griechische Name Chalkanthon heißt Kupferblüthe; auch bei uns heißt der Eisenvitriol im Handel oft Kupferwasser, ist auch häufig mehr oder weniger mit Kupfervitriol gemischt und von diesem blau gefärbt. — Dioscorides 5, 114, welcher von dem χάλκανθον spricht, versteht unter diesem Namen nur oder doch vorzugsweis Kupfervitriol. — Der lateinische Name atramentum sutorium weist nur auf Eisenvitriol hin. — Jedenfalls wurden beide bei den Alten dem Namen nach nicht gehörig unterschieden. — Mit χάλκανθον ist übrigens das χαλκοῦ ἄνθος, äris flos, Kupferoxydul, Diosc. 5, 88, Plin. 34, 11, 24, nicht zu verwechseln.

*⁴¹⁵) Siehe über pompholyx und spodos oben bei Dioscorides 5, 85. — Was smegma und was diphryges sei, bleibt nach Plinius' Beschreibung und Diosc. 5, 119 ungewiß.

viele andre Zwecke; aber anderseits benuben wir es auch zu Krieg, Mord und Raub.

Hist. nat. 34, 14, 40. Der Künstler Aristonidas hat eine Bild-säule aus einer Mischung von Kupfer und Eisen gegossen, welche den Athamas vorstellt, wie er Reue und Scham wegen einer bösen That fühlt, welche durch den Rost des Eisens ausgedrückt werden soll, der den Glanz des Kupfers verdüstert. Diese Bildsäule steht noch heut zu Tage in Rhodus. In derselben Stadt steht auch ein eiserner, von Alton gegossener Herkules, dessen Ausdauer das Eisen aus-drücken soll. Auch in Rom stehen eiserne Becher im Tempel des rächenden Mars.

Hist. nat. 34, 14, 41. Eisenerze [ferri metalla] findet man überall; auch die italische Insel Elba [Ilva] bringt sie hervor, und man erkennt dieselben desto leichter, weil schon die Farbe des Bodens sie verräth. — Das Verfahren beim Ausschmelzen der Eisenerze ist überall dasselbe; nur in Kappadocien muß man die in die Schmelzöfen kommende Erde mit Wasser tränken*[410]). — Es gibt sehr verschiedene Eisensorten, was zum Theil durch die Verschiedenheit der Länder und Himmelsstriche verursacht wird. Manche Länder liefern nur weiches, dem Blei ähnliches Eisen; andre brüchiges, bronzeartiges [ärosus], das man nicht an Rädern und zu Nägeln brauchen darf, wozu sich die erstgenannte Art besser eignet. Andres Eisen paßt nur zu kurzer Arbeit und zu Schuhnägeln; wieder andres rostet [robiginem sentit] schneller. Alle diese Sorten heißen lateinisch strictura, ein Aus-druck, der von keinem andrem Metalle [metallum] gebraucht wird. — Uebrigens machen auch die Eisenhütten [fornax] einen großen Unter-schied, und in manchen wird eine Art Kerneisen [nucleus ferri] geschmolzen, mit dem man schneidende Werkzeuge härtet; in andrer Weise wird das Kerneisen bereitet, mit dem man die Bahn der Hämmer und die Amboße hart macht*[410b]). Den größten Unterschied bringt das Wasser hervor, in welches das Eisen von Zeit zu Zeit glühend getaucht wird. Wasser, welches zu diesem Zwecke vorzüglich gut ist, hat manchen Ort berühmt gemacht, wie Bilbilis in Spanien und Turiasso, auch Komum*[417]) in Italien, obgleich an diesen Orten keine Eisenbergwerke [ferraria metalla, plur.] sind. — Von allen

---

*[410]) Wahrscheinlich gebrauchte man beim Schmelzen diejenige Steinkohlen-sorte, welche nur wenn sie naß ist, gut brennt.

*[410b]) Das Kerneisen ist also Stahl.

*[417]) Jetzt Como.

Eisenforten ist die ferische*[418]) die beste; dieser zunächst steht die parthische. — Andre Sorten werden nicht aus reinem Stahl [acies] gefertigt, sondern es wird weiches Eisen zugesetzt. — In den Ländern, welche den Römern gehören, liefern die Bergwerke [vena] von Noricum*[419]) trefflichen Stahl; in Sulmo gibt dagegen die Bearbeitung den Werth. — Beim Schärfen der Instrumente macht es auch einen Unterschied, ob man einen Oel-Wetzstein [cos olearia] oder Wasser-Wetzstein [cos aquaria] anwendet. — Es ist wunderbar, daß die Eisenerze [vena] ein Eisen geben, welches wie Wasser fließt, dann aber zerbrechliche Ganze [spongia] bildet. — Dünnere Klingen [ferramentum] pflegt man in Oel zu löschen [restinguere], weil sie durch Wasser leicht zu hart und brüchig werden [in fragilitatem durari].

Hist. nat. 34, 14, 42. Der Magneteisenstein [magnes lapis] zieht Eisen an, und nur dieses Metall nimmt dessen Kraft selber an, behält sie lange Zeit hindurch, zieht auch andres Eisen an, so daß man eiserne Ringe zu ganzen Ketten zusammenhängen kann. Unwissende Leute nennen magnetisirtes Eisen*[420]) „lebendiges"; es hat die Eigenschaft, daß es Wunden schlimmer macht*[421]). — Der Magneteisenstein kommt auch in Kantabrien vor, bildet dort aber nicht wie der ächte ganze Felsen, sondern nur zerstreute Nester [sparsâ bullatione]. — Ob er wie der ächte zum Glasgießen [vitro fundendo] brauchbar ist, weiß ich nicht, auch hat es noch niemand versucht*[422]). Jedenfalls macht er Eisen magnetisch. — Timochares, Baumeister zu Alexandria hatte einmal begonnen, den Tempel der Arsinoë mit Magneteisenstein zu überwölben, damit das eiserne Bild derselben in der Luft schweben könnte; allein sein eigner Tod und der des Ptolemäus, welcher diesen Tempel für seine Schwester bauen ließ, unterbrach das Werk*[423]).

---

*[418]) Hier ist wohl die ostindische Sorte, welche wir Wutz nennen und sehr hoch schätzen, gemeint.

*[419]) Steiermark und Kärnthen.

*[420]) Nur in Stahl verwandeltes Eisen wird dauernd magnetisch.

*[421]) Man hat diesen Glauben noch jetzt. Vielleicht stammt er von Plinius. Ich selber theile ihn nicht. Die Taschenmesser, welche ich führe, haben immer magnetisirte Klingen, und Wunden, die sie mir zufällig beibringen, heilen sehr leicht.

*[422]) In's Glas geschmolzen kann er nur dienen, dasselbe schwarz zu färben.

*[423]) Der Magneteisenstein trägt nur Eisen, das ihn unmittelbar oder durch eine dünne Lage fremden Stoffes getrennt berührt, aber keins, das unter ihm frei in der Luft schwebt.

Hist. nat. 34, 15, 43. **Eisenerze** [vena ferri] sind in größerer Menge im Erdboden vorhanden, als die der andren Metalle. An der Seeküste Kantabriens*[424]) ist ein sehr hoher Berg, welcher, so unglaublich es klingen mag, ganz aus Eisenerz besteht. — In Feuer glühend gemachtes Eisen verdirbt, wenn es nicht gehämmert wird *[425]). **Rothglühend** [rubens] läßt es sich noch nicht gut hämmern, bei beginnendem **Weißglühen** [albescere] dagegen gut. — Mit **Essig** und **Alaun** [alumen] bestrichen bekommt es eine **Bronzefarbe** [fit æris simile]*[426]). — Gegen Rost [robigo] schützt man es durch eine Mischung, welche die Griechen **Antipatheia** des Eisens nennen; sie besteht aus **Bleiweiß** [cerussa], **Gyps** [gypsum] und flüssigem Pech. Man soll es auch durch gewisse heilige Gebräuche vor Rost schützen können *[427]).

Hist. nat. 34, 15, 44 bis 46. Die Heilkunst wendet das Eisen nicht bloß zum Schneiden an, sondern läßt auch zum Schutze gegen Hexerei Eisen im Kreise um Erwachsene und um Kinder tragen; läßt ferner aus einem Sarge gerissene Nägel in die Schwelle schlagen, um gegen nächtlichen Irrsinn zu wirken *[428]). Aeußerlich wird gegen manche Leiden und gegen den Biß toller Hunde glühendes Eisen angewendet. Man taucht auch gegen allerlei Leiden glühendes Eisen in das Getränk, braucht den **Eisenrost** [robigo] und den **Hammerschlag** [squama ferri] als Arznei.

Hist. nat. 34, 16, 47. **Zinn** [plumbum candidum] ist kostbarer als **Blei** [plumbum nigrum]. Die Griechen nennen das Zinn **Kassiteros**, und fabeln, es werde zu Schiff von Inseln des Atlantischen Meeres geholt, und die Schiffe seien aus Flechtwerk gebaut und mit Leder überzogen. Jetzt weiß man, daß es in Lusitanien und Galläcien in einer sandigen [arenosus], dunkelfarbigen Erdart an der Oberfläche des Bodens gefunden wird, und daß man diese Erdart an

---

*[424]) Nordküste Spaniens. — Noch jetzt sind dort die gewaltigen Lagerstätten von Rotheisenstein in Biskaya und Guipuscoa berühmt.

*[425]) D. h. verbrennt mehr und mehr, je länger man es im Feuer (bei Luftzutritt) läßt.

*[426]) Essig bildet in Berührung mit Eisen grünes essigsaures Eisenoxydul und dunkel-braungelbes essigsaures Eisenoxyd, gibt also jedenfalls eine Bronzefarbe.

*[427]) Wir nennen solche Gebräuche **Sympathie**, möchten sie aber wohl gegen Rost vergeblich in Anwendung bringen.

*[428]) Sympathetische Mittel.

ihrer Schwere erkennt*[420]). Die Arbeiter waschen den Sand aus und schmelzen Das, was sich zu Boden setzt, in Oefen [fornax]. — Zinn kommt auch in Goldgruben [in aurariis metallis] vor, welche man Alutiä nennt. Das hineingelassene Wasser spült dunkelfarbige, etwas weißfledige Steinchen [calculus] heraus, die so schwer sind wie Gold*[430]), und sie bleiben in den Körben, worin auch das Gold durch Wasch= arbeit gesammelt wird, mit diesem zurück. Gold und Zinnstein werden dann noch gesondert, in Oefen [caminus] geschmolzen, und dort gibt der Zinnstein Zinn [plumbum album]. Blei [plumbum nigrum] kommt in Galläcien nicht vor; dagegen ist das benachbarte Kantabrien reich daran. — Aus dem Zinn [plumbum album] gewinnt man kein Silber, wohl aber aus dem Blei [plumbum nigrum]. Blei läßt sich nicht mit Blei löthen, wohl aber mit Zinn, wozu auch Oel mithelfen muß; dagegen läßt sich Zinn auch nicht ohne Blei löthen [jungere]*[431]). — Das Zinn stand, wie aus Homer zu ersehn, schon zu Troja's Zeiten in Ansehn; er nennt es Kassiteros.

Hist. nat. 34, 17, 48. Verzinnung kupferner Gefäße [stan- num illitum äreis vasis] gibt den Speisen einen besseren Geschmack und schützt vor dem Gift des Grünspans [virus äruginis], ohne die Gefäße schwerer zu machen*[432]). Man hat auch, wie wir schon gesehn, in Brundisium berühmte Spiegel daraus gemacht*[433]). — Jetzt

---

*[429]) Lusitanien (Portugal) und Galläcien (Gallicien in Spanien) möchten wohl den Römern und Griechen gar kein Zinn oder doch wenig geliefert haben; die Hauptmassen des Zinns wurden ihnen jedenfalls aus Britannien gebracht; wir beziehen es von da aus Cornwall und Devonshire, welche sehr reich daran sind.

*[430]) Der Zinnstein findet sich vorzugsweis in kleinen, dunkelfarbigen, etwas glänzenden Kryftallen und Körnern, ist über 2½mal so leicht als Gold, aber doch schwer genug, um von erbigen und steinigen Theilen durch Wasch= arbeit getrennt zu werden. — Die Körbe, von denen die Rede ist, sind zur Wascharbeit dienende dicht geflochtene, wo man keine hölzernen Schüsseln hat.

*[431]) Eine Legirung von Zinn und Blei (Streichloth) schmilzt noch leichter als die genannten zwei Metalle, wenn sie ohne Beimischung sind; dem= nach kann sie als Schnellloth bei beiden zum Löthen dienen. — Bleiplatten schmilzt man aber auch ohne Zusatz von Zinn zusammen. — Das Oel dient, beim Löthen den Zutritt der Luft und somit die Oxydation zu hindern.

*[432]) Wenig schwerer, weil es dünn aufgetragen wird.

*[433]) Bezieht sich auf 33, 9, 45, wo aber gesagt ist, die brundisischen Spiegel wären aus Kupfer und Zinn gemacht worden, also aus Bronze. — Aus bloßem Zinn kann man auch Spiegel machen, aber sie verbiegen sich leicht, wenn sie nicht dick sind.

wird das Zinn verfälscht, indem man ein Drittel lauteres Kupfer**⁴³⁴)
[äs candidum] hinzusetzt. Man verfälscht es auch durch Zusatz von Blei
und mischt beide Metalle zu gleichen Theilen, was manche Leute Silberblei [plumbum argentarium]*⁴³⁵) nennen. Eine Mischung von ²/₃
Blei und 1 Theil Zinn nennt man Drittelblei. Damit werden die
Röhren fester gemacht. Unredliche Leute machen das Drittelblei aus
gleich viel Blei und Zinn, nennen diese Mischung Silberblei und
überkleiden damit was sie wollen. Der Preis von zehn Pfund solcher
Mischung beträgt 60 Denare, von reinem Zinn 80, von unver-
mischtem Blei nur sieben. — Reines Zinn ist trockner, Blei dagegen
durch und durch feucht, ersteres daher ohne Mischung nicht zu brauchen*⁴³⁷). — Man löthet [plumbare] auch Silber nicht mit Zinn,
weil jenes eher schmilzt*⁴³⁸). Man versichert auch, daß Silber von
Zinn angefressen werde, wenn dieses mit zu wenig Blei versetzt
sei*⁴³⁹). — Kupferne Sachen zu überzinnen [album plumbum incoquere äreis operibus], ist eine gallische Erfindung; sie sehen dann
aus wie silbern, und man nennt sie incoctilia. Später hat man auch
in der Stadt Alesia begonnen, in ähnlicher Weise namentlich die Ver-
zierungen an den Geschirren der Last- und Zugthiere zu versilbern
[argentum incoquere ornamentis], in welcher Kunst die Bituriger sich
zuerst hervorthaten. Noch später fingen sie auch an, ihre Streitwagen
und Kutschen auf ähnliche Art zu schmücken; es wurden auch dabei silberne Bilderwerke und mit steigender Verschwendung sogar goldene
Mode, wie man sie früher nur an Bechern gehabt. — Das Zinn
kann man am Papiere prüfen; gießt man es geschmolzen darauf, so
scheint es dasselbe weniger durch seine Hitze als durch sein Gewicht zu

---

*⁴³⁴) Äs candidum ist Kupfer, welches frei von jeder Beimischung ist.
Siehe Anm. 407.

*⁴³⁵) Es geht aus dem Inhalt dieses Abschnittes hervor, daß Plinius nur
einen zu starken Zusatz von Blei zum Zinn für Verfälschung hält. —
Leute, welche sich solcher Verfälschung schuldig machten, nannten ihre Waare
plumbum argentarium, jedenfalls um sie durch diese Benennung zu empfehlen.
— Dagegen ist Blei, welches Plinius selber, 34, 8, 20, plumbum argentarium nennt, sicher durch diesen Ausdruck absichtlich als wirklich silberhaltig
bezeichnet.

*⁴³⁷) Irrige Ansichten von der Natur des Zinns und Blei's. — Zinn
ist übrigens zu vielen Zwecken ohne Zusatz von Blei am besten.

*⁴³⁸) Im Gegentheil schmilzt Zinn und Blei und deren Legirung sehr
viel leichter als Silber.

*⁴³⁹) Unmöglich.

zerreißen* ⁴⁴⁰). — In Indien hat weder Kupfer [äs] noch plumbum, und tauscht beides für Edelsteine [gemma] und Perlen [margarita] ein* ⁴⁴¹).

Hist. nat. 34, 16, 47 sub fin. Blei [plumbum nigrum] wird entweder aus eignen Blei-Erzen [sua vena] gewonnen, die nichts als Blei enthalten* ⁴⁴²); oder es wird aus Erzen [vena] gewonnen, welche aus einer Mischung von Blei und Silber bestehn. Was zuerst aus dem Ofen [fornax] fließt, heißt stannum, was dann folgt, heißt Silber [argentum]; was im Ofen bleibt, ist galena, der dritte Theil des in den Ofen geworfenen Erzes [vena]. Wird die galena nochmals geschmolzen, so gibt sie nach Abgang von zwei Neunteln das Blei* ⁴⁴³).

Hist. nat. 34, 17, 49. Das Blei [nigrum plumbum], welches wir zu Röhren und Blechen verarbeiten, wird in Spanien und Gallien mühsam gegraben, liegt dagegen in Britannien nahe an der Oberfläche des Bodens in solcher Menge* ⁴⁴⁴), daß durch ein Gesetz bestimmt ist, wie viel jährlich gegraben werden darf. Die Bleisorten kommen unter den Namen ovetische, caprarische und oleastrische in Handel, unterscheiden sich aber im Uebrigen nicht, wenn nur die Schlacken [scoria] gehörig herausgeschmolzen [excoquere] sind. Die Bleibergwerke haben die Eigenthümlichkeit* ⁴⁴⁵), daß sie von neuem ergiebig werden,

---

* ⁴⁴⁰) Zinn bedarf zum Schmelzen keine sehr bedeutende Hitze; gießt man es in einen aus Papier, wie wir es jetzt haben, geformten Cylinder, so wird dieser nur gebräunt, aber nicht durchgebrannt.

* ⁴⁴¹) Unter plumbum möchte hier Zinn und Blei gemeint sein. — In unsrer Zeit wird herrliches Zinn in großer Menge von Banka und Malakka bezogen; und Blei wird in Vorder- und Hinterindien zur Genüge gewonnen.

* ⁴⁴²) Aus Erzen, die nichts als Blei enthalten, wird, weil sie unendlich selten sind, kein Blei gewonnen; es kommt aus Erzen, die aus einer Verbindung von Blei und Schwefel bestehn.

* ⁴⁴³) Diese Darstellung der Bleigewinnung ist mitten in Das eingeschoben, was vom Zinn gesagt wird, also durchaus am unrechten Platze, denn die Besprechung des Bleies beginnt erst 34, 17, 49. — Ferner ist die Darstellung so durchaus falsch, daß ich überzeugt bin, sie stamme gar nicht von Plinius, sondern sei ein späteres Einschiebsel, zu dem man gar keine Erklärung schreiben sollte. — Uebrigens möge doch Folgendes bemerkt sein: Das stannum des Plinius zu Anfang von 34, 17, 48, also gleich auf unser Einschiebsel folgend, ist offenbar reines Zinn, ganz wie plumbum album, candidum.

* ⁴⁴⁴) England hat einen unermeßlichen Reichthum an Blei.

* ⁴⁴⁵) Haben sie nicht.

wenn man sie eine Zeit lang ruhen läßt. So wurden die Santarischen Bergwerke in Bätika früherhin für 200,000 Denarien verpachtet, später, nachdem sie geruht hatten, für 255,000. Eben so ist in derselben Provinz das Antonische Bergwerk von einer gleichen Pachtsumme auf 40 Millionen Sestertien gestiegen. — Es ist eine merkwürdige Erscheinung, daß bleierne Gefäße nicht schmelzen, so lange Wasser darin ist*[447]), daß sie dagegen sogleich durchbrennen, wenn in dasselbe Wasser ein Steinchen oder eine Kupfermünze geworfen wird.

Hist. nat. 34, 18, 50. Blei und Blei-Präparate werden zu Heilzwecken gebraucht. — Während es geschmolzen oder geglüht wird, darf man die aufsteigenden Dämpfe nicht einathmen, weil sie schädliche Eigenschaften haben, ja tödtlich wirken können und Hunde sogleich davon sterben. — Gebranntes*[448]) Blei wird gewaschen wie Grauspießglanzerz [stibi] und Galmei [cadmia]. . . . Hist. nat. 34, 18, 51. Auch die Bleischlacke [scoria plumbi] ist im medicinischen Gebrauch; die beste dazu ist gelb und ohne Bleireste, oder sieht aus wie Schwefel und hat keine erdigen Theile. . . . Hist. nat. 34, 18, 52. Man bereitet auch aus Blei eine Art Hüttenrauch [spodion].

Hist. nat. 34, 18, 53. Die Bleiglätte [molybdäna, quam alio loco (33, 6, 31) galenam appellavimus] ist ein Silber und Blei führendes Erz [vena argenti plumbique communis]*[449]). Sie ist desto besser, je goldgelber sie ist, je weniger sie bleiartig ist, je leichter sie zerrieben werden kann, und wenn ihre Schwere nur mittelmäßig ist*[450]). Mit Oel gesotten wird sie leberfarbig. — Sie hängt sich auch in Gold- und Silberöfen an, und solche nennt man die metallische*[451]). — Die beliebteste Glätte wird in Zephyrium bereitet

---

*[447]) Das Metall wird vom Wasser gekühlt.

*[448]) Oxydirtes.

*[449]) Entsteht nur durch künstliche Oxydation des Bleies. — Offenbar hat Plinius keinen rechten Begriff von ihr, wie man sieht, wenn man 33, 6, 31 und 33, 6, 35 vergleicht.

*[450]) Sie ist leichter als regulinisches Blei und Silber und um so mehr, je weniger diese Metalle regulinisch in ihr enthalten sind, und je mehr sie vom Mergel des Treibherdes enthält.

*[451]) Bei Dioscorides muß man die molybdäna für den Herb (siehe oben Anm. 254), d. h. mit Bleiglätte durchdrungenen Mergel, den lithargyros für bloße Bleiglätte erklären. — Plinius macht keinen Unterschied zwischen molybdäna, galena, lithargyros, hatte überhaupt von diesem Gegenstande keine richtige Kenntniß.

[fieri]*[452]). Diejenigen Sorten gelten für die besten, welche am wenigsten erdige und steinige Theilchen enthalten.

Hist. nat. 34, 18, 54. Das Bleiweiß [psimythium, cerussa]
liefern die Bleihütten [plumbariä officinä]; das von Rhodus kommende ist am berühmtesten. Es wird aus den dünnsten Bleispänen
gemacht, welche man über ein Gefäß legt, das den schärfsten Essig enthält, von welchem sie durchdrungen werden. Was davon in den Essig
selbst fällt, wird getrocknet, gemahlen, durchgesiebt, dann wieder mit Essig
gemischt, in kleine Pasten getheilt und dann an der Sonne getrocknet. —
Man macht es auch in andrer Art: legt nämlich Blei in Töpfe, die
mit Essig gefüllt sind und zehn Tage zugedeckelt bleiben; dann schabt
man ab, was sich wie Schmutz angesetzt hat, und wiederholt das Verfahren, bis das Blei verschwunden ist*[453]). Das Abgeschabte wird
zerrieben, gesiebt, auf kleinen offnen Schüsseln geschmolzen und dabei
mit kleinen Kellen umgerührt, bis es roth wird wie Mennige [san-
daracha]*[454]). — Bleiweiß hat dieselben medicinischen Eigenschaften
wie andre Blei Präparate, wirkt aber schneller. Es dient auch den Damen
als Schminke*[455]). — Verschluckt man Bleiweiß, so wirkt es so
tödtlich wie Bleiglätte [spuma argenti]*[456]).

Hist. nat. 34, 18, 55. Die Mennige [sandaracha] findet sich
in Gold- und Silbergruben. Je röther sie ist, desto stärker ist sie,
je reiner und zerreiblicher, desto besser.

Hist. nat. 34, 18, 56. Das Rauschgelb [arsenicum] besteht
aus demselben Stoffe wie Mennige*[457]). Das beste übertrifft an
Schönheit der Farbe das Gold; das blassere, der Mennige [san-
daracha] ähnliche hält man für schlechter*[458]). In einer dritten Sorte
erscheint die Farbe aus Gold und Mennige gemischt*[459]). Die

---

*[452]) Zephyrium in Cilicien.

*[453]) Plinius kennt so wenig wie Theophrast und Dioskorides den vollen
Verlauf der Bleiweiß-Fabrikation. S. Theophr. de lap. 101 u. Diosc. 5, 103.

*[454]) Das Bleiweiß verwandelt sich wirklich, nachdem seine Kohlensäure
durch Hitze ausgetrieben, in Mennige. Siehe oben Anm. 258.

*[455]) Ueber Bleiweiß als Schminke siehe oben Anm. 47.

*[456]) Daß spuma argenti Glätte sei, haben wir Hist. nat. 33, 6, 35
gesehn.

*[457]) Enthält gar nichts von den Stoffen der Mennige, sondern besteht
aus Arsenik und Schwefel.

*[458]) Das der Mennige an Farbe ähnliche arsenicum muß unser Rausch-
roth (Realgar) sein; besteht ebenfalls aus Arsenik und Schwefel.

*[459]) Künstliche Mischung von Rauschgelb und Rauschroth.

verschiednen Sorten haben ein blättriges [squamosus] Gefüge. Sie haben
eine scharfe Wirkung, dienen zum Wegbeizen von Haaren u. s. w.*⁴⁵⁹b)

Hist. nat. 35, 1, 1. Die Malerei [pictura] ist eine Kunst,
die ehemals hoch in Ehren stand und Denjenigen zur Ehre gereichte,
die sie ausübten. Jetzt ist sie von Marmor [marmor] und Gold
so weit verdrängt, daß man mit diesen ganze Wände bedeckt und er-
habene Marmorfiguren auf der Oberfläche ausarbeitet. Es werden auch
steinerne Prunktische in Zimmern aufgestellt, und selbst der Stein
wird bemalt; man gibt dem Numidischen Marmor eiförmige
Flecken, dem Synnadischen purpurrothe.*⁴⁵⁰c)

Hist. nat. 35, 6, 12 bis 23. Natürliche Farben, welche der
Maler braucht, sind Sinopis, Rubrika, Parätonium, Me-
linum, Eretria, Auripigmentum. — Die Sinopis*⁴⁶⁰)
wurde zuerst im Pontus gefunden; sie hat ihren Namen von der dortigen
Stadt Sinope, kommt jedoch auch in Aegypten, auf den Baliarischen
Inseln und in Afrika vor; die beste aber auf Lemnos und in Kappadocien, wo sie aus der Erde gegraben wird. Der am Gestein sitzende
Theil ist der beste. Die Klumpen der Sinopis haben die eigentliche
Farbe inwendig, sind dagegen auswendig fleckig. Es gibt der Farbe
nach drei Sorten: eine vollkommen rothe, eine weniger rothe und eine
dritte, welche zwischen jenen zweien die Mitte hält. Man trägt die
Sinopis mit dem Pinsel auf und braucht sie auch, um Holz damit an-
zustreichen. Die afrikanische hat das stärkste Roth und dient besonders
zu den Wandfeldern, bei denen auch eine in's Braune ziehende zu Grunde
gelegt wird. — Der von Lemnos kommende Röthel [rubrica] steht
höher in Ehren als die übrigen Röthelsorten, und steht dem Zinnober
[minium] am nächsten. Er ward von den Alten sammt der Insel, die
ihn liefert, hoch gepriesen, versiegelt in Handel gegeben, daher auch
Siegelerde [sphragis] genannt. Man mischt ihn unter den Zinnober [minium] und verfälscht diesen damit. Man schätzt ihn auch
in der Heilkunde sehr. — Eine für Gemälde passende Röthelsorte
findet sich in Eisengruben. — Aus solchem Röthel macht man auch die
Gelberde [ochra], indem man den Röthel in neuen, mit Lehm

---

*⁴⁵⁹b) Sie beizen nur den äußeren Theil der Haare weg, und diese wachsen
sogleich aus ihrer Wurzel neu nach.

*⁴⁵⁰c) Marmor läßt sich sehr leicht mit Mineral-- und Pflanzenfarben
färben. — Ueber den Numidischen Marmor siehe unten Anm. 506 b.

*⁴⁶⁰) Eine Sorte von Röthel, schon bei Theophrast und Dioskorides
besprochen.

verftrichenen Töpfen glüht. Je ftärker die Gluth, defto beffer wird die
Farbe*[161]). — Das Parätonium*[162]) hat feinen Namen von
dem ägyptifchen Orte, wo es fich findet. Es foll Schaum des Meeres
fein, der mit Schlamm trocken geworden ift. Man findet auch kleine
Mufcheln darin. Es kommt auch auf Kreta und in Cyrend vor. Es
ift die fettefte weiße Farbe und als Deckfarbe die haltbarfte. — Das
Melinum ift gleichfalls weiß und kommt in befter Sorte von der
Infel Melos; das famifche ift für Maler zu fett. Es wird aus
Gängen gegraben, welche die Felfen durchfchneiden. Wenn es die Zunge
berührt, nimmt es ihr die Feuchtigkeit*[163]). — Die Eretria*[164])
hat ihren Namen von dem Fundort, und ift von den Malern Niko-
machus und Parrhafius benutzt worden. — Die Mennige [fanda-
racha] ift fchon befprochen worden*[165]); es ift hier noch anzumerken,
daß man auch eine falfche aus Bleiweiß [cerussa], die in einem Ofen
geglüht wird, bereitet*[166]). Die Farbe muß flammenartig fein.

Hist. nat. 35, 12, 43. Die Bildnerei [plastice] ift von dem
Sicyonier Butades erfunden worden, welcher Töpfer in Korinth war.
Seine Tochter hatte nämlich beim Scheine einer Lampe das Schattenbild ihres Geliebten an der Wand mit einer Linie umzogen. Nach
diefem Umriß formte der Vater ein Bild aus Thon [argilla], brannte
es mit der übrigen Töpferwaare [cum ceteris fictilibus], und ftellte es dann
zur Schau aus. Diefes Bild foll im Nymphäum aufbewahrt worden
fein, bis Mummius Korinth zerftörte. Nach andren Nachrichten foll
diefe Art Bildnerei fchon viel früher auf Samos erfunden worden und
von da nach Etrurien verpflanzt worden fein. — Butades hat die
Erfindung gemacht, den Thon mit Röthel [rubrica] zu verfetzen,
oder auch aus bloßem rothen Thon [rubra creta] die Bilder zu machen.
Diefer zierte auch zuerft die Dachränder mit menfchlichen Figuren in
Basrelief [prostypon], dann auch in Hautrelief [eotypon].
Solche Kunft nennt man Plaftik, die Künftler felbft Plaften.

*[161]) Die Darftellung ift falfch: Es kann im Gegentheil Röthel durch
Glühen aus Gelberde entftehn. Siehe Anm. 96.

*[162]) Möchte Kreide fein.

*[163]) Es ift eine Eigenthümlichkeit des Thons und des Minerals, welches
wir Meerfchaum nennen, daß fie, wenn felber trocken, der Zunge die Feuchtigkeit entziehn. — Demnach wäre das melinum des Plinius eine Thon-
forte oder Meerfchaum.

*[164]) Wahrfcheinlich eine Thon- oder Mergelforte. Siehe Anm. 295.

*[165]) 34, 18, 55.

*[166]) Solche Mennige ift ganz ächt.

Hist. nat. 35, 12, 44. Die Form des menschlichen Gesichtes durch Gypsguß auf dem Gesichte selbst abzunehmen [gypso exprimere] und dann durch Füllung der so entstandenen Form mit geschmolzenem Wachs noch schöner darzustellen, hat der Sicyone Lysistratus erfunden. So fing er denn auch an, Aehnlichkeiten auszudrücken, während man früherhin nur auf die Schönheit der Bilder sah. Er erfand auch die Kunst, von Bildsäulen Abgüsse zu nehmen, und zwar von thönernen, denn zu jener Zeit wußte man noch keine aus Bronze zu gießen [scientia äris fundendi]. . . . Hist. nat. 35, 12, 45. Chalkosthenes machte auch in Athen Kunstwerke aus Thon, ohne sie zu brennen. Marcus Barro versichert, er habe in Rom einen Künstler Namens Possis gekannt, der [aus ungebranntem Thon] Früchte, Trauben und Fische so vollkommen nachbildete, daß sie von natürlichen nicht durch das Auge unterschieden werden konnten. Er rühmt auch den Arcesilaus, dessen [aus rohem Thon geformte] Modelle [proplasma] zu Bildsäulen von Künstlern theurer bezahlt worden seien, als vollendete Kunstwerke andrer Künstler. Dem römischen Ritter Octavius, welcher ein Mischgeschirr [crater] zu haben wünschte, machte er nur ein Modell dazu aus Gyps und zwar für ein Talent* [467]. — Der berühmte Pasiteles hat den Ausspruch gethan, „die Plastik sei* [468] die Mutter der Getriebenen Arbeit und der Bildgießerei"; auch führte er, der große Künstler, nie etwas aus, ohne vorher ein Modell gemacht zu haben. Barro sagt, „Tarquinius der Aeltere habe einen gewissen Volcanius aus Veji kommen lassen, damit er für's Kapitol eine Bildsäule des Jupiter machen sollte; dieser habe aber eine von gebranntem Thon [fictilis] gemacht, und sie wäre deswegen oft mit Zinnober angestrichen [miniare] worden." Auch die Viergespanne am Giebel des Tempels waren von gebranntem Thon. Von diesem Meister stammt auch der thönerne Hertules in Rom, welcher noch jetzt der Thönerne heißt.

Hist. nat. 35, 12, 46. Auch an andren Orten hat man noch thönerne Bildwerke, und wir opfern auch noch heut zu Tage, trotz unsres großen Reichthums, aus irdnen [fictilis] Schalen. Unsre Thongeschirre [figlinarum opus] sind sehr mannichfaltig; wir heben unsren Wein in thönernen Krügen auf, haben thönerne Röhren für Wasserleitungen und Bäder, aus Thon gebrannte Dachziegeln [imbrex] und Backsteine und zahlreiche auf der Töpferscheibe [rota] gefertigte Waare;

---

* [467]) 1,200 Thaler.
* [468]) Weil sie die Thonmodelle liefert.

deswegen vereinte Numa die Töpfer zur siebenten Innung [collegium figulorum]. Gar Manche haben auch verordnet, daß sie in thönernen Särgen begraben werden sollten. — Die Samischen Thongefäße stehen jetzt als Tischgeschirr in hohem Werth, so auch in Italien die Arretinischen. Ganze Völkerschaften sind durch künstliche Thonarbeiten berühmt geworden, und deren Werke werden über Land und Meer verfahren. In Erythrä stehen zwei große Vasen von Thon, welche wegen ihrer feinen Arbeit als Weihgeschenke aufgestellt sind. — Der Schauspieler Aesopus ließ eine thönerne Schüssel für 100,000 Sestertien machen; der Kaiser Vitellius eine für eine Million Sestertien; um sie zu brennen, ward ein eigner Ofen auf freiem Felde gebaut*[409]).

Hist. nat. 35, 13, 47. Ein erbärmlich scheinender Bestandtheil der Erde, den man nur Staub [pulvis] nennt, findet sich auf den Hügeln von Puteoli*[410]), wird gebraucht, um den Meereswogen Dämme entgegen zu stellen, und wird im Wasser zu einem unverwüstlichen, täglich härter werdenden Steine, besonders wenn er mit Bruchsteinen [cämentum] von Cumä gemischt ist. — Eine Erdart in der Gegend von Cyzikus hat dieselbe Eigenschaft, besteht aber nicht aus lockrem Staube, sondern kann in jeder beliebigen Größe ausgestochen werden, und bildet so Quadern, die in Seewasser gelegt versteinern und dann wieder heraus-

---

*[409]) In unsren Museen stehn zahllose antike, aus griechischem und römischem Boden gegrabene, zum Theil wunderschön gearbeitete und verzierte Kunstwerke, namentlich Gefäße, aus gebranntem Thon. Sehr viele sind auch in Aegypten, Kleinasien, Babylon und Ninive ausgegraben worden. — Die in Griechenland gefundnen Thonwaaren sind alle sehr eisenhaltig, so daß sich der Thon roth gebrannt hat. — Unter den korinthischen Vasen findet man viele, deren Glasur bloß dadurch entstanden, daß man die Gefäße vor dem Brennen mit Theer oder Asphalt bestrich und dieser sich beim Brennen in Kohle verwandelte. — Die andren aufgetragenen Farben sind Metalloxyde. — Es sind auch zu Korinth in einem Grabe drei aus Thon gebrannte Stempel gefunden worden, mit denen man in die frische ungebrannte Waare Figuren drücken konnte. — Jetzt führen elegante Leute bei uns statt der Töpferwaare nur Porzellan, welches jedenfalls edler und schöner ist, dessen Bereitung wohl nur die Chinesen in alter Zeit gekannt haben. — Ob damals Porzellan aus China nach Griechenland oder Italien gekommen, weiß ich nicht. — Dagegen hat Rosellini in einem ganz unberührten ägyptischen Grabe, welches aus den Jahren 1822 bis 1479 vor Chr. stammte, ein Porzellangefäß mit chinesischer Inschrift gefunden, und nach Wilkinson's Angabe enthalten die Ruinen Theben's nicht selten chinesische Gefäße, die zum Theil schon 2000 Jahre vor Chr. dorthin gelangt sein müssen.

*[410]) Wird noch jetzt dort in Menge gegraben und unter dem Namen Pozzuolanerde zu Wasserbauten sehr hoch geschätzt.

gezogen werden. — Eine eben solche Erdart soll bei Kassandrea gegraben
werden, und auch in einer süßen Knidischen Quelle soll Erde binnen
acht Monaten versteinern*[471]). — Von Oropus bis Aulis verwandelt
sich alles vom Meer bespülte Land in Fels.

Hist. nat. 35, 14, 48. In Afrika und Spanien bauen die Leute
sogenannte Formwände [paries formaceus]*[472]), welche ihren Namen
davon haben, daß man Erde zwischen zwei Breter stampft. Mit der
Zeit werden diese Wände so hart, daß sie von Regen, Wind und Feuer
nicht leiden und fester als jeder Bruchstein sind. Solche Wachtthürme,
die Hannibal in Spanien gebaut, sieht man noch jetzt. — Man baut
auch überall Häuser, indem man deren Holzgeflecht mit Lehm [lutum]
bekleibt, oder baut mit Lehmsteinen [later crudus].

Hist. nat. 35, 13, 49. Backsteine [later] werden weder aus
sandigem [sabulosus], noch kiesigem [arenosus], noch steinigem
[calculosus] Erdreich [solum], sondern aus thonigem, weißlichem
oder rothem [sed ex cretoso et albicante aut ex rubrica], oder wenigstens aus sandigem, festen [ex sabuloso masculo]*[473]). Am besten
streicht man die Backsteine im Frühjahr, denn die zur Zeit des Sonnen-
stillstands gemachten bekommen Risse. Zum Häuserbau hält man nur
die zweijährigen für gut. Die Erde, aus der man Backsteine formen
will, muß ganz durchweicht sein. Man unterscheidet drei Sorten von
Backsteinen: die Lydischen, die auch wir anwenden; sie sind anderthalb
Fuß lang, einen Fuß breit; die zweite Sorte heißt Tetradoron, die
dritte Pentadoron; Doron heißt aber bei den Griechen die Handfläche,
und sie haben ihren Namen von den vier oder fünf Handbreiten ihrer
verschiednen Größe. Die Breite ist dieselbe. — In Griechenland nimmt
man zu Privatgebäuden die kleineren, zu öffentlichen die größeren. Zu
Pitane in Asien und in den Städten Maxilua und Calentum im jen-
seitigen Spanien macht man Ziegeln, welche im Wasser nicht untersinken, wenn sie getrocknet sind; sie bestehen nämlich aus einer bimsstein-
artigen Erde, welche sehr brauchbar ist, sofern sie sich kneten läßt*[474]).
Die Griechen geben da, wo man nicht aus festem Stein [silex] bauen
kann, für senkrecht stehendes Mauerwerk den Backsteinen den Vorzug,
weil solches von ewiger Dauer ist. In solcher Weise haben sie öffent-

---

*[471]) Wie in dem Karlsbader Sprudel.
*[472]) Jetzt Pisébau genannt.
*[473]) Fest durch seinen Thongehalt.
*[474]) Zerfallne, mit Asphalt zusammengeklebte Bimssteinmasse.

liche Gebäude und königliche Burgen gebaut, so auch bei Athen die Mauer, welche sich nach dem Hymettus hinzieht, zu Paträ die Tempel für Zeus und Herkules, zu Tralles des Attalus Königsburg, zu Sardes die des Krösus, zu Halikarnassus die des Königs Mausolus, welche sämmtlich noch jetzt stehen. — In Lacedämon ließen Muräna und Varro während ihrer Aedilität den **Kalküberzug** [opus tectorium] von den Backsteinwänden nehmen, faßten ihn wegen seiner trefflichen Malereien in hölzerne Rahmen und brachten ihn nach Rom, um damit das Komitium zu schmücken. Auch in Italien findet sich zu Arretium und Mevania eine Backsteinmauer. In Rom wird nicht mit Backstein gebaut, weil keine Wand von 1½ Fuß Dicke mehr als Ein Stockwerk trägt, und weil es verboten ist, gemeinschaftliche Mauern dicker zu machen.

Hist. nat. 35, 15, 50. Wunderbar sind die Eigenschaften des **Schwefels** [sulphur], mit dem man die meisten andren Dinge überwältigen kann. Er erzeugt sich auf den **Aeolischen Inseln**, welche zwischen Italien und Sicilien liegen, und von deren Brand wir schon gesprochen haben*[175]); der reinste findet sich jedoch auf der Insel **Melos**. In Italien kommt er bei Neapel und Kapua auf den sogenannten Leukogäischen Hügeln vor. Man gräbt ihn daselbst in Bergwerken und reinigt ihn dann mit Hülfe des Feuers. Man kennt vier **Schwefelsorten**: den **rohen** [vivum sulphur], den die Griechen **apyron***[176]) nennen; man gräbt ihn in festen **Klumpen** [gleba], und die Aerzte wenden nur ihn an. Er allein wird gegraben, ist durchscheinend und grünlich*[177]). — Die zweite Sorte wird **Klumpenschwefel** [gleba] genannt und nur von den Waltern gebraucht; die dritte heißt **Egula**, dient nur zum Räuchern der Wolle und macht diese weiß und weich*[178]). Die vierte Sorte dient zu **Schwefelfäden** [ellychnium]. — Anaxilaus hat sich einen Spaß daraus ge-

---

*[175]) Hist. nat. 3, 9, 14.

*[176]) Nicht durch Feuer gewonnen.

*[177]) Durchscheinend sind die natürlichen Schwefelkrystalle, und solche enthalten keine fremdartige Bestandtheile.

*[178]) Das Erzeugniß der Verbrennung des Schwefels heißt jetzt Schweflige Säure, dient zum Bleichen der Wolle. — Dieses Bleichen war ohne Zweifel jedem Römer bekannt, da weiße Wollenkleider allgemein getragen wurden. — Da zum Wollbleichen nur reiner Schwefel, kein in Oel gekochter dienen kann, so halte ich die im lateinischen Text vorkommende (von mir weggelassene) Bemerkung von eingekochtem Schwefel für eingeschoben oder doch an einen andren Platz gehörig.

macht, Schwefel in einem Becher anzuzünden, diesen umherzutragen, und
so sahen seine Gäste schauerlich blaß und wie Leichen aus*[479]).
Hist. nat. 35, 15, 51. Dem Schwefel steht in seinen Eigenschaften der Asphalt [bitumen] nah. Er erscheint, wie ich im fünften
Buche gesagt, in einem See Judäa's obenauf schwimmend, dagegen bei
der Stadt Sidon in Syrien erdig. Beide Sorten werden mit der Zeit
fest. Es gibt aber auch ganz flüssigen Asphalt, wie auf Zakynthus und
bei Babylon, wo sich auch farbloser findet. Auch der Apolloniatische ist
flüssig. Alle diese Sorten nennen die Griechen pissasphaltos, weil sie
wie eine Mischung von Pech und Asphalt aussehen. Er kommt auch
wie flüssiges fettes Oel vor, wird von den Leuten mit Rohrbündeln
gesammelt, an die er sich hängt, wird in Lampen gebrannt und wird
dem Last- und Zugvieh gegen die Räude eingerieben. — Manche rechnen
auch die Naphtha [naphtha]*[480]) zu den Asphaltsorten; allein sie
brennt so gefährlich leicht an, daß man sie lieber gar nicht benutzt. —
Aechter Asphalt muß glänzend und schwer sein*[481]), dabei nur wenig
glatt, sonst ist er mit Pech verfälscht. — Man benutzt den Asphalt als
Arznei, bestreicht auch damit Kupfergeschirre [aeramentum], um sie vor
der Einwirkung des Feuers zu schützen, überzieht und färbt damit bronzene Bildsäulen. In Babylon sind die Mauern mit Asphalt verkittet. In Eisenwerkstätten färbt man Eisen und Nägelköpfe damit
u. s. w.

Hist. nat. 35, 15, 52. Der Alaun [alumen] ist offenbar ein
Erdsalz [salsugo terrä] und kommt in mehreren Sorten vor. Der
Cyprische ist theils weiß, theils dunkelfarbig. Soll die Wolle hellfarbig
werden, so braucht man weißen Alaun; soll sie braun oder sonst dunkel-
farbig werden, so wendet man dunklen Alaun an*[482]). Auch das
Gold wird mit dem dunkelfarbigen Alaun gereinigt*[483]). — Aller
Alaun entsteht aus der Auflösung einer Erdart in Wasser, das heißt
aus einem Stoffe, den die Erde ausschwitzt; er wird im Winter ge-

---

*[479]) Wenn nämlich der Schwefel in einem dunklen Raume brennt.
*[480]) Ist hier wohl das reine, fast wasserklare Steinöl gemeint.
*[481]) Darf nicht schwerer als reines Wasser sein.
*[482]) Reiner Alaun färbt an sich nicht, macht aber viele Farben schöner und
dauerhafter.
*[483]) Das soll wohl heißen: es wird der Oberfläche der Gold-Schmuck-
waaren durch Alaun das Silber und Kupfer entzogen, so daß die Waare dann
rein goldgelb erscheint. — Bloßer Alaun thut es allerdings nicht, wohl
aber eine Mischung von Alaun, Salpeter und Kochsalz.

sammelt und reift *¹⁸¹) im Sommer durch die Sonne * ¹⁸³). Man gewinnt ihn in Spanien, Aegypten, Armenien, Macedonien, dem Pontus,
in Afrika und auf den Inseln Sardinien, Melos, Lipara, Strongyle.
Der beliebteste ist der ägyptische und nächstdem der von Melos. Der
beste klare muß hell und milchig sein, beim Reiben keinen Widerstand
leisten und das Gefühl von Wärme erzeugen. Diese Sorte muß durch
Vermischung mit dem Saft der Granatäpfel dunkelfarbig werden. Die
andre Sorte ist blaß und rauh und wird durch Galläpfel gefärbt; man
nennt diese Sorte auch die unächte [paraphoros]* ¹⁸⁶). Der klare
Alaun wirkt zusammenziehend, härtend, beizend. — Die Griechen nennen
eine Art dichten Alauns, der sich in weißliche haarartige Fäden theilen
läßt, schistos, Andre lieber Trichitis * ¹⁸⁷). Dieser entsteht aus einem
Stein, der auch Kupfer enthält und bei uns Chalcitis heißt und ist eine
verdickte schaumige Ausschwitzung des Steins * ¹⁸⁸). — Es gibt ferner
eine Alaunsorte, die rundliche Stücke bildet, ferner eine schwammige, sich
in jeder Feuchtigkeit leicht auflösende, endlich eine bessere bimssteinartige,
jedoch beim Zerreiben keinen Sand gebende, welche nicht schwarz färbt.
Man glüht sie auf reinen Kohlen, bis sie zu Asche wird * ¹⁸⁹). — Der
Alaun aller genannten Sorten wirkt zusammenziehend; daher sein griechischer Name Stypteria. — Er dient nicht bloß als Heilmittel, sondern auch bei Bearbeitung des Leders und der Wolle, wie schon erwähnt * ¹⁹⁰).

---

* ¹⁸¹) ?

* ¹⁸²) Alaun zeigt sich an dem Alaunstein, dem Alaunschiefer, der Alaun-
erde von selbst als weißer, zarter Anflug, den die Alten wohl ohne Weiteres
durch Wasser ausziehen mochten. — Wahrscheinlich schlugen sie jedoch, um mehr
zu gewinnen, ein etwas umständlicheres Verfahren ein.

* ¹⁸⁶) In der Regel entsteht in den genannten Stein- und Erdarten zu
gleicher Zeit Alaun und Eisenvitriol. — Der Alaun wird von Galläpfeln
nicht gefärbt, wenn er rein ist; wird aber schwarz, wenn er Eisenvitriol enthält.

* ¹⁸⁷) Schistos heißt spaltbar, Trichitis haarig (Federalaun). — Man sehe
unsre Anm. 280.

* ¹⁸⁸) Was Plinius 34, 12, 29 chalcitis nennt, ist Galmei, siehe unsre
Anm. 413. — Was er aber hier so nennt, ist offenbar kein Galmei, sondern
ein Alaunstein, den man wegen seiner vielen Eisenkies-Krystalle und wegen
deren Messingfarbe chalcitis, d. h. Messingstein, nannte. — Was Plinius
über die Aehnlichkeit des natürlichen Alauns mit einer schaumigen Ausschwitzung
sagt, ist richtig.

* ¹⁸⁹) Die Alaunkrystalle enthalten 45½ Procent Wasser; dieses verfliegt, wenn man sie erhitzt, und sie verwandeln sich dabei in Pulver.

* ¹⁹⁰) Man kann das Leder mit Alaun gerben (alaungares Leder); bei der
Wolle dient er zu Verschönerung und Befestigung mancher Farben.

Hist. nat. 35, 16, 53 bis 56. In der Heilkunst werden folgende Erdarten*[491]) gebraucht: Von der Samischen hat man zwei Sorten, wovon die eine Kollyrion, die andre Aster heißt; erstere ist gut, wenn sie frisch und weich ist und an der Zunge klebt*[492]); die andre ist klumpiger und weiß. Beide Sorten werden geglüht und gewaschen. — Die Eretrische Erde kommt in zwei Sorten vor, weiß und aschgrau. Man prüft sie nach der Weichheit und dadurch, daß sie mit Kupfer [äs] gestrichen veilchenblau wird*[493]). — Die Erde von Chios ist weiß und hat dieselben medicinischen Eigenschaften wie die von Samos. — Eben so wird die von Selinus verwendet; sie ist milchweiß und löst sich schnell in Wasser auf. In Milch aufgelöst wird sie den Tünchmitteln zugesetzt. — Die Pnigitis ist der Eretrischen sehr ähnlich, kommt aber in größeren Klumpen vor, ist klebrig, wirkt wie die Cimolische, aber schwächer. — Die Ampelitis ist dem Asphalt ähnlich, löst sich wie Wachs in Oel und behält dabei ihre dunkle Farbe. Sie dient als erweichendes und zertheilendes Mittel, dient auch zum Schwärzen der Haare*[494]).

Hist. nat. 35, 17, 57. Es gibt auch mehrere Arten von weißem Thon [creta]; für Aerzte sind zwei Sorten des Cimolischen wichtig, die weiße und die in's Purpurrothe ziehende. — Besonders berühmt ist der Thessalische Thon; ein eben solcher kommt in Lycien vor. — Der Cimolische Thon wird auch viel bei Bereitung der Kleider verwendet*[495]). Es gilt noch jetzt das unter den Censoren Cajus Flaminius und Lucius Aemilius für die Walker gegebene Gesetz, nach welchem das Kleid zuerst mit Sardischem Thon [creta] ausgewaschen und dann geschwefelt werden muß. Aechte und kostbare Farben werden durch Cimolischen Thon sanfter; für weiße Kleider ist der sogenannte Steinthon [saxum] besser, doch darf er erst nach dem Schwefeln angewandt werden. Andren Farben ist der Steinthon

---

*[491]) Ueber diese Erdarten sehe man oben Theophr. 107 bis 110 und zu Dioscorides unsre Anmerkung 295; auch Plin. 35, 6, 12 bis 23.

*[492]) Ueber das Kleben an der Zunge siehe oben Anm. 463.

*[493]) Kupfer bildet mit Schwefelsäure blaues schwefelsaures Kupferoxyd, mit Salpetersäure ein ebenfalls blaues Oxyd. — Die eine oder die andre dieser Säuren könnte recht wohl in der Eretrischen Erde vorhanden sein.

*[494]) Siehe Anm. 296.

*[495]) Beim Walken der wollenen Kleider, wo er der Wolle das Fett nimmt.

schädlich. — In Griechenland gebraucht man statt des Cimolischen Thones den Thmphaïschen Gyps [gypsum] [100]).

Hist. nat. 35, 17, 58. Die Kreide [creta argentaria] heißt deshalb argentaria, weil sie dem Silber seinen Glanz wieder gibt *[101]). Sie ist auch sehr wohlfeil. Mit ihr bezeichneten unsre Vorfahren die Siegeslinie in der Rennbahn, auch strichen sie mit ihr die Füße der über See eingeführten Sklaven an.

Hist. nat. 36, 1, 1 und 2, ferner 3, 3. Um tausenderlei Sorten von Marmor [mille genera marmorum] zu bekommen und mit ihnen die ausschweifendste Verschwendung zu treiben, hauen wir Berge in Stücke, schleppen diese fort, und bauen ganze Schiffe, in denen wir diese unsre Beute über die wilden Wogen hinwegschaffen. Als Marcus Scaurus Aedil war, wurden 360 Marmorsäulen nach Rom gebracht, um damit ein Theater zu schmücken, das kaum einen Monat lang in Gebrauch sein sollte. Dann wurden die größten dieser Säulen, sogar 38 Fuß hohe von Luculleïschem Marmor, in der Vorhalle des Scaurus aufgestellt *[108]). Schon vor des Scaurus Zeit hatte der Redner Lucius Crassus sechs je zwölf Fuß lange Hymettische Marmor-säulen auf das Palatium zu Rom gebracht, weshalb ihn Marcus Brutus die Palatinische Venus nannte *[109]).

Hist. nat. 36, 5, 4. Die alten griechischen Bildhauer bedienten sich für ihre Kunstwerke sämmtlich des weißen Marmors von der Insel Paros [candidum marmor e Paro insulu]; man nennt diese Steinart jetzt auch Lychnitis, und Varro glaubt, dieser Name sei da-durch entstanden, daß er bei Lampenschein gebrochen wird. — Späterhin hat man viel weißeren Marmor entdeckt, namentlich auch erst kürzlich in

---

*[100]) Der nach dem Schwefeln gebrauchte Thon und Gyps sollte wohl nur den Kleidern eine weißere Farbe verleihen.

*[101]) Man putzt Silber, das durch Berührung von Schwefel oder Schwefeldünsten dunkelfarbig geworden und seinen Glanz verloren, mit Kreide — Ob die Römer unter creta Thon oder Kreide meinen, ist immer erst aus dem Zusammenhang des Gesagten zu entnehmen.

*[108]) Der Luculleïsche Marmor war schwarz; siehe unten Hist. nat. 36, 6, 8. — Jetzt bezieht man schwarzen Marmor (Lukullan) aus verschiedenen Ländern, Frankreich, Belgien, dem Fichtelgebirge, Schweden, Rußland u. s. w.

*[109]) Die Säulen waren vom Berg Hymettus bei Athen. — Der Marmor des Hymettus ist graulichweiß, daher passender zu Säulen und Bauten als zu Bildsäulen.

den Lunensischen Steinbrüchen [Lunensium lapicidinä] * 500). —
Die Bildhauerkunst ist älter als die der Maler und Bildgießer,
die beide erst mit Phidias in Aufnahme kamen, welcher übrigens auch
in Marmor gearbeitet haben soll, und namentlich soll die ausgezeichnet
schöne Venus im Palast der Octavia zu Rom von ihm stammen. Gewiß ist, daß er der Lehrer des berühmten atheniensischen Bildhauers
Altamenes und des Pariers Agorakritos war. — Daß Phidias bei
allen Völkern, welche den Olympischen Jupiter dem Rufe nach
kennen, hoch berühmt ist, steht außer allem Zweifel. Von ihm stammt
auch die Pallas zu Athen, welche 26 Ellen hoch ist und die nur * 501)
aus Elfenbein und Gold besteht, und auf deren Schilde der Kampf
der Amazonen und der Kampf der Götter gegen die Giganten abgebildet
ist, während man auf den Sandalen den Kampf der Lapithen und Cen-
tauren erblickt. Am Fußgestell ist in halb erhabner Arbeit die Erschaf-
fung der Pandora zu sehn, um welche 20 Gottheiten stehn. — Vom
Praxiteles, der in der Bearbeitung des Marmors den höchsten Grad
der Vollkommenheit erreichte, ist schon bei der Bildgießerei die Rede
gewesen. Seine auf Knidos stehende Venus übertrifft alle Bildhauer-
arbeiten des ganzen Erdkreises. König Nikomedes wollte sie den Kni-
diern für den ganzen Betrag ihrer Staatsschuld, die sehr bedeutend
war, ablaufen; allein sie lehnten sein Anerbieten ab. Von Praxiteles
stammt auch der Cupido, um dessentwillen man ehemals Thespiä besuchte, auch ein eben so berühmter Kupido in Parion, einer Kolonie in
der Propontis. Viele seiner Werke stehen jetzt in Rom. — Der Sohn
des Praxiteles, Cephissodotus, war auch zugleich der Erbe seiner
Kunst; — beider Nebenbuhler war Skopas, von welchem außer vielen
andren Kunstwerken auch die Venus im Tempel des Brutus Kallätus stammt,
welche die Venus des Praxiteles noch übertrifft. — Die Nebenbuhler des
Skopas waren Bryaxis, Timotheus und Leochares, und diese
vier schmückten gemeinschaftlich das Mausoleum mit getriebner Arbeit.
Dieses gehört zu den sieben Wundern der Welt, was es vorzugsweis den genannten Künstlern verdankt. Es ist das Grabmal, welches Artemisia ihrem
Gatten Mausolus, König von Karien, errichten ließ. Dieses Grabmal hat
einen Umfang von 440 Fuß, eine Höhe von 25 Ellen und ist von 36
Säulen umgeben. Es erhebt sich über dem Grabmal eine Pyramide,

---

* 500) Von der Stadt Luna benannt, jetzt Marmor von Carrara. — Der
Parische und Carrarische Marmor steht noch immer im höchsten Ansehn.
* 501) ? — Ohne Zweifel nur mit Elfenbein und Gold belegt.

welche 24 Stufen hat und auf ihrem Gipfel ein aus Marmor von
dem Künstler Pythis gearbeitetes Viergespann trägt. Dieses mit-
gerechnet beträgt die Höhe des Ganzen 140 Fuß. — Ein in höchsten
Ehren stehender Künstler war ferner Lysias, wie man z. B. aus dem
Umstande ersieht, daß der vergötterte Augustus ein von jenem gearbeitetes Kunstwerk auf dem Palatium in einem eignen, mit Säulen ge-
schmückten Tempelchen aufstellte. Es besteht aus einem Viergespann
sammt dem Wagen und Apollo nebst Diana, Alles aus einem einzigen
Steine gearbeitet. — Ein Marmorwerk, welches allen Gemälden und
gegossenen Bildern vorgezogen werden muß, ist der Laokoon, welcher
im Hause des Kaisers Titus steht. Drei große Künstler von Rhodus,
Agesandrus, Polydorus und Athenodorus, haben diesen Laokoon sammt seinen Söhnen und der sie wunderbar umwindenden Schlange
aus einem einzigen Marmorblocke dargestellt *302).

Hist. nat. 36, 6, 5. Viele Bearbeiter des Marmors [mar-
moris sculptores] sind berühmt geworden; indeß muß ich bemerken,
daß man anfangs keinen Werth auf den gefleckten Marmor gelegt
hat *303). Die Künstler bearbeiteten den Marmor von Thasos, einer
Cykladen-Insel, auch den etwas bläulichen von Lesbos. Menander
spricht zuerst von buntem Marmor und überhaupt von der Bearbeitung des Marmors, übrigens spricht er doch nur wenig davon, so
sorgfältig er im Uebrigen Gegenstände des Luxus erwähnt. Anfangs
nahm man bunten Marmor nur zu Tempelsäulen. Mit solchen Säulen
begann man in Athen den Tempel des Olympischen Zeus zu bauen,
aus welchem Sylla die Säulen nach Rom für den Tempel des Kapitols gebracht hat. — Homer erwähnt den Marmor noch nicht als
Schmuck der Gebäude, dagegen nennt er als Schmuck der Königspaläste
Elfenbein, Kupfer, Gold, Bernstein, Silber. — Wenn ich
nicht irre, haben zuerst die Steinbrüche von Chios 303b) bunten
Marmor geliefert, und man hat daraus Mauern gebaut, über welche

---

*302) Dieses großartige, unübertrefflich schön gearbeitete Meisterwerk ist im
Jahr 1506 nach Chr. bei Sette-Sala ohnweit Rom gefunden und vom Pabst
Julius II. in die Sammlung des Vatikan gestellt worden.

*303) Zur Darstellung von Menschen und Thieren eignet sich nur
einfarbiger, namentlich weißer, ausnahmsweis auch schwarzer Marmor; der
einfarbige eignet sich auch zu jedem andren Kunstwerke, der bunte jedoch auch
trefflich zu manchen Denkmälern und namentlich zu Säulen und Bauten.

*303b) Die Insel Chios hat auch späterhin große Marmor-Monolithen ge-
liefert; so die Säule, welche Paul V. vor der Kirche St. Maria Maggiore
aufstellen ließ, 49 Fuß 3 Zoll hoch, unten 5 Fuß 8 Zoll dick.

Cicero Witze gemacht hat. Sie wurden nämlich aller Welt als etwas Wunderschönes gezeigt; Cicero aber sagte: „Ich würde sie noch mehr bewundern, wenn ihr sie aus Tiburtischem Stein [Tiburtinus lapis] gebaut hättet" *[304]). Er hatte nicht unrecht; denn die Wandmalerei würde nicht zu hohen Ehren gelangt sein, wenn man gewohnt gewesen wäre, aus buntem Stein zu bauen.

Hist. nat. 36, 6, 6. Die Kunst, Marmor in Platten zu schneiden [secare in crustas], ist meines Wissens in Karien erfunden. So viel ich finde, ist nämlich das Gebäude des Mausolus zu Halikarnassus zuerst mit Marmorplatten belegt worden, und zwar mit Prolonnesischen; die Wände selbst bestanden aus Backstein. Mausolus starb im zweiten Jahre der 107. Olympiade *[305]). . . . Hist. nat. 36, 6, 7. Nach Angabe des Cornelius Nepos war der römische Ritter Mamurra aus Formiä der Erste, welcher in Rom sein ganzes Haus, auf dem Cälischen Berge, mit Marmorplatten belegte [crustâ marmoris operire]. Er hatte auch in seinem ganzen Hause nur Säulen, welche durch und durch aus Karystischem und Lunensischem Marmor bestanden *[306]).

Hist. nat. 36, 6, 8. Marcus Lepidus, der Amtsgenosse des Quintus Catulus im Konsulat, legte zuerst in seinem Hause Schwellen von Numidischem Marmor *[306b]); sein Konsulat fällt in das 676. Jahr Rom's *[307]). Dies ist die erste Spur der Einführung Numidischen Marmors, welche ich finde; es waren keine Platten, sondern massive Werkstücke. — Vier Jahre nach diesem Lepidus war Lucius Lucullus Konsul, von welchem der Lucullēische Marmor seinen

---

*[304]) Tiburtischer Stein ist der bei Rom lagernde einfarbige Kalktuff, ein für die Bauten Rom's von jeher äußerst wichtiger Stein, der jetzt Travertin heißt.

*[305]) Im Jahre 351 vor Chr.

*[306]) Karystos, Stadt am Süd-Ende Euböa's.

*[306b]) Im ehemaligen Numidien hat man, seit die Franzosen es (Algerien) besitzen, zu Filfila (Philippeville) hart am Meere Steinbrüche gefunden, deren ungeheure Weite auf starke, Jahrhunderte dauernde Ausbeutung im Alterthum hinweist. — Der dasige treffliche Marmor ist theils rein weiß, theils weiß mit blauen Flecken, theils ganz blaugrau. In den Steinbrüchen sieht man noch in alter Zeit bearbeitete, aber nicht vollendete Säulen, Kapitäle, ein Grabmal, und in der Gegend hat man nicht wenige antike, schöne, aus dem dasigen weißen Marmor gearbeitete Bildsäulen ausgegraben. Seit dem Jahr 1855 werden diese Steinbrüche von einer zu Marseille gebildeten Gesellschaft ausgebeutet.

*[307]) Jahr 78 vor Chr.

Namen hat; er hatte eine große Vorliebe für ihn und brachte ihn zuerst nach Rom, obgleich seine Farbe schwarz ist. Er kommt von der Insel Melos und ist beinahe der einzige, welcher nach einem Manne, der ihn hoch schätzte, benannt ist. — Um dieselbe Zeit war, wie ich glaube, die Bühne des Scaurus die erste, welche Marmorwände hatte, doch bin ich nicht im Staude zu sagen, ob sie nur mit geschnittnen Tafeln belegt oder aus polirten Quadern [solidis glebis politum marmor] aufgeführt waren; jedenfalls ist jetzt der Tempel des Donnernden Jupiter so gebaut.

Hist. nat. 36, 6, 9. Das Zersägen des Marmors geschieht nur scheinbar mit Eisen, eigentlich mit Sand [arena], indem die Sägeklinge die Sandkörner hin und her schiebt und so den Stein durchschneidet. Sand aus dem Negerland wird für den besten zu diesem Zwecke gehalten. Man holt sogar für denselben Gebrauch Sand aus Indien, jedoch ist er minder gut, denn er gibt eine rauhere Schnittfläche, während der Negersand eine glatte gibt, weil er weicher ist. Einen ähnlichen Fehler hat auch der Sand von Naxos und der Koptische, welcher auch Aegyptischer heißt. — In späterer Zeit ist auch ein trefflicher Sand am Adriatischen Meere entdeckt worden, doch ist die Stelle nicht leicht zu finden, weil sie nur von der Ebbe bloßgelegt wird. — Betrügerische Arbeiter schneiden jetzt auch mit jeder Art Flußsand. — Je gröber der Sand ist, desto weiter und rauher wird der Schnitt, wodurch die Platten an Dicke verlieren. — Zum Poliren [polire] wird Thebaïscher Sand* 508) oder gepülverter Porus [porus] oder Bimsstein [pumex]* 509) verwendet.... Um Marmorbilder [signum e marmore] zu poliren, auch um Edelsteine [gemma] zu schneiden [scalpere] und zu poliren, hat man lange den Smirgel [naxium] verwendet, so heißen Wetzsteine [cos] von der Insel Cypern; später hat man aus Armenien kommende vorgezogen* 510).

---

* 508) Der Thebaïsche Sand möchte wohl unser Tripel sein, den Süd-Europa noch jetzt zum Theil aus Tripolis bezieht, wovon er seinen Namen hat.

* 509) Der hier genannte porus ist jedenfalls dem Bimsstein ähnlicher vulkanischer Tuff. — Dieser und Bimsstein dienen noch jetzt fein gepülvert zum Poliren. — Bei Theophrast 15 ist der porus wohl eine Marmorsorte.

* 510) Unter naxium ist jedenfalls unser Smirgel zu verstehn. — Zum Poliren desjenigen marmor, den auch wir so nennen, genügt Tripel, — zum Poliren des festen marmor, den wir Granit, Porphyr, Syenit, Gabbro nennen, ist anfänglich Smirgel und nach diesem Tripel gut zu verwenden. — An beiden Politurstufen konnte es den Griechen und Römern

Hist. nat. 36, 7, 11. Die Sorten und Farben des Marmors sind so bekannt, daß sie nicht erwähnt zu werden brauchen; es wäre auch wegen ihrer großen Menge nicht leicht. Die vorzüglichsten habe ich bei Nennung der Länder angegeben. — Manche Marmorsorten werden in offnen Steinbrüchen, andre unter der Erde gebrochen, wie die Lacedämonische grüne, welche freundlicher als andre aussieht[311]), ferner die Augustische und Tiberische, welche erst unter der Regierung des Augustus und Tiberius in Aegypten entdeckt wurden. Beide unterscheiden sich vom Ophit [ophites], der Flecken wie Schlangen und davon auch seinen Namen hat, dadurch, daß sich bei ihnen die Flecken in verschiedner Weise gruppiren, nämlich beim Augustischen wellenförmig, kraus und spitzig, beim Tiberischen zerstreut, ohne kraus zu sein[312]). Uebrigens hat man den Ophit nur in sehr kleinen Säulen, und man unterscheidet weichen, der weiß, und harten, der schwärzlich ist. — Der Porphyrit [porphyrites], ebenfalls aus Aegypten, ist roth, und heißt Leptopsephos, wenn er weiße Punkte hat. Die Steinbrüche liefern ihn in jeder beliebigen Größe[313]). Bildsäulen aus solchem Porphyrit hat Cl. Vitrasius Pollio dem Kaiser Claudius nach Rom geschickt, woselbst sie jedoch nicht gefielen[314]). — Die Aegypter beziehen aus dem Negerland den Basanit [basanites], welcher

---

nicht fehlen. — Smirgel liefert nicht bloß Naxos in Menge, sondern auch Kleinasien, dessen zu Gumuschdagh und zu Kulah befindliche Smirgelgruben offenbar schon im hohen Alterthum benutzt wurden. Der Smirgel bildet daselbst Massen bis zum Gewicht mehrerer Tonnen.

[311]) Kann Serpentin sein, siehe Anm. 58. — Noch jetzt nennt man schönen dunkelgrünen, mit weißem Kalkstein gemischten Serpentin Marmo verde antico, auch Verdello, ferner den schönen, durch Labradorkrystalle bunten, im Peloponnes mächtige Ablagerungen bildenden Porfido verde antico. Siehe eben Anm. 146.

[312]) Daß unter hartem ophites wahrscheinlich unser Granit zu verstehn, ist Anm. 146 gesagt. — Der Augustische und Tiberische Marmor möchten ähnliche gemengte Gesteine sein, wie sie in Oberägypten häufig neben regelmäßigem Granit vorkommen.

[313]) Während der harte Orbit ohne Zweifel der sogenannte schwarze ägyptische Granit von Syene ist, welcher schwarze und weiße Flecken hat wie der Bauch der Ringelnatter oder Viper, so ist dagegen der Porphyrit sicher der schöne sogenannte rothe Granit von Syene: aus beiden bestehn zahlreiche, zum Theil riesige Prachtwerke des alten oberägyptischen Theben's.

[314]) Ueber Marmorsorten und andre zu schönen Denkmälern dienende Steine, welche den alten Griechen und Römern zu Gebote standen, ist schon eben Anm. 54 und 146 gesprochen.

die Farbe und Härte des Eisens besitzt. Der größte bis jetzt bekannte ist vom Kaiser Vespasian als Weihgeschenk in den Tempel des Friedens gelegt worden. Er stellt den Nil mit 16 um ihn spielenden Kindern vor. Ein ähnlicher soll zu Theben im Tempel des Serapis als ein der Bildsäule Memnon's geweihetes Denkmal stehn und täglich tönen, wenn er von den Strahlen der aufgehenden Sonne getroffen wird *⁵¹⁵). Hist. nat. 36, 7, 12. Den Alabaster [onyx], welchen man auch alabastrites nennt, glaubten unsre Vorfahren nur aus den Gebirgen Arabiens beziehen zu können *⁵¹⁶); Sudines behauptet, er finde sich auch in Karmanien. Anfangs machte man daraus Trinkgefäße, dann auch Füße zu Bettgestellen und Sesseln. Nepos Cornelius berichtet, daß aus Alabaster gefertigte Amphoren, welche Publius Lentulus Spinther zeigte, große Bewunderung erregt, da sie die Größe Chiischer Fässer hatten; fünf Jahre später habe er Alabastersäulen von 32 Fuß Höhe gesehn. Späterhin nahm die Zahl solcher Säulen zu: Cornelius Balbus stellte deren vier in seinem Theater auf, die noch für ein großes Wunder gelten; ich selbst sah dann 30 größere in einem Speisesaale, den sich Kallistus, der mächtige Freigelassene des Kaisers Claudius, hatte bauen lassen. . . . Hist. nat. 36, 8, 12. Man benutzt auch den Alabaster zu Salbenbüchsen, weil sich die Salben in ihm am längsten gut erhalten sollen. — Gebrannt dient der Alabaster zu Pflastern [emplastrum]. — Jetzt bezieht man ihn aus dem Aegyptischen Theben und aus der Gegend von Damaskus in Syrien; jener ist weißer als die andren Sorten. Der beste findet sich jedoch in Karmanien, nächst-

---

*⁵¹⁵) Der Basanit des Plinius ist jedenfalls Basalt. — Dieser findet sich nebst Trachyt und Lava in Abyssinien sehr häufig. — Ueber Basalt zwischen Syene und Philä vergleiche man oben Anm. 233ᵇ; — über die tönende Bildsäule im alten oberägyptischen Theben haben wir Genaueres bei Strabo 17, 1 gehabt. — Die Bildsäule des Nil mit den 16 spielenden Kindern ist in neuer Zeit wiedergefunden worden und wird im Vatikan aufbewahrt.

*⁵¹⁶) Arabien und Syrien liefern jetzt meines Wissens keinen Alabaster; jedoch hat Fresnel einige Alabaster-Vasen aus der Sinaï-Halbinsel mitgebracht. — Jetzt liefert Florenz, Volterra, Livorno, Mailand ausgezeichnete Alabasterwaaren, zu welchen auch wohl aus Tyrol Alabaster bezogen wird, der sehr schön ist; zu Volterra in Toskana ist die Bearbeitung des Alabasters jedenfalls sehr alt; jetzt rechnet man, daß sie daselbst 7000 Menschen ernährt. — In den letzten Jahren hat sich auch die Fabrikation sehr schöner Alabasterwaaren in Ruhla und Waltershausen einheimisch gemacht; den Stoff dazu liefern namentlich die großen Alabasterfelsen von Kittelsthal und andren in der Nähe gelegenen Orten.

dem in Indien, Syrien, Kleinasien; der schlechteste und zugleich glanzlose ist der von Kappadocien*[317]). — Man schätzt vorzugsweis den honigfarbnen, den mit spitz zulaufenden Flecken und den undurchsichtigen; für fehlerhaft hält man die Hornfarbe, ferner die weiße und glasige. Hist. nat. 36, 8, 13. Viele Leute versichern, der auf Paros sich findende Lygdinische Stein sei zur Aufbewahrung von Salben fast eben so gut*[318]). — Zwei andre Steinarten sind trotz ihrer entgegengesetzten Eigenschaften ebenfalls sehr geschätzt*[319]): erstens der in Kleinasien vorkommende Korallitische Stein, welcher sich nicht über zwei Ellen groß findet, fast die Farbe des Elfenbeins und überhaupt mit diesem Aehnlichkeit hat*[320]); zweitens der Alabandische Stein, welcher von seinem Fundort den Namen hat, wiewohl er auch bei Milet vorkommt; er ist schwarz, spielt aber bei näherer Betrachtung in's Purpurrothe, wird im Feuer flüssig und zur Glasbereitung geschmolzen*[321]). — Der Thebaïsche Stein hat eingesprengte Gold-

---

*[317]) Obgleich der Alabaster vergänglicher ist als Marmor, gebrannter Thon und Bronze, so hat man doch noch viele aus ihm bestehende antike Kunstwerke. Unter diesen zeichnen sich die mit trefflich gearbeiteten Figuren gezierten Graburnen aus, welche zu Volterra im Rathhaus nebst andren etrurischen Alterthümern aufbewahrt werden; das großartigste Alabaster-Kunstwerk des Alterthums ist ein Sarg, den Belzoni in einem ägyptischen Königsgrabe entdeckt; er besteht aus sehr schöner, nur 2 Zoll dicker, durchscheinender Masse, ist 9 Fuß 5 Zoll lang, 3 Fuß 7 Zoll breit, an der Innen- und Außenwand mit mehreren hundert kunstvoll ausgearbeiteten erhabenen Figuren bedeckt, welche einen Leichenzug mit allen religiösen Symbolen der Bestattung darstellen. Der Sarg war leer, der Deckel lag zerbrochen in der Nähe.

*[318]) Der Lygdinische Stein ist wohl Marmor. — Daß man Salben, die, wie wir in der „Botanik der alten Griechen und Römer" gesehn, für die Alten ganz unentbehrlich waren, in Büchsen von Alabaster oder Marmor aufhob, hatte jedenfalls seinen Grund darin, daß sie gut aussahen, die Salben unverändert ließen, daß sich die Masse leicht drechseln und namentlich der Deckel so drechseln ließ, daß er genau paßte, ferner darin, daß Alabaster und Marmor durch Salben nicht leiden. — In Bronzebüchsen dagegen hätten die Salben durch ihr Oel bald Grünspan angesetzt, auch wäre es schwer gewesen, den Deckel so zu schleifen, daß er ganz genau gepaßt hätte. Die letztere Schwierigkeit wäre auch bei irdnen Büchsen eingetreten.

*[319]) Ist jedenfalls gemeint: „zu Salbenbüchsen geschätzt".

*[320]) Wahrscheinlich unser Meerschaum.

*[321]) Alabanda liegt in Karien. — Der Stein möchte ein zu eleganten kleinen Salbenbüchschen dienender Rauchtopas sein, da Plinius 37, 2, 9 sagt: „der schlechteste Bergkrystall findet sich bei Alabanda." — Jedenfalls paßt an unsrer Stelle, was von der Farbe, von dem Schmelzen in die Glas-

flitter, findet sich in dem zu Aegypten gehörenden Theile Afrika's und eignet sich zu Reibschalen für Augensalben.* [522]. — In der Land-schaft Thebaïs wird bei Syene der Syenit [syenites] gefunden, welcher ehedem pyrrhopöcilos hieß * [523]).

Hist. nat. 36, 8, 14. Ehedem haben die Könige Spitzsäulen [trabs], welche sie Obelisten [obeliscus] nannten, um die Wette gebaut und sie der Sonne geweiht. Der Erste, welcher einen Obelisten errichtete, war Mesphres, König von Heliopolis [solis urbs]; er ließ darauf mit ägyptischen Buchstaben eine Inschrift anbringen, welche be-zeugt, daß er den Obelisten in Folge eines Traumes herzustellen be-schlossen. In derselben Stadt hat Sesothes deren vier von je 48 Ellen Höhe aufgestellt, Rhamses aber einen von 140 Ellen. Als er von da wegzog, errichtete er noch einen an der Stelle, wo die königliche Burg des Mnevis gewesen war; diese Säule war zwar nur 120 Ellen hoch, aber unten hatte jede Seite die bedeutende Länge von elf Ellen. . . . Hist. nat. 36, 9, 14. An dieser Säule sollen 120,000 Menschen gearbeitet haben. Wie späterhin Kambyses die Stadt eroberte, ließ er diese abbrennen, doch so, daß der wundervolle Obelisk geschont werden mußte. Außer ihm sind noch zwei andre dort, der eine von Smarres, der andre von Phios aufgestellt, doch ohne Zeichen daran und jeder 48 Ellen hoch. Einen 80 Ellen hohen, welchen König Nekthebis zu-hauen ließ, stellte König Ptolemäus Philadelphus in Alexandria auf; allein die Herabschaffung auf dem Nil und seine Aufstellung machte mehr Mühe, als die Bearbeitung des Steines selbst gekostet hatte. Kallixenos sagt, „den Transport hätte ein Phönicier besorgt. Dieser hätte vom Nil aus einen Kanal bis unter den Obelisten graben lassen, dann zwei breite Schiffe an den Obelisten gebracht, auf sie so viele fußgroße Steine legen lassen, daß sie zusammen doppelt so viel gewogen als der Obelisk, wodurch sich die Schiffe gesenkt hätten, so daß sie unter ihn gebracht werden konnten. Dort hätte man die kleinen Steine entfernt, die Schiffe hätten sich gehoben und nun den Obelisten getragen. Er wäre dann bei dem Denkmal der Arsinoë auf sechs Quadern aus demselben Ge-

---

masse und ferner gesagt ist, „er habe Eigenschaften, welche denen des Merallits entgegengesetzt sind."

* [522]) Vielleicht Serpentin mit eingesprengtem Glimmer.

* [523]) Pyrrhopoikilos heißt „rothbunt". — Dieser Syenit des Plinius ist jedenfalls wie dessen Porphyrit, was „Purpurstein" bedeutet, der rothe Granit von Syene; siehe Anm. 513.

birge gestellt worden, und der Künstler hätte 60 Talente*⁵²⁴) dafür erhalten." Später brachte ihn ein Statthalter Aegyptens mit Namen
Maximus, weil er den Schiffswerften im Wege war, auf den Marktplatz, schlug ihm aber die Spitze ab, weil er eine goldne darauf setzen
wollte, was jedoch nicht zur Ausführung kam. — Zwei andre, je 42
Ellen hoch, die König Mesphres hat hauen lassen, stehen in Alexandria
am Hafen bei dem Tempel Cäsar's. — Der Transport ägyptischer Obelisken nach Rom hat viele Schwierigkeiten gehabt; die dazu bestimmten
Schiffe waren ganz eigenthümlich gebaut. — Der Obelisk, welchen
Augustus im Großen Cirkus aufstellte, stammte vom König Semenpserteus,
unter dessen Regierung Pythagoras in Aegypten war; er ist 85³/₄ Fuß
hoch und steht auf Quadern desselben Gesteins. — Der neun Fuß kleinere
auf dem Marsfelde stammt von Sesothis. Beide tragen Inschriften,
welche sich auf die Naturwissenschaften der Aegypter beziehn. . . . Hist.
nat. 36, 11, 15. Ein dritter steht zu Rom im Batikanischen Cirkus
des Kaisers Cajus und Nero; nur dieser ist beim Aufstellen zerbrochen.
Er stammt von Nunkoreus, dem Sohne des Sesosis. Derselbe hat
auch einen von 100 Ellen Höhe ausarbeiten lassen.

Hist. nat. 36, 12, 16. In Aegypten stehen auch die Pyramiden [pyramis], theils fertig, theils unvollendet: Eine steht im Bezirk Arsinoïtes, zwei im Memphitischen ohnweit des Labyrinthes; eben
so viele stehen im See Möris, sollen aber jetzt nur mit den Spitzen
aus dem Wasser hervorragen; die übrigen drei sind weltberühmt und
stehen nach Afrika hin auf einem felsigen, unfruchtbaren Berge bei dem
Städtchen Busiris zwischen der Stadt Memphis und dem sogenannten
Delta.

Hist. nat. 36, 12, 17. Vor diesen drei Pyramiden steht die
noch mehr bewundrungswerthe Sphinx, eine Gottheit der Einwohner,
aus dem Felsen des Platzes selbst gehauen. Das Gesicht des Unge-
heuers ist mit Röthel [rubrica] angestrichen. Der Kopf hat, an der
Stirn gemessen, einen Umfang von 102 Fuß; die Länge der Beine beträgt 143 Fuß, die Höhe vom Bauche bis zur obersten Locke des Kopfes
61½. — Die größte Pyramide besteht aus arabischen Steinen*⁵²⁵);
an ihr sollen 360,000 Menschen 20 Jahre lang gearbeitet haben. —

---

*⁵²⁴) 60,000 Thaler.
*⁵²⁵) Man vergleiche oben Anm. 27. — Unter arabischen Steinen ver-
steht Plinius wahrscheinlich die zur Bekleidung dienenden Marmor- und
Granitplatten.

Von den vielen Schriftstellern, welche von den Pyramiden handeln, weiß keiner bestimmt, wer sie gebaut hat. Einige derselben geben an, daß dabei allein für Rettig, Knoblauch und Küchenzwiebeln 4500 Talente *³²⁶) verzehrt worden sind. — Spuren von der Erbauung sind nicht mehr vorhanden; rings herum liegt weit und breit nur linsenförmiger Sand *³²⁷).

Hist. nat. 36, 12, 18. Auf der Insel Pharos steht am Hafen von Alexandria der vom Knidier Sostratos erbaute Leuchtthurm, dessen Flammen bei Nacht den Schiffen als Zeichen dienen. Jetzt hat man noch mehrere solche Leuchtthürme, z. B. vor Ostia und Ravenna.

Hist. nat. 36, 13, 19. Das Labyrinth [labyrinthus] im Herakleotischen Bezirk Aegyptens soll vor 3000 Jahren von König Petesuchus erbaut sein. Nach Herodot's Angabe ist es von zwölf Kö- nigen erbaut. Die Meisten glauben, es sei ein Sonnentempel. — Nach dessen Muster erbaute Dädalus sein Labyrinth auf Kreta, jedoch hundertmal kleiner; es enthält eine Menge krummer Gänge, Gegengänge und unentwirrbare Windungen; darin sind, um die Verwirrung zu ver- größern, zahlreiche Thüren. — Ein drittes Labyrinth ist auf Lem- nos, ein viertes in Italien erbaut worden. Alle sind mit Gewölben aus polirtem Stein gedeckt, das Aegyptische am Eingang mit Pa- rischem Marmor, während die Säulen und übrigen Theile des Bau- werks aus Syenit [syenites] *³²⁹) bestehn. Die Steinmassen sind so gefügt, daß selbst Jahrhunderte nichts daran ändern können, obgleich die Herakleopoliten, denen das Werk verhaßt ist, sich viel Mühe gegeben, es zu zerstören. Eigentlich besteht es aus 30 verschiedenen weitläuftigen Gebäuden, deren jedes einen Namen der 30 Bezirke Aegyptens führt; ferner enthält es die Tempel aller ägyptischen Gottheiten und mehrere Pyramiden von 40 Ellen Höhe, deren Grundflächen je sechs Morgen Landes decken. Durch diese Menge von Gebäuden ist man schon ganz ermüdet, wenn man zu den Irrgängen gelangt. Die Speisesäle liegen hoch wie auf Hügeln; dann steigt man Hallen hinab, deren jede 90 Stufen hat, und inwendig stehn Säulen aus Porphyrit *³²⁹), Götter- bilder, Bildsäulen der Könige und wunderliche Thiergestalten. Einige jener Gebäude sind so eingerichtet, daß in ihrem Innern ein entsetzliches

---

*³²⁶) 1,800,000 Thaler.
*³²⁷) Diese Linsen sind die Numuliten des Numuliten-Kalksteins jener Gegend. Siehe Anm. 230.
*³²⁸) Rothem Granit von Syene.
*³²⁹) Rothem Granit von Syene.

10

Donnern entsteht, wenn man ihre Thüren öffnet, und ·durch fast alle
Gänge geht man im Dunkeln. Auch außerhalb der Ringmauer des
Labyrinths stehn noch eine Menge Gebäude, von wo man noch durch
unterirdische Gänge in unterirdische Gebäude gelangt. — Das Lemnische Labyrinth war dem oben beschriebenen Kretischen ähnlich,
zeichnete sich aber vor ihm durch 150 Säulen aus; sie waren mit Maschinen rund gedrechselt, die sich so leicht bewegten, daß ein Knabe sie
in Umschwung setzen konnte. Erbaut ward dieses Labyrinth von den
Lemniern Smilis, Rhoikus und Theodorus. Jetzt sind noch einige
Ruinen des Lemnischen Labyrinths vorhanden, während das Kre-
tensische und Italische spurlos verschwunden ist. Letzteres war das
Grabmal des etrurischen Königs Porsena, welches er sich selbst bauen
ließ. Die Beschreibungen dieses Riesenbaues gehen in's Fabelhafte.
Hist. nat. 36, 14, 21. Ein wahres Wunder- und Prachtgebäude
ist der Tempel der Diana zu Ephesus, an welchem ganz Kleinasien 120 Jahre lang gebaut hat. Seine Länge beträgt 425 Fuß, die
Breite 225; die 127 Säulen haben die Höhe von 60 Fuß; 36 derselben sind mit halberhabener Arbeit geschmückt. Den Bau des Tempels
hat Chersiphron geleitet. Die Beschreibung der Ausschmückung des
Tempels würde ganze Bücher füllen.
Hist. nat. 36, 15, 24. Auch viele Bauten Rom's kann man
zu den Wunderwerken zählen. — Cäsar's Circus maximus hat
Sitze für 250,000 Menschen; zu den schönsten Bauten der Welt gehören die Basilika des Paulus mit ihren Phrygischen Säulen, ferner
der Marktplatz des Augustus, der Friedenstempel des Vespasianus, das Dach des von Agrippa gebauten Diribitorium*530),
der weit ausgedehnte Wall [agger] Rom's, die ungeheuren Unter-
bauten des Kapitols, die Abzugskanäle, welche Berge durchschneiden, mit Kähnen befahren werden können und sieben Flüsse in sich auf-
nehmen. — Die Paläste des Kaisers Cajus und die des Kaisers Nero
bildeten eine ganze Stadt und der Letztere wohnte gar in einem goldnen
Haus. — Das Theater des Marcus Scaurus bestand, von unten
gesehn, aus drei Etagen und ruhte auf 360 Säulen. Die unterste
Etage war von Marmor, die mittlere von Glas, eine Verschwendung, die sonst nie vorgekommen ist, die oberste von vergoldetem
Getäfel. Die untersten Säulen hatten 38 Fuß Höhe, und zwischen
ihnen standen 3000 aus Bronze gegossene Bildsäulen, wie schon früher

---

*530) Gebäude, in welchem abgestimmt wurde.

angegeben*[331]). In diesem Theater hatten 80,000 Zuschauer Platz; der übrige Schmuck an Attalischen Gewändern, Gemälden u. s. w. hatte einen unermeßlichen Werth. — Das Theater des Pompejus hat für 40,000 Zuschauer Raum. — Nachdem schon die Wasser des Anio und der Tepula und andre nach Rom geleitet waren, hat Agrippa noch die Aqua virgo hinzugefügt und durch Vereinigung und Verbesserung der andren schon vorhandenen Wasserleitungen 700 offne Wasserbehälter, 500 Springbrunnen und 130 Wasserkästen in Rom eingerichtet, auf diese Werke 300 bronzene und marmorne Bildsäulen, so wie 400 Marmorsäulen gestellt, und dies Alles im Zeitraum Eines Jahres. — Noch kostspieliger war die neueste Wasserleitung, welche von Kaiser Cajus begonnen, von Claudius vollendet wurde. Durch sie wurde nämlich Wasser vom vierzigsten Meilensteine her in solcher Höhe nach Rom geleitet, daß alle Berge dieser Stadt mit Wasser versorgt wurden. Die darauf verwendeten Kosten betrugen 350 Millionen Sestertien. — Genau betrachtet gibt es auf Erden kein Wunder, das den Wasserleitungen Rom's gleich käme. — Großartig sind auch die Arbeiten am Hafen von Ostia, die quer durch Berge gehauenen Straßen, die Trennung des Tyrrhenischen Meeres vom Lukriner See vermittelst eines Dammes und die vielen mit großen Kosten gebaueten Brücken.

Hist. nat. 36, 16, 25. Ein Stein von wunderbaren Eigenschaften ist jedenfalls der Magneteisenstein [magnes]; er zieht mit einer unerforschten, unsichtbaren Kraft das Eisen an sich und hält es fest; deswegen nennen ihn Manche Siderit, Andre Herakleon. Er soll dadurch entdeckt worden sein, daß ein Mann, der auf ihn trat, bemerkte, daß seine Schuhnägel und die eiserne Spitze seines Stockes an ihm festhingen*[332]). Sotakus weist fünf Arten von Magneteisenstein nach: den äthiopischen, den aus Magnesia, das an Macedonien grenzt, den böotischen, den alexandrinischen, endlich den aus Magnesia in Kleinasien. Er ist desto besser, je bläulicher er aussieht. Am höchsten wird der äthiopische geschätzt und mit Silber aufgewogen. — Der Rotheisenstein [hämatites] gibt gerieben eine blutrothe, auch eine safrangelbe Farbe, zieht aber kein Eisen an. — Der äthiopische Magneteisenstein zieht auch andre Magneteisensteine

---

*[331]) Siehe Hist. nat. 36, 2, 2 und 34, 7, 17.

*[332]) In Algerien gibt es ganze Berge von Magneteisenstein, auch einen auf St. Domingo. Man kann aber von allen darauf gelegtes Eisen ohne Schwierigkeit entfernen. Der kräftig anziehende Berg St. Domingo's wirkt schon auf 4 Fuß Entfernung nicht mehr auf die Magnetnadel.

an. — Nicht weit von dem Berge Aethiopiens, wo er gefunden wird, steht ein andrer Berg, welcher den Stein Theamedes liefert, welcher alles Eisen abstößt* [533]).

Hist. nat. 36, 16, 26. Ein Stein auf der Insel Scyros soll schwimmen, so lange er ganz ist, gepülvert aber untersinken* [534]).

Hist. nat. 36, 17, 27. In der Landschaft Troas wird bei Assos der Stein Sarkophag [sarcophagus] gefunden und läßt sich spalten. Es ist gewiß, daß in ihm begrabene Leichen binnen 40 Tagen bis auf die Zähne verzehrt werden [absumi]. — Nach der Angabe des Mucianus versteinern sich darin Spiegel, Striegeln, Kleider, Schuhe, die man mit den Leichen hineinlegt. Solche Steine gibt es auch in Lycien und im Morgenland, ja es gibt da solche, die den Lebenden das Fleisch anfressen* [535]).

Hist. nat. 36, 17, 28. Nicht zur Verzehrung, sondern zur Erhaltung des Fleisches dient der Stein chernites, dem Elfenbein ähnlich; in solchem soll Darius begraben sein. Ferner soll der porus,

---

* [533]) Ist gleichfalls Magneteisenstein, nur ist die Angabe ungenau. Er stößt mit seinem Nordpol jeden Nordpol des magnetisirten Stahls ab, mit dem Südpol dessen Südpol.

* [534]) Eigenschaft des Bimssteins. Dieser ist gepülvert 2¼ mal so schwer wie Wasser, sinkt also unter; ganz aber wird er von der in seinen Räumen befindlichen Luft auf Wasser getragen.

* [535]) Der Sarkophag ist ein Stein, den offenbar Jeder, der ihn nennt, nur vom Hörensagen kennt. — Ein Stein, der wie Marmor als Sarg zugehauen werden, dann die Leichen verzehren und dabei selbst ganz bleiben kann, ist geradezu undenkbar, denn der Stein müßte, indem er seine zerstörenden Stoffe an die Leiche abgibt, sich selbst zerstören und zerfallen. — Dennoch dürfen wir nicht daran zweifeln, daß man in Asien wirklich Leichen in Sarkophagen, d. h. in Steinen, die das Fleisch verzehren, begraben hat, denn gültige Zeugnisse sprechen dafür. — Der einzige Stein, der im Stande ist, Solches zu leisten, ist der Kalkstein (also auch der Marmor), aber nur wenn er gebrannt ist. — Wir müssen uns also den Sarg als Sarkophag also denken: Der Sarg selbst, welcher bleiben soll, besteht aus Marmor, oder Alabaster, oder Metall, oder Holz; er ist inwendig sauber mit Platten ausgelegt, die aus Marmor geschnitten und frisch gebrannt sind; eine solche wird auch von oben auf die Leiche gelegt. Kurz nach dem Schließen des Sarges zerfällt der gebrannte Marmor, zieht das Wasser, den Sauerstoff und Kohlenstoff der Leiche an sich, zerstört sie dadurch und verhindert so die Verwesung. — Natürlich kann man sich auch einen bleibenden Sarg denken, der statt der Marmorplatten eine Masse von Stückchen frisch gebrannten Kalkes enthält, welche die Leiche dicht einhüllen. — Heut zu Tage ist diese Art, Leichen zu zerstören, allgemein bekannt und wird in vielen Fällen angewendet.

an Weiße und Härte dem Marmor ähnlich, jedoch minder schwer, diese Eigenschaft haben *[536]). — Der Stein assius schmeckt salzig, lindert das Podagra u. s. w.; gepülvert sieht er rothbraunem Bimsstein ähnlich *[537]).

Hist. nat. 36, 18, 29. Theophrast gibt an, daß man fossiles Elfenbein [ebur fossile] von weißer und schwarzer Farbe finde, daß Knochen in der Erde entstehen, und daß sich auch versteinerte Knochen [lapis osseus] vorfinden *[537b]). — Bei Munda in Spanien, wo der Diktator Cäsar den Pompejus besiegte, gibt es handförmige Steine, welche diese Gestalt behalten, so oft man sie zerbricht *[540]). — Es gibt auch schwarze, dem Marmor an Werth gleichkommende Steine, wie z. B. der Tänarische *[541]). — Varro gibt an, die schwarzen afrikanischen seien fester als die italischen; der Lunensische Stein lasse sich mit der Säge zerschneiden *[542]), der Tuskulaner Stein zerspringe im Feuer *[543]). — Der nußbraune Sabiner soll leuchten, wenn er mit Oel bestrichen wird. — Varro sagt, „in Volsinii seien die

---

*[536]) Der Chernit und Poros waren gewiß Marmorsorten, welche zu Särgen dienen konnten, und in solchen mochte man mitunter eine eingetrocknete, nicht verweste Leiche finden. — Ob eine solche einbalsamirt, oder etwa durch Arsenik vergiftet war, wissen wir nicht. — Wir kennen außer Asphalt und Steinöl nur Einen Mineralstoff, der im Stande ist, Leichen zu konserviren, wenn er in gehöriger Menge von außen und innen verwendet wird, nämlich die Arsenige Säure.

*[537]) Der assius ist unbestimmbar. — Da er salzig schmeckt und braunes Pulver gibt, so möchte er ein durch Eisenrost gebräunter Schlamm des Meeres oder gewisser Salzquellen sein, wie wir ihn auch jetzt noch zu Schlammbädern benutzen.

*[537b]) Dem Theophrast konnten fossile Knochen und fossiles Elfenbein sehr wohl bekannt sein; denn in Attika finden sich, wie L. Landerer berichtet, an der Südseite des Pentelikon bei dem Dorfe Pikermi eine Menge fossiler Knochen von Affen, Vielfräßen, Hyänen, Rindern, Schweinen, Rhinoceressen und Mastodonten; die Stoßzähne der riesigen Mastodonten (Mammuts) sind aber Elfenbein.

*[540]) Gewiß nicht.

*[541]) Tänarisch heißt so viel als Lacedämonisch. Ohne Zweifel ein schwarzer Marmor.

*[542]) Der Lunensische Stein ist unser Karrarischer Marmor. — Jeder Marmor (nach unsrem Begriff) läßt sich mit der gezähnten Säge ohne Sand oder mit der zahnlosen, aber mit Sand bestrichenen zerschneiden.

*[543]) Viele Steine zerspringen im Feuer, z. B. der Flußspath, Dachschiefer u. s. w. Was der Tuskulaner gewesen, weiß man nicht; was Sabiner, auch nicht.

drehbaren Mühlsteine [molä versatiles] erfunden worden *³⁴⁴). . . .
Hist. nat. 36, 18, 30. Bessere Mühlsteine als die italischen kommen
nirgends vor *³⁴⁵); in manchen Provinzen findet sich gar kein Mühlstein. Manche Sorten sind weicher, können mit dem Schleifstein
[cos] geglättet werden und sehen von Weitem wie Ophit aus *³⁴⁵b). —
Die Mühlsteine sind äußerst dauerhaft, doch können manche, je nach
den Sorten, Regen, Sonnenhitze oder Kälte nicht vertragen; manche bekommen im Alter eine Rostfarbe, andre verlieren durch Oel ihre weiße
Farbe.

    Hist. nat. 36, 19, 30. Es gibt Leute, welche den Mühlstein
[lapis molaris] auch Pyrit [pyrites] nennen, weil er viel Feuer enthalte; allein es gibt auch einen andren Pyrit, der jedoch poröser ist,
auch eine dritte Art, die dem Messing [äs] ähnlich sieht *³⁴⁵c). Auf
Cypern soll er sich in den Bergwerken theils silberweiß, theils goldt-
farbig finden *³⁴⁵d). — Manche nennen auch denjenigen Stein Pyrit,
welcher bei uns der Lebendige [vivus] heißt, und der sich durch
Schwere auszeichnet. Ihn können namentlich die Spione im Kriege
nicht wohl entbehren, weil er mit einem [stählernen] Nagel oder einem
andren Steine geschlagen Funken gibt, die mit Schwefel, oder Zunder-
schwamm, oder trocknen Blättern aufgefangen, augenblicklich Feuer
machen *³⁴⁶).

    Hist. nat. 36, 19, 31. Der Ostracit [ostracites] hat Aehn-

---

*³⁴⁴) Beweglich im Gegensatz steinerner Mörser, worin früher Getreide
gestampft wurde.

*³⁴⁵) Sie bestehen aus hartem, porösem, vulkanischem Gestein. — Treff-
liche Mühlsteine vom Aetna werden noch jetzt weithin verführt.

*³⁴⁵b) Ophit kann, wie wir oben gesehn, Granit sein. — Mancher
Granit wird noch jetzt zu Mühlstein verwendet.

*³⁴⁵c) Der Mühlstein kann deswegen Pyrites, d. h. Feuerstein, heißen,
weil er durch die Reibung beim Mahlen immer sehr warm wird; auch kann
er am Stahle Funken geben; — der porösere ist wohl poröser Quarz; —
der dem Messing ähnliche jedenfalls unser Eisenkies, welcher am Stahle oder
gegen andren Eisenkies geschlagen leicht viele Funken gibt.

*³⁴⁵d) Wohl Verwechslung mit Cyprischem Kupferkies, Kupfer-Fahl-
erz, Buntkupfererz, die alle keine Funken geben.

*³⁴⁶) Die Angabe, daß dieser Pyrit sehr schwer sei, beweist wieder, daß
hier Eisenkies gemeint ist. — Wer sich überzeugen will, was für eine gewaltige Hitze seine Funken haben, braucht nur seine Hand unterzuhalten, während
ein Andrer zwei starke Stücke Eisenkies gegen einander schlägt. — Man sehe
auch oben Diosc. 5, 142 und Anm. 283.

lichkeit mit einer Muschel; man braucht ihn statt Bimssteins, um die Haut zu glätten*547).

Hist. nat. 36, 19, 34. Der Stein Gagat [gagates] hat seinen Namen von dem Orte und dem Flusse Gages in Lycien, ist schwarz, flach, leicht wie Bimsstein, dem Holz ähnlich, zerbrechlich, riecht gerieben unangenehm. Was man damit auf irdne Gefäße zeichnet, verlöscht nicht. Geglüht verbreitet er Schwefelgeruch. Er hat die wunderbare Eigenschaft, daß er sich mit Wasser berührt entzündet, mit Oel gelöscht werden kann*548).

Hist. nat. 36, 21, 39. Die Adlersteine [aëtites] stehen schon deswegen in hohem Ansehn, weil sie in Adlernestern gefunden werden. Sie haben inwendig eine Höhlung, welche mit verschiedner erd- oder steiniger Masse ausgefüllt ist, wonach man vier Sorten unterscheidet*549). ... Hist. nat. 36, 21, 40. Der Samische Stein wird zum Poliren des Goldes verwendet, wird nach seiner Schwere und seinem Glanze geschätzt*550).

Hist. nat. 36, 21, 42. Bimsstein [pumex] nennt man zwar auch die durchfressenen Steine, aus welchen man die Decken derjenigen Gebäude macht, die man Museen nennt, damit sie natürlichen Grotten ähnlich sehn*551); allein der eigentliche Bimsstein, welcher zum Glätten der Haut und der Bücher in Anwendung kommt, findet sich in bester Sorte auf Melos, Nisyros und den Aeolischen Inseln. Man schätzt ihn nach seiner weißen Farbe, seiner Leichtigkeit, seiner Porosität,

*547) Ohne Zweifel ist der Ostracit das Rückenblatt der Tintenfische (das os sepiä), welches man häufig unter den von der Meeresfluth ausgeworfnen Muschelschalen findet. — Siehe auch Diosc. 5, 164.

*548) Jedenfalls eine Stein- oder schwarze Braunkohle. Man vergleiche oben Diosc. 5, 146. — In Köln sind vor wenigen Jahren in zwei Todtenkisten viele antik-römische, aus Gagat geschnittene Kunstsachen gefunden worden. ... Ueber das bald nachher von Plinius genannten spongiä lapis und schistos sehe man Diosc. 5, 144 und 162.

*549) Adlersteine nennt man noch jetzt die oft eiförmigen Brauneisensteine, welche hohl sind, und in ihrer Höhlung rothen Thon, Sand und dergl. enthalten. Da sie nicht selten die Größe von Hühner- oder Adler-Eiern haben, so läßt sich ihr Name und die an ihm haftende Fabel leicht erklären. — Siehe oben Diosc. 5, 160.

*550) Muß nach diesen Angaben krystallisirter Rotheisenstein mit glänzender Oberfläche sein. — Ueber den im Folgenden genannten Arabischen Stein siehe Anm. 287.

*551) Dieser pumex ist ohne Zweifel poröser Kalktuff, zu solchem Zwecke sehr passend.

worin er den Badeschwämmen so ähnlich als möglich sein muß, seiner
Trockenheit und Zerreiblichkeit; auch darf er beim Reiben nicht san-
dig sein.

Hist. nat. 36, 22, 43. Zu Mörsern zieht man den Etesi-
schen Stein * 552) allen andren vor; ihm folgt an Güte der aus der
Thebaïs, welchen wir Pyrrhopöcilos genannt haben * 553); Manche
nennen ihn Psaranos * 554). Der dritte an Werth ist körnig-gold-
gefleckt * 555). Für die Aerzte wird der Basanit [basanites] zu
Mörsern verarbeitet, weil er durchaus nichts an die Arznei abgibt * 556).

Hist. nat. 36, 22, 44. In Siphnos gräbt man einen Stein,
welcher auf der Drechselbank zu Töpfen verarbeitet wird, worin man
Speisen kocht oder aufbewahrt. Eben so wird der grüne Komenser
Stein in Italien benutzt. Der Siphnische Stein hat die Eigenheit, daß er im Feuer hart und schwarz wird, wenn er zuvor geölt ist;
vorher ist er weich * 557).

Hist. nat. 36, 22, 45. Der Fensterglimmer [specularis
lapis] * 558) läßt sich in beliebig dünne Blätter spalten. Früher lieferte
ihn nur das diesseitige Spanien, und zwar nur von einer kleinen Stelle
bei Segobrika * 559), jetzt auch Cypern, Kappadocien, Sicilien, Afrika.

----

* 552) ?

* 553) Rothen Granit von Syeune; siehe Anm. 523.

* 554) Das heißt Staarstein, von seiner gefleckten Farbe. — Dieser
Name gebührt mehr dem schwarz- und weiß-gefleckten Granit.

* 555) Wahrscheinlich ein mit goldgelben Glimmer gemengter Trachyt.

* 556) Basanit ist gewiß unser Basalt.

* 557) Hier ist, wie bei Theophrast 74, der grünlich-graue, vorzugsweis
aus Talk bestehende, mit Stahl leicht bearbeitbare Topfstein (Giltstein, Labez-
stein) gemeint, welcher noch jetzt zu Como, Chiavenna u. s. w. zu Töpfen,
Ofenplatten, Kaminen und dergleichen verarbeitet wird.

* 558) Unter lapis specularis (Spiegelstein) ist vorzugsweise unser
Fensterglimmer zu verstehn, wie nicht bloß daraus hervorgeht, daß er sich
viel besser zu durchsichtigen Scheiben eignet als Gypsspath, sondern auch
vorzugsweise aus der Bemerkung des Plinius, „daß er nicht verwittert", während
dagegen Gypsspath leicht verwittert, indem namentlich Regen und Frost nach-
theilig auf ihn einwirken. — In ganz Sibirien und Kaschmir hat man noch
jetzt vorzugsweis Fensterscheiben von Glimmer; sie kommen von 1 bis 2 Fuß
Länge vor. — Daß man übrigens den Gypsspath dem Namen nach nicht
von ihm unterschied, ihn auch in passenden Fällen statt seiner in Anwendung
brachte, liegt außer Zweifel; so z. B. ist weiter unten Hist. nat. 36, 24, 59
unter lapis specularis sicher Gypsspath gemeint.

* 559) Das Nähere über diese Stadt ist unbekannt.

Bei Bononia in Italien ist er in kleinen Blättchen in Felsen eingewachsen. Der spanische ist der beste, wird durch Grubenbau gewonnen
und großentheils in großen Bruchstücken zu Tage gefördert, die jedoch
die Größe von fünf Fuß nicht übertroffen haben. — Er ist, wie man
glaubt, ursprünglich in der Erde flüssig, krystallisirt [crystalli instar
glaciari] aber zu fester Masse, was man aus dem Umstande schließen
kann, daß die Knochen von Thieren, welche in solche Schachte fallen,
schon nach Verlauf Eines Winters in ihrem Innern statt des Markes
solchen Stein enthalten * 500). — Man findet den Fensterglimmer
auch ganz dunkelfarbig; der hellglänzende hat aber, trotz seiner Weichheit, die Eigenschaft, daß er durch Sonnenhitze, durch Kälte, durch Ver-
witterung gar nicht leidet. — Auch der in kleine Stückchen zer-
schlagene Stein wird benutzt, indem man mit ihm bei den Circen-
sischen Spielen den Boden der Rennbahn bestreut, um ihn hübsch glänzend zu machen * 501).

Hist. nat. 36, 22, 46. Unter Nero's Regierung ist in Kappadocien ein Stein von der Härte des Marmors gefunden worden, der
hellglänzend und selbst da durchsichtig war, wo ihn braune Adern durchzogen, weshalb man ihn Glanzstein [phengites] nannte. Aus diesem
Stein hat Nero den Tempel der Fortuna Seja gebaut, welcher im inneren Raume seines Goldenen Hauses [aurea domus] steht. So
war bei Tage das Innere des Tempels, auch wenn seine Thüren geschlossen waren, taghell * 502).

Hist. nat. 36, 22, 47. Von Schleifsteinen [cos], mit denen
man Eisen schärft, gibt es verschiedene Sorten. Lange Zeit waren
die kretischen am beliebtesten und nach ihnen die lakonischen vom Gebirge
Taygetus; beide wurden mit Oel gebraucht. — Von den Wasser-
Schleifsteinen [aquaria cos] hielt man die von Naxos * 503) für

---

* 500) Diese Bemerkung bezieht sich nur auf Gyps. Wasser, welches in
den Höhlen des Gypses steht, enthält immer etwas aufgelösten Gyps, und dieser
setzt sich leicht an hineingelegten Dingen in kleinen Krystallen an.

* 501) Zu diesem Behufe mußte sich bloßer Glimmer, Glimmerschiefer,
Gypsspath gleich gut eignen.

* 502) Dieser Stein muß, da er die Härte des Marmors hatte, durchsichtig
war und zum Bauen dienen konnte, farbloser Kalkspath gewesen sein.
Den schönsten, sogenannten Doppelspath, bezieht man jetzt aus Island.

* 503) Hier können eigentliche Schleif- oder Wetzsteine gemeint sein; es scheint
jedoch, als hätten die Alten den Smirgel von Naxos nicht bloß gepülvert,
sondern auch vielfach als festen Stein beim Schleifen des Eisens und der
Schmucksteine benutzt.

die besten, nach ihnen die armenischen. Die cilicischen schleifen mit Oel und Wasser gut. Auch in Italien sind treffliche Wasser-Schleif-steine gefunden worden, so auch jenseit der Alpen die sogenannten pas-sernices. In den Barbierbuden braucht man wieder eine andre Art, welche statt mit Oel oder Wasser mit Speichel befeuchtet wird; sie sind übrigens weich und zerbrechlich; unter ihnen sind die laminitaner aus dem diesseitigen Spanien die besten.

Hist. nat. 36, 22, 48. Die Tuffsteine [tofus]* ⁵⁶⁴) taugen wegen ihrer Weiche und Vergänglichkeit nicht zum Bauen, jedoch haben manche Länder keine andren, wie z. B. Karthago in Afrika. Der Tuff-stein wird durch die Meeresluft löcherig, durch Winde morsch, durch Regengüsse zerschlagen. Dagegen kann man die Wände durch Theer schützen. Andrer Natur, aber doch auch weich sind in der Nähe Rom's die Steine von Fidenä und Alba. Auch in Umbrien und Venetien gibt es weiße Steine, die mit einer gezähnten Säge geschnitten werden. Unter Dach tragen sie auch Lasten, aber im Wetter zerfallen sie in schalige Stücke. — Die Tiburtischen dagegen vertragen Alles; nur in der Hitze zerspringen sie* ⁵⁶⁵).

Hist. nat. 36, 22, 49. Von den verschiednen Sorten des si-lex* ⁵⁶⁶) sind die schwarzen die besten, an manchen Orten auch die

---

* ⁵⁶⁴) Unter Tuffstein verstehen wir lockre oder feste, poröse oder dichte Gesteinsmassen, die sich aus fließendem Wasser abgesetzt haben, oder ähnliche, die dadurch entstanden sind, daß erdige Massen und Gesteinbrocken von Wasser zusammengeschwemmt wurden und dann durch in Wasser aufgelöste Mineral-masse zusammengekittet wurden. — Dieselben Gesteine und ihnen ähnliche verstehen auch die Alten unter Tuffstein.

* ⁵⁶⁵) Unter Tiburtischem Stein ist jedenfalls der sogenannte Tra-vertin, der bei Titur in ungeheuren Massen lagernde Kalktuff, so weit er in porösen Massen vorkommt, gemeint. Aus dichtem sind die Prachtgebäude Rom's vorzugsweis gebaut. — Wird er stark geglüht, so zerfällt er, wie jeder Kalk-stein in gleichem Falle, ist daher zum Bau von Schmelzöfen und dergleichen unbrauchbar und wird durch Feuersbrünste zerstört.

* ⁵⁶⁶) Silex ist bei den Römern ein sehr unbestimmter Ausdruck; indeß müssen wir im Allgemeinen annehmen, daß er Gesteine bezeichnet, die in großen, kompakten Massen (Felsen) vorkommen oder vorkommen können, dabei so hart oder härter als Marmor sind und keinen besondren Namen, wie z. B. Marmor, Opbit, Porphyrit u. s. w., führen. — Bei Vitruv. 2, 5, 1 haben wir gesehen, daß auch der dunkelfarbige Kalkstein silex heißen kann. — Unter den von Plinius gemeinten schwarzen mögen unsre Grünsteine und Trachytgesteine, unter röthlichen die Porphyrgesteine, unter weißen die Quarzfelsen und namentlich die Quarz-Sandsteine zu verstehen sein.

röthlichen, hier und da auch die weißen, z. B. die in den Anicischen
Steinbrüchen bei Tarquinii am Volsinischen See, auch die im Sta-
tionensischen, denen nicht einmal das .Feuer schadet. Zu Denkmälern
behauen leiden sie durch das Alter gar nicht * 567). Man macht aus
ihnen auch Formen, in welche man Bronze gießt * 568).

Hist. nat. 36, 24, 58. Kitt [maltha] wird gemacht, indem man
frisch gebrannten Kalk [calx recens] mit Wein löscht, mit Schweine-
schmeer und Feigen stampft. Solcher Kitt bindet am festesten und wird
härter als Stein. Was gekittet werden soll, wird vorher mit Oel eingerieben.

Hist. nat. 36, 24, 59. Mit dem Kalk [calx] ist der Gyps
[gypsum] * 569) verwandt, von dem es mehrere Sorten gibt, die theils
durch Gruben=, theils durch Steinbrucharbeit gewonnen werden. Der
Stein, welchen man brennen [coquere] will, muß dem Alabaster [ala-
bastrites] ähnlich oder marmorartig sein * 570). — In Syrien wählt man
die härtesten Steine und glüht sie mit Rindermist * 571). Uebrigens zeigt
die Erfahrung, daß Gypsspath [lapis specularis] und jeder Stein,
der solche Schuppen hat * 572), zum Gebrauch der beste ist. Wenn der
gebrannte Gyps befeuchtet ist, muß er sogleich verwendet werden, weil
er sehr schnell fest und trocken wird. Uebrigens kann man den fest
gewordenen auch wieder leicht zerstampfen und in Staub verwandeln.
Der Gyps dient vorzugsweis zum Weißen, zu Stuck und zum Ge-
sims der Häuser.

Hist. nat. 36, 25, 60 u. 64. Die Mosaïk [lithostroton] * 573)

---

* 567) Hier ist ohne Zweifel der Quarzsandstein gemeint.

* 568) Hier kann Thon = Sandstein gemeint sein, der viel leichter zu
bearbeiten ist als Quarzsandstein, auch durch Gluth nicht leidet.

* 569) Calx heißt bei den Römern gebrannter Kalkstein, nicht der
rohe Kalkstein; gypsum bei den Römern (und Griechen, siehe Theophr. 111
bis 119) ist sowohl der natürliche als der gebrannte Stein, welcher gar keinen
allgemeinen Namen hat, sondern als lapis, silex, marmor bezeichnet wird.

* 570) Mancher Alabaster hat eine schön marmorirte Farbe.

* 571) Alle Gypssteine können mit dem Fingernagel gekratzt werden.
Hier ist „fest" nur im Gegensatz des blättrigen Gypsspathes zu nehmen.

* 572) Unter lapis specularis sind die Gypsspathkrystalle zu verstehen,
unter „andren eben so schuppigen Steinen" der Gypsstein, welcher eine von
Asphalt in's Schwärzliche ziehende Farbe und nur kurze Spathflächen hat, und
keine Krystalle bildet.

* 573) Mosaïk oder Musiv-Arbeit heißt die Bildung eines Fußbodens
oder einer Tischplatte aus verschiedenfarbigen, dicht an einander schließenden
Stein- oder Glas- oder irdenen Stiften, welche entweder vierkantig und zu

ist in neuerer Zeit aufgekommen, und besonders hat sich Sosus zu Per-
gamum dadurch berühmt gemacht. Er legte daselbst in dem sogenannten
Ungefegten Hause einen Fußboden, in welchem er aus gebranntem und
verschieden gefärbtem Thon Alles genau nachgeahmt hatte, was nach
Tische am Boden herumzuliegen pflegt, und zwar so täuschend, daß es
wirklich dazuliegen schien. Besonders schön ist in diesem Fußboden eine
saufende Taube, deren Kopf seinen Schatten in das künstliche Wasser
wirst, während andre Tauben sich neben ihr auf dem Rande des Wasser-
beckens sonnen und federn. . . . Bei den Römern ist die Mosaïk zu
Sylla's Zeit in Aufnahme gekommen; jedenfalls ist noch ein solcher von
ihm stammender Fußboden im Tempel der Fortuna zu Präneste zu sehn.
Später hat man sogar die Zimmerdecken mit Glas-Mosaïk geziert.
Hist. nat. 36, 26, 65. An der Mündung des Flusses Belus
bei Ptolemaïs in Syrien liegt ein feiner, glänzender Sand [arena],
von welchem das Wasser jedesmal zur Zeit der Ebbe zurücktritt. Der
Raum beträgt höchstens 500 römische Schritt, und doch hat diese kleine
Strecke Jahrhunderte hindurch genügend viel Stoff zum Glase [vitrum]
geliefert. Einst soll hier ein mit Soda [nitrum] -beladenes Handels-
schiff gelandet sein; dessen Mannschaft soll am Ufer ein Feuer angebrannt
und als Unterlage für die Kessel Sodastücke gebraucht haben, bei
welcher Gelegenheit diese durch die Gluth mit dem Sande zusammen-
schmolzen, so daß auf diese Weise das erste Glas entstand. . . . Hist.
nat. 36, 26, 66. Nachdem man eine Zeit lang aus Sand und Soda
Glas geschmolzen, begann man, in dieses auch Magneteisenstein
[magnes lapis] zu schmelzen*[574]); in ähnlicher Weise hat man begonnen, glänzende Steinchen [calculus], Schnecken- und Muschelschalen und gegrabenen Sand in's Glas zu schmelzen*[575]). Es wird
auch behauptet, daß die Inder aus zerbrochnem Bergkrystall Glas
schmelzen, welches alle andren an Güte übertrifft; es wird mit leichtem,

---

Figuren gruppirt sind oder nicht, oder die einzeln Figuren bilden, welche zwischen
die Stifte, welche den Hauptgrund bilden, eingelassen sind. — Andre Mosaïk
besteht aus Gypsguß, in welchen mehr oder weniger Stifte, die Figuren bilden
oder nicht, eingedrückt sind.

*[574]) Magneteisenstein schmilzt leicht mit Glasmasse zusammen,
und färbt sie, in einiger Menge zugesetzt, dunkelschwarz.

*[575]) Verschieden gefärbte Quarzsteinchen so wie die aus kohlensaurer
Kalkerde bestehenden Schnecken- und Muschelschalen können in's Glas geschmolzen
werden und ihm von ihrer Farbe mittheilen. Die calculi können hier auch die
wie Steingerölle am Strande herumliegenden Schneckendeckel sein. Siehe oben
Anm. 282.

trocknem Holze geschmolzen, der Kryſtall bekommt einen Zuſatz von Kupfer [cyprium] und Soda [nitrum]*576), und auf dieſe Weiſe wird das Glas dunkelfarbig und fettig‑glänzend. Mit ſolchem Glas kann man ſo ſcharfe Schnitte bis auf den Knochen machen, daß man dabei keinen Schmerz fühlt*577). — Geſchmolzenes Glas wird in den Glashütten nochmals geſchmolzen und gefärbt. Manches wird durch Blaſen geformt [flatu figuratur], andres durch Drehen gerundet [torno teritur], in andres werden Figuren geſchliffen [cälatur]. Einſt war Sidon durch ſeine Glasfabriken berühmt, woſelbſt man auch die Spiegel erfunden hatte*578). — Jetzt gewinnt man auch am Volturnus in Italien zwiſchen Kumä und Liternum einen weißen, zur Glasbereitung tauglichen, ſehr weichen Sand [arena]. Erſt wird er geſtampft und gemahlen, dann mit drei Theilen Soda [nitrum] gemiſcht, geſchmolzen, in andre Oeſen gebracht, wo aus der Miſchung eine Maſſe entſteht, welche Sandſoda [ammonitrum] heißt, und ſo lange geſchmolzen wird, bis ſie zu reinem Glaſe wird. Auf ähnliche Weiſe macht man jetzt auch in Gallien und Spanien Glas. — Unter Nero's Regierung war die Kunſt, Glas zu verfertigen, ſchon ſo weit gediehen, daß für zwei mäßige Becher von der Sorte, die man Petrotos*579) nennt, 6000 Seſtertien gezahlt wurden.

Hist. nat. 36, 26, 67. Zu den Glasforten wird auch der Obſidian [obsidianum] gerechnet, weil er einem Steine ähnlich ſieht, welchen Obſidius im Negerland gefunden hat*580). Er iſt ſehr ſchwarz, zuweilen auch durchſcheinend, dient zu Wandſpiegeln und gibt eine Art Schattenbild. Viele benutzen ihn auch zu Ringſteinen [gemma]; auch habe ich ganze aus Obſidian gefertigte, dicke Bilder

---

*576) Bergkryſtall macht durch ſeine Farbloſigkeit das Glas ſehr klar und Kupferoxydul gibt ihm die prachtvolle kirſchrothe Farbe, wenn es in ſehr geringer Menge zugeſetzt wird, oder das gefärbte Glas ſehr dünn iſt. Wird mehr zugeſetzt, ſo erſcheint das Glas faſt ſchwarz und zeigt nur gegen die Sonne gehalten das ſchöne Roth.

*577) ?

*578) Hier ſind entweder Metallſpiegel gemeint; oder man machte in Sidon Spiegel aus Obſidian, oder aus polirten, durch Magneteiſenſtein oder Kupferoxydul undurchſichtig gemachten Glasplatten. — Das ſchwarze Glas ſieht dem Obſidian ſehr ähnlich, und daß man aus dieſem Spiegel machte, ſahen wir bei Theophr. 60 und 61 und ſehen wir ſogleich bei Plin. 36, 26, 67.

*579) Verſteinert.

*580) In Abyſſinien kommt Obſidian in Menge vor; der gefundene Stein war alſo jedenfalls ſelbſt Obſidian.

gesehn, welche früherhin dem Kaiser Augustus gehörten; derselbe hat auch vier Obsidian-Elephanten als Wunderwerke im Tempel der Concordia aufgestellt. Kaiser Tiberius hat ein aus Obsidian gemachtes Bild des Menelaus, welches er aus Aegypten bekommen, dahin nach Heliopolis für den dortigen Götterdienst zurückgeschickt. Man sieht aus dieser Thatsache, daß es schon seit alter Zeit Obsidianbilder gibt. Jetzt macht man sie aus Glas nach * 581). Xenokrates gibt an, der Obsidian-Stein komme in Indien, in Samnium in Italien und an der Küste des Oceans in Spanien vor. — Uebrigens macht man auch aus obsidianfarbigem Glase Speisegefäße; ferner macht man ganz rothes, undurchsichtiges Glas, welches Blutglas [hämatinon] heißt; ferner weißes und Murrhinisches Glas [vitrum album et murrhinum]* 582), auch solches, das Hyacinthe [hyacinthus] oder Saphire [saphirus] vorstellt, oder sonst alle möglichen Farben hat. Bis jetzt kennt man keinen Stoff, der sich so leicht formen und färben läßt wie Glas. Am höchsten wird übrigens dasjenige geschätzt, welches so klar und durchsichtig ist wie Bergkrystall. Jetzt braucht man gläserne Trinkgefäße statt goldner und silberner. Will man siedendes Wasser in ein Glasgefäß gießen, so platzt es, sofern man nicht vorher etwas kaltes hineingethan.

- Hist. nat. 37, 1. In den Edelsteinen [gemma] ist die Pracht der Natur auf einen kleinen Raum zusammengedrängt und wunderbar. Man legt auf ihr Schillern, ihre Farben, ihren Stoff und ihre Schönheit einen so hohen Werth, daß man deren manche nur in ihrer natürlichen Schönheit bewundern will und deswegen nicht wagt, Figuren in sie zu schleifen. . . . Hist. nat. 1, 1, 3. Alexander der Große soll verordnet haben, daß ihn niemand auf einem Smaragde [smaragdus] darstellen dürfe, als Pyrgoteles, der also sicher zu jener Zeit der berühmteste Steinschneider war. Nach ihm waren Apollonius, Kronius und Dioskorides sehr berühmt. Der Letztere hat in einen Ringstein das Bild des vergötterten Augustus so ähnlich gegraben, daß seitdem die Kaiser mit diesem siegeln. In den Ringstein, welchen der Diktator Sylla beständig zum Siegeln verwendete, war die Auslieferung

---

* 581) Aus schwarzem Glas gemachter Schmuck wird auch jetzt in Menge unter dem Namen Glaslava oder Lava verkauft und überall von den Damen getragen.

* 582) Siehe zu Plin. 37, 2, 7. — Das Murrhinische Glas soll hier jedenfalls solches sein, durch welches die Murrhinischen Gefäße nachgeahmt wurden.

des Jugurtha gegraben. Kaiser Augustus siegelte anfangs mit einer Sphinx, besaß aber auch einen andren Ring, welcher eine Sphinx enthielt, die von jener gar nicht zu unterscheiden war; mit dieser besiegelten im Bürgerkriege, während er auswärts war, seine Freunde die Befehle, welche sie in seinem Namen erließen. Mäcenas siegelte mit einem Frosch, und weil er oft Geld forderte, so hatten die Leute große Angst vor seinem Frosch. — Ueber die Sphinx des Augustus wurde viel gewitzelt; deswegen siegelte er später mit dem Bild Alexander's des Großen.

Hist. nat. 37, 1, 5. Eine Gemmensammlung [dactyliotheca] hatte in Rom zuerst Scaurus, Sylla's Stiefsohn. Pompejus der Große brachte die vom König Mithridates erbeutete, nach M. Barro's Angabe weit bessere, auf das Kapitol. Der Diktator Cäsar weihete der Venus Genetrix sechs Daktyliotheken; Marcellus, Sohn der Octavia, legte Eine als Weihgeschenk im Tempel des Palatinischen Apollo nieder. . . . Hist. nat. 37, 1, 6 und 37, 2, 6. Durch die Siege des Pompejus gewann die Vorliebe für Perlen und Edelsteine [gemma] unter den Römern allgemeine Verbreitung. Er brachte z. B. als Beute ein Bretspiel mit den dazu gehörigen Steinen mit, das drei Fuß lang und vier Fuß breit, nur aus zwei edlen Steinarten gemacht, und mit einem goldnen Mond von 30 Pfund Schwere geziert war; ferner drei goldne Gestelle zu Triklinien, Gefäße von Gold und Edelsteinen für neun Prachttische, drei goldne Bildsäulen, 33 Perlenkränze, einen goldnen Berg mit Hirschen, Löwen und Früchten aller Art und von einem goldnen Weinstock umgeben, ferner einen Musentempel von Perlen; es war auch ein aus Perlen zusammengesetztes Bild des Pompejus selbst dabei, dessen prächtige Locken besonders gefielen. Uebrigens brachte Pompejus bei demselben Triumphzuge dem Staate 200 Millionen Sestertien, gab jedem Unterfeldherrn 100 Millionen, jedem gemeinen Soldaten 6000. — Edelsteine sind übrigens jetzt so häufig, daß man selbst Trinkbecher und andres Hausgeräthe damit besetzt.

Hist. nat. 37, 2, 7. Durch die Siege des Pompejus sind auch die ersten Murrhinischen Gefäße [murrhinum vas] nach Rom gekommen, sind wegen ihrer Pracht überall angeschafft worden und werden nun auch benutzt, um Speise und Trank in ihnen aufzutragen. Die Verschwendung wächst in dieser Hinsicht von Tag zu Tage. So wurde z. B. ein Murrhinischer Becher, der gerade drei Sextarien[* 583])

---

* 583) Rösel.

faßte, für 70,000 Sestertien gekauft. Der Konsular, welcher aus ihm zu trinken pflegte, nagte vor lauter Seligkeit den Rand dieses seines Lieblings ab. — Als Titus Petronius, ein andrer Konsular, merkte, daß er bald sterben würde, schlug er ein **Murrhinisches** Becken, das er mit 300,000 Sestertien bezahlt hatte, in Stücke, damit es nicht in Nero's Hände fallen möchte. . . . Hist. nat. 37, 2, 8. Die **Murrhinischen Gefäße** liefert das Morgenland, besonders das Parthische Reich und namentlich Karmanien. An Größe übertreffen diese Gefäße niemals kleine Prachttische, an Dicke nur selten die gewöhnlichen Trinkbecher. Ihr Glanz blendet nicht und ist eigentlich nur ein Schein. Ihr Werth beruht eigentlich auf ihren bunten Farben; oftmals sind sie purpurroth und weiß-gefleckt, und wo diese Farben sich berühren, wird das Roth feurig und licht, das Weiß aber roth. Die äußersten Ränder zeigen oft die Farben des Regenbogens. Manchen gefallen die fettig aussehenden; bei Allen gilt es für einen Fehler, wenn die Masse durchsichtig oder bleich ist. Auch ihr Geruch empfiehlt sie *[384]).

Hist. nat. 37, 2, 9. Den besten **Bergkrystall** [crystallus] beziehn wir aus Indien; geringeren aus Kleinasien, Cypern, den Alpen.

---

*[384]) Wir müssen den Stoff der **vasa murrhina** für **Flußspath** nehmen, und zwar aus folgenden Gründen: 1) Dieser Stoff ist kein Kunstprodukt, sondern wird durch Grubenbau gewonnen, wie Hist. nat. 33, 2 und 37, 13, 77 bestimmt gesagt wird. 2) Er ist groß genug, um aus ihm mäßig große Becher und dergleichen zu machen. Auch in unsrer Zeit bringt England aus Derbyshire und einigen andern Gegenden schöne, theure Becher, Teller, Vasen und dergleichen von Flußspath in Handel. 3) Dieser Stein zeichnet sich durch seine vielerlei oft prachtvollen Farben aus, die vielfach in einander übergehn. 4) Man kann ihn ohne Schwierigkeit zwischen den Zähnen zerbeißen; überhaupt zerbricht er leicht, wie auch Plinius 33, 2 angibt. 5) Einzelne Stücke kommen wasserklar vor und wurden jedenfalls deswegen nicht geschätzt, weil ihre Klarheit in der Regel an verschiednen Stellen getrübt ist, und weil man überhaupt eben auf schöne Farben den Werth legte. 6) Der Flußspath hat weder roh noch polirt den blendenden Glanz edlerer polirter Steine; sein Glanz gleicht dem des Glases. 7) Regenbogenfarben zeigen sich in ihm nicht selten. 8) Die Färbung des Flußspathes wird an manchen Stücken dadurch noch interessanter, daß sie bei auffallendem Lichte anders aussieht als bei durchfallendem. 9) Was den empfehlenden Geruch betrifft, so kann diese Bemerkung sich darauf beziehn, daß der Stein den Geruch von Salben, mit denen er gerieben wird, leicht annimmt, oder darauf, daß mancher Flußspath, wenn er gerieben wird, von selbst chlorartig riecht und dadurch also leicht von Glas unterschieden werden kann. — Uebrigens ist zu bemerken, daß wir jetzt im ehemaligen Partherland keine Fundorte schönen Flußspathes kennen; jedoch wissen wir überhaupt von diesem Lande sehr wenig.

Juba gibt an, es sei einer von Ellenlänge auf der Topas-Insel im Rothen Meer ausgegraben worden*[585]). Auch in Lusitanien sollen sich schwere finden, auch sollen in Kleinasien und auf Cypern welche im Ackerboden und in den Betten der Gießbäche liegen. Er findet sich nur in sechsseitigen Säulen, und deren Spitzen sind verschieden gestaltet; zugleich sind seine Seitenwände so glatt, daß man sie durch Kunst nicht so schön herstellen könnte. . . . Hist. nat. 37, 2, 10. Der größte von denen, die ich gesehn, liegt als Weihgeschenk der erlauchten Livia auf dem Kapitol. Es werden Gefäße von der Größe einer Amphora und solche, die vier Sextarien*[586]) fassen, erwähnt. Es kommen auch mancherlei Fehler an Krystallen vor, z. B. rauhe, rostige Stellen, wollige Flecken, Blasen, spröde Stellen, die man Salzkorn [sal] nennt. Manche Bergkrystalle sind rostig-braun, andre haben ritzartig aussehende Haare; Dergleichen wissen die Steinschneider künstlich zu verbergen. Ganz reine Bergkrystalle läßt man übrigens am liebsten ganz unverändert und nennt sie ungeschnitten [crystallum acentetum]. Man schleift auch aus ihnen Kugeln [pila]*[587]), mit denen die Aerzte vermittelst der durchfallenden Sonnenstrahlen kranke Stellen brennen. — Vor wenigen Jahren ist ein Krystallbecken für 150,000 Sestertien gekauft worden und zwar von einer Dame, die nicht bedeutend reich war. — Der Bergkrystall wird durch Glas bis zu wunderbarer Aehnlichkeit nachgebildet.

Hist. nat. 37, 2, 11. Der Bernstein [succinum] steht wie die Murrhinischen Gefäße und der Bergkrystall in hohem Werth, und zwar vorzugsweis bei den Damen. Die Griechen fabeln vom Bernstein, den sie electron nennen, daß er am Flusse Eridanus, den wir Padus nennen, aus Pappeln tröpfle, die Tropfen seien aber die Thränen der Töchter des Phaëthon, welche in diese Pappeln verwandelt worden; vom Flusse werde der Bernstein nach den Bernstein-Inseln geschwemmt; es gibt jedoch gar keine Inseln, wohin der Padus etwas schwemmen könnte. Ueberhaupt sind über die Entstehung und den Fundort des Bernsteins viele fabelhafte Sagen verbreitet, und Sophokles behauptet sogar, er entstehe aus den Thränen von Vögeln, die den Tod Meleager's beweinen. . . . Hist. nat. 37, 3, 11. Bei alle Dem ist es gewiß,

---

*[585]) Er kommt auch jetzt mehr als ellenlang, ja auf Madagaskar bis 14 Centner schwer vor.

*[586]) Nösel.

*[587]) Nicht Kugeln, sondern sogenannte Linsen, die als Brennglas dienen.

daß der Bernstein auf den Inseln des nördlichen Oceans erzeugt wird und bei den Germanen Gläsum heißt, weswegen auch die Soldaten des Germanicus eine dortige Insel Gläsaria nannten. Der Bernstein fließt aus einem der Pinie ähnlichen Baum, wie das Gummi aus Kirschbäumen, das Harz aus Pinien [pinus]. Später wird er hart; und nimmt ihn die Fluth mit in's Meer, so rollt ihn dort das Wasser an der Küste auf und ab. Gerieben riecht er wie die Pinie, und angezündet brennt und riecht er wie Kienholz. — Die Germanen verführen ihn vorzugsweis nach Pannonien* [588]), von wo ihn dann die nahe wohnenden Venetianer weiter in Handel bringen. So tragen noch jetzt die Frauen der Landleute jenseit des Padus Halsbänder von Bernstein [monilium vice succina gestant], theils als Schmuck, theils als Gesundheitsmittel. Von Karnuntum in Pannonien liegt die Bernsteinküste Germaniens etwa 600,000 römische Schritt* [589]) entfernt; und noch heutiges Tages lebt der römische Ritter, welcher im Auftrage Nero's dahin ging, um an den Handelsplätzen der Küste Bernstein zu kaufen. Er brachte eine so ungeheure Menge davon mit, daß Nero die Knoten der Netze, welche den Kampfplatz der Thierhatzen umgaben, ferner die Waffen und Rüstungen der Fechter, auch die Bahre für gefallene Fechter mit Bernstein schmücken ließ. Das größte mitgebrachte Stück wog 13 Pfund. — Auch Indien liefert Bernstein* [590]). — Daß er anfangs flüssig gewesen, ersieht man aus den in ihm eingeschlossenen Ameisen, Mücken und Eidechsen. — Man färbt auch den Bernstein mit Bockstalg und Anhusa* [591]). — Er hat auch die Eigenschaft, daß er, wenn an den Fingern warm gerieben, Spreu, trockne Blätter und Bast anzieht, wie der Magnet das Eisen. — Als Kunstwerk kann er ungeheuer hoch in Preise stehn, und ein kleines Bernsteinbild kann theurer verkauft werden als ein lebendiger Mensch* [592]) ... Hist. nat. 37, 3, 13. Was die Schriftsteller vom Lynkurium sagen, das aus dem Urin des Luchses entstehn, die Farbe des feuergelben Bernsteins haben und Blätter, Stroh und Blättchen von Eisen oder Kupfer an sich ziehen soll, so halte ich das Alles

---

* [588]) Jetzt Slavonien, Bosnien.
* [589]) 120 deutsche Meilen.
* [590]) China bringt noch jetzt Bernstein in Handel, ferner das Hukoung-Thal in Birma. — Jetzt liefert auch Catanea auf Sicilien viel.
* [591]) Die Wurzel der Anchusa tinctoria färbt schön roth. Das Sieden in Talg oder Oel schadet dem Bernstein nicht.
* [592]) Ein Sklave.

für irrig; auch gibt es in unsrer Zeit keinen Edelstein dieses Namens * 503).

Hist. nat. 37, 4, 15. Theurer als alle andren Edelsteine und
theurer als alle andren menschlichen Besitzthümer ist der Diamant
[adamas], welcher lange Zeit hindurch nur den Königen und auch unter
diesen nur wenigen bekannt war. — Man kennt jetzt sechs Sorten
der Diamanten. Die Indischen entstehen nicht aus Gold, sondern
haben eine gewisse Verwandtschaft mit dem Bergkrystall [crystallus];
sie sind eben so durchsichtig [translucidus] und spitzen sich nach zwei
Richtungen mit sechs glatten Flächen so zu, als ob zwei Kreisel an
ihren Grundflächen verbunden wären* 504). Er kommt bis zur Größe
einer Haselnuß vor. — Dem Indischen ähnlich, nur kleiner, ist der
Arabische. — Die andren Sorten sind silberbleich und kommen nur
im besten Golde vor* 505). — Man prüft die Diamanten auf dem
Ambos; dort widerstehn sie jedem Schlage, und selbst der Ambos bricht
dabei manchmal in Stücke* 506), denn ihre Härte ist unaussprechlich
groß, und er widersteht sogar dem Feuer siegreich* 507), wird auch nie
glühend* 508). Von diesen Eigenschaften kommt sein Name, der griechisch
ist und „unüberwindlich" bedeutet. — Es gibt auch eine Sorte, die
man Hirsen [cenchros] nennt, weil sie nur die Größe eines Hirsen-
korns hat. — Andrer Art ist der Macedonische Diamant, der
sich bei Philippi im Golde findet und einem Gurkenkerne gleichkommt. —
Die Cyprischen sind fast himmelblau. — Der Siderit glänzt wie
Eisen, ist schwerer als die andren, läßt sich zerschlagen und, wie auch
der Cyprische, mit einem andren Diamante bohren; kurz, diese Sorten

---

* 503) Man sehe oben Theophrast. 53 und Anm. 72.

* 504) Hier ist sehr deutlich die Grundgestalt des Bergkrystalls, das
Bipyramidal-Dodekaëder, beschrieben, welches beim Diamanten gar nicht vorkommt. Die Grundgestalt des Diamanten ist das regelmäßige Oktaëder, bestehend
aus zwei an ihrer Grundfläche verbundenen vierseitigen Pyramiden (oder,
mit Plinius zu reden, „Kreiseln").

* 505) Diese silberbleichen Sorten sind keine wahren Diamanten.

* 506) Der auf hartem Stahl liegende Diamant kann durch einen Hammerschlag leicht zerschmettert werden.

* 507) Der Diamant ist jedenfalls das härteste aller uns bekannten
Dinge. — In starkem Feuer kann er jedoch unter Zutritt der Luft so verbrannt
werden, daß er gänzlich verschwindet und sich in Gas verwandelt.

* 508) Er erscheint in starkem Feuer glühend; wird er dann herausgenom-
men und kühlt, so zeigt sich's, daß er schwarz und undurchsichtig geworden.

sind ausgeartet und stehn nur durch ihren Namen in Ansehn* ⁵⁹⁹). —
Höchst wunderbar ist übrigens die Eigenschaft des Diamanten, daß seine
sonst unbezwingliche Kraft durch frisches, warmes Bocksblut so weit
gebrochen wird, daß er auf dem Ambos zerschlagen werden kann, obgleich
er auch dabei noch Hammer und Ambos zersprengt. Er zerspringt in
solchem Falle zu so kleinen Splittern, daß man sie kaum sehen kann.
Diese werden von den Steinschneidern in Eisen gefaßt, und sie graben
damit ohne Schwierigkeit in jeden andren harten Stoff* ⁶⁰⁰).
　　　Hist. nat. 37, 5, 16. Nach dem Diamant nehmen dem Werthe
nach die Perlen [margarita] den zweiten Rang ein, den dritten die
Smaragden [smaragdus], denn die Farbe keines andren Dinges thut
dem Auge so wohl. Ihr Grün übertrifft selbst das liebliche Grün des
Grases und Laubes* ⁶⁰¹); auch sind sie die einzigen Edelsteine, deren
Anblick das Auge nur erquickt, nie ermüdet. Sie sind selbst bei ziem-
licher Dicke noch durchsichtig und selbst die Luft und ferne Gegenstände
erscheinen grün, wenn man sie durch Smaragden betrachtet* ⁶⁰²). Ihr
sanftes Licht leidet weder durch Sonne noch Schatten noch Lampenschein.

---

　* ⁵⁹⁹) Die Hirsen-Diamanten sind wahrscheinlich kleine ächte; —
der Siderit ist wohl Zinkblende; — der himmelblaue Cyprische kann
Saphirquarz, — der Macedonische kann Citrin sein.
　* ⁶⁰⁰) Aus Dem, was Plinius über den Diamanten sagt, geht hervor, daß
derselbe zu seiner Zeit in Europa noch sehr selten gesehen wurde, daß ferner
Plinius selbst, unter den Schriftstellern des Alterthums der größte Kenner edler
Steine, noch nicht die Gelegenheit gehabt, Diamanten genau zu untersuchen. —
Daß der Diamant, wie Plinius sagt, für das theuerste Kleinod galt,
konnte nur daher kommen, daß er polirt schöner glänzte als alle andren Edelsteine und zugleich einen unverwüstlichen Glanz hatte. Wir haben schon oben
gesehn, wie Dionysius Periegetes seinen Glanz rühmt, und da nur der mit
seinem eignen Pulver polirte Diamant prachtvoll glänzt, daraus in Anmerkung 142 den Schluß gezogen, daß die Diamanten geschliffen und polirt nach
Europa in Handel kamen. — Die kleinen Splitter, welche Plinius erwähnt,
werden auch jetzt noch zum Durchbohren und Graviren andrer Edelsteine
benutzt. — Wenn Plinius sagt, „man könne sie kaum sehn“, so ist Dies doch
wohl nur auf die Feinheit ihrer Spitze zu beziehen. — Ob Bocksblut irgend
einen Einfluß auf Diamanten haben könne, weiß ich nicht. — Was Plinius
von dem Gebrauch der Diamantsplitter sagt, beweist am sichersten, daß
man zu seiner Zeit in Europa wahre Diamanten besaß. — Bis jetzt
sind in neuer Zeit noch keine antiken Diamanten gefunden worden.
　* ⁶⁰¹) Schon allein diese Bemerkung beweist sicher, daß der ächte Smaragd, den wir ebenfalls so nennen, gemeint sei.
　* ⁶⁰²) Offenbar schliff man aus Smaragd Platten, weil man durch sie
Alles grün sieht.

Sie sind meist vertieft, so daß sie die Strahlen sammeln, und man hält es für Unrecht, Figuren in sie einzuschneiden* 603). — Die Scythischen und Aegyptischen sind übrigens von selbst so hart, daß man nicht in sie hineinschneiden kann* 604). — Auf Smaragden, deren Oberfläche eben ist, sieht man die Gegenstände wie auf Spiegeln, und so hat denn Nero die Fechterspiele in einem Smaragde betrachtet* 605).

Hist. nat. 37, 5, 17 und 18. Man unterscheidet 12 Sorten von Smaragden: Den höchsten Werth haben die Scythischen, nach ihnen die Baktrischen und Aegyptischen; die letzteren werden aus Hügeln bei Koptos in der Thebaïs gegraben* 606). — Die übrigen Sorten finden sich in Kupfergruben [in metallis ärariis], und unter diesen haben die Cyprischen den ersten Rang* 607).

Hist. nat. 37, 5, 20. Dem Smaragd ist der Beryll [boryllus] nahe verwandt; er kommt aus Indien und ist anderwärts selten. Die Künstler schleifen ihn sechsseitig* 608). Am meisten schätzt man diejenigen, welche klar sind und die grünliche Farbe des Meereswassers haben* 609); ihnen zunächst stehn die Goldberylle [chrysoberyl-

---

* 603) Die Bemerkung, „daß sie meist vertieft seien", beweist mit dem vorher Gesagten zusammengenommen, daß die Smaragbe vorzugsweis geschliffen in Handel kamen; denn an sich hat der Smaragd nie eine vertiefte Fläche, sondern nur ebene, kann überhaupt ungeschliffen nicht zum Durchsehen dienen, da er sechsseitige Prismen bildet, die am freien Ende rechtwinklig mit einer geraden Fläche abgeschnitten sind.

* 604) Unter den Scythischen und Aegyptischen sind ebenfalls ächte zu verstehn; siehe oben Anm. 32. — Der Smaragd gehört jedenfalls zu den härtesten Steinen, kann jedoch mit Smirgel, welcher noch härter ist, geschliffen, und mit dem Diamant, welcher das härteste irbische Ding ist, geritzt werden.

* 605) Eine dünne, auf beiden Seiten ganz ebene und gut polirte Smaragdplatte kann sehr wohl als Spiegel dienen, besser aber, da sie ihrer Natur nach immer klein ist, zum Durchsehen; und so mag denn Nero seine Platte auf beide Art gebraucht und beim Durchsehn die große Freude gehabt haben, Alles grün zu sehn.

* 606) Sind die Smaragdgruben bei dem jetzigen Kosseir; siehe unsre Anmerkung 32.

* 607) Siehe oben Theophrast. 42 bis 50 und Anm. 70.

* 608) Die Berylle heißen noch jetzt so; sie sind vom Smaragd nur durch die Farbe verschieden, bilden sechsseitige Prismen, und die Flächen schöner Krystalle sind an sich so glatt, daß sie des Schleifens gar nicht bedürfen. Plinius sah die Flächen für künstlich erzeugte an.

* 609) Unsre Aquamarine.

lus]*[610]), welche eine schwache, in's Goldige ziehende Farbe haben. Die Inder schätzen .recht lange außerordentlich*[611]), laffen fie daher ganz, und durchbohren fie entweder, um fie mit einer durch das Loch gezognen Elephantenborfte anzuhängen, oder fie faffen fie an beiden Enden mit Gold. — Manche Leute glauben, die Berylle feien von Natur kantig. — Die Inder ahmen durch Färbung des Bergkryftalls den Beryll und andre Edelfteine nach*[612]).

Hist. nat. 37, 6, 21 und 22. Opale [opalus]*[613]) werden nur aus Indien bezogen*[614]), welches überhaupt die koftbarften Edelfteine liefert. Das Feuer der Opale gleicht dem der Karfunkel [carbunculus], ift aber lichter, ihre Purpurfarbe leuchtet wie die des Amethyfts*[615]), das Grün gleicht dem des Smaragds; alle diefe Farben leuchten in wunderbarer Mifchung. Der Stein befitzt die Größe einer Hafelnuß*[616]). Es gibt auch einen Opal, der dadurch berühmt geworden ift, daß fein Befitzer, der Senator Nonius, alle andren Schätze hinter fich laffend, nur mit diefem Edelfteine die Flucht ergriff, als er erfuhr, daß Antonius ihm diefen Opal rauben wollte; fein Werth wurde auf zwei Millionen Sefterzien gefchätzt. — Uebrigens ahmt man keine Art Edelfteine fo täufchend in Glas nach wie den Opal. Die falfchen erkennt man daran, daß fie gegen die Sonne gehalten und bewegt immer diefelbe Farbe zeigen, während die ächten dabei immerfort die Farben wech-feln*[617]), bald von der einen, bald von der andren mehr zeigen, wobei

---

*[610]) Unfre Edlen Berylle.

*[611]) Man hat fchöne Kryftalle von mehr als 9 Zoll Länge.

*[612]) Dem Bergkryftall eine Beryllfarbe zu geben, möchte unmöglich fein; man kann ihn nur färben, indem man ihn glühend in kalte Farben-Auflöfung wirft, wobei er viele feine Sprünge bekommt, in welche dann die Farbe einbringt, worauf der Stein irifirt. — Chalcedonen gibt man dagegen auch jetzt noch oft eine blaßgelbe Farbe; — es gibt übrigens auch Bergkryftalle, welche von Natur eine Farbe haben, welche der des Beryll ähnlich ift; fie heißen Citrin.

*[613]) Unfer Edler Opal.

*[614]) Wir haben fie bis vor Kurzem nur aus Czerwonitza in Ungarn bezogen; jetzt kommen auch welche von Gracias a Dios in Guatemala in Handel.

*[615]) Hier ift nicht Purpurroth, fondern Purpur-Violet gemeint; fiehe Plin. 37, 7, 25 und 37, 9, 41.

*[616]) Der größte bis jetzt bekannte ift fauftgroß, hat ein unvergleichlich prachtvolles Farbenfpiel, liegt im kaiferlichen Kabinet zu Wien.

*[617]) Gefchliffne Edle Opale zeigen ihr prächtiges Farbenfpiel am beften, wenn das Sonnenlicht gerade oder feitwärts auf fie fällt, fchwächer, wenn es hindurchgeht. — Aus Glas nachgeahmte Opale, welche das blitzende,

auch ihr Lichtglanz auf die Finger übergeht. — Manche nennen den Opal auch Päderos [päderos]; Andre halten den Letzteren jedoch für eine eigne Art, und sagen, daß die Inder ihn Sangenon nennen. Er soll in Aegypten und Arabien vorkommen, am schlechtesten -im Pontus, in Galatien, auf Thasus und Cypern. Die besten Sorten des Pä- deros haben noch den Reiz des Opals, glänzen jedoch milder und sind selten ganz glatt; ihre Hauptfarbe steht zwischen Himmelblau und Purpurroth; das Grün des Smaragdes fehlt ihnen. Man zieht die- jenigen vor, deren Grundfarbe mehr weinroth als wasserklar ist*⁶¹ª).

Hist. nat. 37, 6, 23. Den Sardonyx erkannte man ehedem daran, daß eine weiße Schicht [candor] auf einer Karneolschicht. [sarda] lag, wie der menschliche Nagel [ὄνυξ] auf dem Fleische des Fingers; so werden namentlich die Indischen beschrieben. Die zwei Schichten sind entweder durchscheinend [translucidus] oder nicht [cä- cus]. — Die Arabischen Sardonyxe haben dagegen auf der schwarzen oder bläulichen unteren Schicht [radix] eine obere [unguis], rothe, weiß-gerandete. — Bei den Indern soll, wie Zenothemis schreibt, der Sardonyx so groß vorkommen, daß man Degengriffe aus ihm macht; er findet sich im Bette der Gießbäche. Bei uns ist er da- durch beliebt, daß er als Siegelstein vom Wachse nichts losreißt, wodurch er sich vor den meisten andren edlen Steinen auszeichnet. — Selbst die gemeinen Inder tragen Halsgeschmeide von durchbohrtem Sardonyx. — Die untere Lage [substratum] findet man beim Indi- schen Sardonyx auch wachs- oder hornfarb; dagegen gilt sie für fehlerhaft, wenn sie honiggelb oder hefenfarbig ist. . . . Hist. nat. 37,

---

bei Bewegung des Steines hin- und herziehende Roth und Grün des ächten Steines zeigen, gibt es jetzt, wie ich glaube, nicht. Der in meinem Besitz befindliche spielt nur in weißer, gelblicher und blauer Farbe, zeigt diese auch bei durchfallendem Licht, aber schwach. Auf eine rothe Folie gelegt spielt er auch in schönem, aber nicht in blitzendem Roth. — Die einzige jetzt be- kannte Art, den Edlen Opal trefflich nachzuahmen, ist die in Anm. 612 er- wähnte.

*⁶¹ª) Bei dieser Beschreibung läßt sich nur denken, daß der hier genannte Päderos ein wirklicher Edler Opal ist oder ein aus Bergkrystall nach- geahmter, worüber Anm. 612 zu sehn. Das Letztere ist am wahrscheinlichsten. — Außerdem könnte man an den prachtvoll opalisirenden Muschelmarmor von Bleiberg oder an den Labrador denken; Ersterer hat aber auch ein herrliches Grün; der Letztere möchte den Alten in seiner vollen Schönheit nicht bekannt gewesen sein, auch ist er dadurch, daß er das Licht kaum durchläßt, vom Edlen Opal sehr verschieden.

6, 24. Unter **onyx** versteht man einerseits den **Alabaster*⁶¹⁹**), andrerseits aber auch einen **Edelstein**, der dem Namen nach mit dem **Sardonyx** verwandt ist. Die Schriftsteller verstehen unter **Onyx Edelsteine**, welche weiße Streifen oder Flecken zwischen gefärbten haben. . . . Hist. nat. 37, 7, 31. Der **Sarder** [sarda]*⁶²⁰) ist leicht zu schneiden, nimmt ebenfalls nichts vom Wachse des Siegels weg, ist ein sehr gewöhnlicher **Edelstein**, fand sich sonst bei **Sardes** und **Babylon**, jetzt findet man ihn auch anderwärts an vielen Orten, z. B. auf **Paros** und **Assos**. In **Indien** unterscheidet man eine **rothe Sorte**, dann die **Pionia**, welche fettig aussieht, endlich eine dritte, der man eine Folie [bractea] von **Silber** unterlegt. Den um **Leukas** in **Epirus** und in **Aegypten** vorkommenden legt man **Gold** als Folie unter. Keine Art **Ringstein** [gemma] ist bei den **Alten** häufiger gewesen*⁶²¹).

Hist. nat. 37, 7, 25. Die **Karfunkel** [carbunculus] haben ihren Namen von ihrem ausgezeichnet feurigen Schein*⁶²²), obgleich sie im Feuer nicht leiden, woher sie von Manchen **acausti** genannt werden. Man unterscheidet **Indische**, **Garamantische**, welche Letztere man auch **Karthagische** nennt, ferner **Aethiopische** und **Alabandische**, welche Letztere aus **Orthosia** in **Karien** nach **Alabanda** gebracht werden, woselbst man sie schleift. Außerdem nennt man die stärker strahlenden **männliche**, die matter leuchtenden **weibliche**. Den höchsten Werth haben die **Amethystizonten**, deren Farbe am Rande in **Amethyst-Violet** übergeht [in amethysti violam exire]*⁶²³). — Aus **Indischen Karfunkeln** sollen Gefäße von der Größe eines Nösele [sextarius] geschliffen werden*⁶²⁴). — **Theophrast** erwähnt **Karfunkel** von **Orchomenos** in **Arkadien**, die dunkel seien und aus denen Spiegel geschliffen würden*⁶²⁵). . . . Hist. nat. 37, 7, 26. Die verschiedenen **Karfunkel**-

---

*⁶¹⁹) Siehe oben Hist. nat. 36, 7, 12.

*⁶²⁰) Unser **Karniol** und **Sarder**.

*⁶²¹) In unsren Sammlungen befinden sich antike Ringsteine von **Karniol**, **Sarder** und **Sardonyx**, meist mit eingeschliffnen Figuren geziert, in sehr großer Menge.

*⁶²²) Carbunculus heißt kleine Kohle. — Daß unter **Karfunkel** unser **Rubin**, **Rubin-Spinell**, **Pyrop** und **Almandin** zu verstehn, ist schon Anm. 55 gesagt.

*⁶²³) Manche **Rubine** und **Granaten** (Almandine) sind bläulichroth.

*⁶²⁴) Jetzt findet man **Granatkrystalle**, die bis faustgroß sind. — **Plinius** erwähnt die Nöselgröße nur als Sage.

*⁶²⁵) Hier könnten faustgroße **Granaten** gemeint sein, die man vielleicht

forten sind äußerst schwer zu unterscheiden; auch macht man sie täuschend in Glas nach. Solche Glassteine sind aber weicher als Karfunkel und als andre Edelsteine, und lassen sich daher durch den Schleifstein entdecken*[020]. — Aus Glas nachgeahmte Edelsteine sind leichter als ächte*[021].

Hist. nat. 37, 8, 32. Der Topas [topazos]*[028] steht in großem Ansehn, namentlich seine grüne Spielart [virens genus]. Zuerst hat man ihn auf einer Insel gefunden, die nach Archelaos arabisch, nach Juba im Rothen Meere gelegen sein soll*[029]. — Aus Topas soll eine vier Ellen hohe Bildsäule der Arsinoë, der Gemahlin des Königs

zu Spiegeln schliff. — Wahrscheinlich sind aber Spiegel von Obsibian gemeint, wie sie von Theophrast 60 erwähnt werden, wo der Obsibian wegen seiner schwarzen Farbe Anthralion heißt. — Es kann nämlich anthrax bei den Griechen und carbunculus bei den Römern sowohl die schwarze, nicht-glühende, als auch die glühende Kohle und somit einen schwarzen und einen feurig-glänzenden Stein bedeuten.

*[020] Diese Regel ist nicht überall anwendbar, da die aus Quarz bestehenden edlen Steine, wie Amethyst, Karniol und viele Granaten, von dem Schleifstein schwach angegriffen werden, die Turmaline noch leichter, und wieder leichter als diese der Opal, Labrador, Abular, Lasurstein, Türkis, Malachit, Flußspath.

*[021] In unsrer Zeit schwerer, weil in unser zu diesem Zwecke bestimmtes Glas in der Regel viel Bleiweiß oder Mennige geschmolzen wird. — Ohne Zweifel haben auch die Alten zuweilen versucht, Glas mit Mennige zu verschmelzen, um es roth, mit Bleiweiß, um es weiß zu färben, wobei ein klares Bleiglas entstehen konnte. Indeß mag dieser Versuch nur ausnahmsweis gemacht worden sein, da die antiken Gläser in der Regel kein Blei enthalten. In Rouen hat man jedoch ein antikes bleihaltiges Glasgefäß ausgegraben. ... Was die im Folgenden genannten Steine sandastros, carchedonia betrifft, so sind sie nicht zu bestimmen. — Daß lychnis ein Karfunkel sein kann, haben wir Anm. 144 gesehn.

*[028] Wenn, wie oben bei Agatharchides, Peripl. pag. 54, der Topas (τοπάζιον) als durchsichtiger, glasartiger Stein mit lieblicher Goldfarbe genannt wird, so bedeutet er ohne Zweifel unsren Topas, einschließlich einiger ähnlicher Steine, wie Citrin, gelber Flußspath, gelber Chalcedon. — Von dem die Farbe der Sonne tragenden Chrysolithos des Diodorus Sic., 2, 52, gilt Dasselbe. — Wo dagegen bei Plinius von grünem topazos die Rede ist, müssen wir uns unsre grünlichgelben Topase denken, die wir aus Sibirien beziehen, auch unsre ceiloneser Chrysoberylle, ferner aus Aegypten und von andren Orten kommende Chrysolithe, endlich grüngelbliche Flußspathe und Chalcedone. ... Antike geschliffene Topase und Chrysolithe sind in den Sammlungen unsrer Zeit nicht selten.

*[029] Dort ist kein Fundort mehr bekannt; dagegen liefert Ceilon uns viele Topase, Aegypten Chrysolithe, nach der jetzigen Bedeutung.

Ptolemäus Philadelphus, gemacht und in dem sogenannten Goldnen Tempel aufgestellt worden sein*630). — Die neuesten Schriftsteller unterscheiden eine lauchgrüne und eine goldgefiederte Sorte. Er ist der einzige Ringstein, welcher von der Feile angegriffen wird; die andren werden mit Smirgel [naxium] geschliffen*631).

Hist. nat. 37, 8, 34. Zu den geringen grünen Schmucksteinen gehört der Prasius [prasius], von dem es eine Sorte mit blutrothen Punkten gibt. Eine dritte Sorte hat drei weiße Streifen*632). — Den genannten Steinen zieht man den chrysoprasos vor, welcher gleichfalls eine lauchgrüne Farbe hat, die aber in's Goldfarbige spielt. Er kommt so groß vor, daß man ihn zu Trinkbechern verarbeitet; kleine Walzen macht man häufig aus ihm*633).

Hist. nat. 37, 8, 36. Der Malachit [molochites] ist undurchsichtig, dunkelgrüner als der Smaragd, hat die Farbe der Malve und davon seinen Namen. Er ist auch deswegen geschätzt, weil er gute Siegelabdrücke gibt*634).

Hist. nat. 37, 8, 37. Der Jaspis [iaspis] ist grün, manchmal durchscheinend, kommt auch blau, purpurfarbig, trübe gefärbt, violet, rosenroth, pistazienfarb und von gemischter Farbe vor. Er gibt treffliche Siegelsteine, wird deswegen auch geradezu Siegelstein

---

*630) War die vier Ellen hohe Bildsäule wirklich vorhanden, was Plinius nicht behauptet, so war sie jedenfalls mit gelben Topasen belegt, da sie im Goldnen Tempel stand. — So sagt Plinius 36, 5, 4 von der 26 Ellen hohen Bildsäule der Minerva zu Athen, sie bestehe aus Elfenbein und Gold, und doch war sie jedenfalls nur damit belegt.

*631) Von den in Anm. 628 genannten, von den Alten unter Topazos und Chrysolithos begriffenen Steinen wird nur der Flußspath von der Feile angegriffen. ... Der im Folgenden genannte Stein callaina ist wahrscheinlich unser Türkis.

*632) Der Prasius muß ein dunkelgrüner Jaspis, und der blutigpunktirte unser Heliotrop sein. — Die Sorte, welche drei weiße Streifen hat, ist ein Bandjaspis.

*633) Was wir jetzt Chrysopras nennen, ist gewiß nicht gemeint, da dieser sehr selten ist und fast nie in's Gelbliche zieht; — unser Chrysolith is's auch wohl nicht, da dieser schwerlich in der angegebenen Größe vorkommt. Eher könnte hier eine Flußspathsorte gemeint sein. ... Der im folgenden Abschnitt beschriebene nilios kann ebenfalls eine Flußspathsorte sein.

*634) Ohne Zweifel unser Malachit, der auch, wie wir gesehn, oft als Smaragd betrachtet wurde. — Die Malve heißt bei Columella 10, v. 247, moloche; das Grün des Steins wird nur mit dem Grün ihrer Blätter und jungen Früchte verglichen. Beide pflegte man zu speisen.

[sphragis] genannt, und als solcher dient er namentlich vorzugsweis den Staatsbehörden*⁶³⁵). — Ich habe einen Jaspis von 15 Zoll gesehn, aus welchem ein geharnischtes Bild Nero's verfertigt war. — Aus Glas wird oft falscher Jaspis gemacht.

Hist. nat. 37, 9, 38. Die Kupferlasur [cyanos] ist blau, kommt am besten aus Scythien, Chpern, Aegypten; in dem letztgenannten Lande stellt man auch durch blaue Farbe falsche Kupferlasur her. — Es findet sich in ihr auch zuweilen Goldstaub*⁶³⁶).

Hist. nat. 37, 9, 39. Der Lasurstein [sapphirus] ist blau, hat goldne Punkte, ist undurchsichtig, findet sich am besten in Medien, ist zum Graviren [scalptura] unbrauchbar, weil er Stellen enthält, die wie Bergkrystall sind [crystallinum centrum]. Man nennt diejenigen Lasursteine, welche kornblumenblau sind [cyaneus color], männliche*⁶³⁶b).

Hist. nat. 37, 9, 40. Die Amethyste [amethystos] sind violet und von den Steinen dieser Farbe am beliebtesten. Sie sind leicht zu schneiden. Unsre Färbereien bemühen sich, eine Purpurfarbe zu liefern, welche das schöne Violet [violaceus decor] der indischen Amethyste hat. Manche Amethyste haben die Farbe des [rothen] Weins; bei manchen ist das Violet so schwach, daß sie fast aussehn wie Bergkrystall. Solche achtet man am wenigsten. — Eigentlich muß der Amethyst, von unten gesehn, einen leichten Rosenschimmer haben, und solche nennt man auch Päderos, oder Anteros, oder Venuswange [Veneris gena]. — Die Magier behaupten, dieser Edelstein schütze vor Trunkenheit; davon hat er den Namen Amethyst. . . . Hist. nat. 37, 9, 41. Der hyacinthus hat die Farbe des Amethystes, aber schwächer*⁶³⁷).

*⁶³⁵) Unter Jaspis verstanden die Alten jedenfalls unsren Jaspis, aber auch einige ihm ähnliche Steine. — In unsren Sammlungen sind antike Jaspis-Gemmen verschiedener Farbe sehr häufig, darunter viele grüne und rothe.

*⁶³⁶) Kein Goldstaub, sondern Kupferkies. — Cyanos ist der griechische Name für Kupferlasur, coeruleum der lateinische. Unter letzterem Namen haben wir sie schon bei Plin. 33, 13, 57 und bei Vitruv gehabt; als ϰυανός einigemal bei Theophrast, auch bei Dioskorides.

*⁶³⁶b) Die goldnen Punkte, welche Plinius erwähnt, sind kleine Krystalle von Eisenkies, haben die Härte des Bergkrystalls, sind härter als die Masse des Lasursteins, fallen beim Graviren leicht heraus, weswegen wenigstens beim Graviren Stellen gewählt werden müssen, wo sie nicht hinderlich sind. — Antike geschliffene Lasursteine sind ziemlich viele in unsren Sammlungen.

*⁶³⁷) Ist jedenfalls selber ein Amethyst.

Hist. nat. 37, 9, 42. Die Topase [chrysolithos] strahlen
Goldglanz; die besten bekommen nur am Rande eine Fassung; die geringeren bekommen eine Folie von Messing [aurichalcum]* 638).

Hist. nat. 37, 9, 47. Die Asterie [asteria] ist weißlich, hat
in sich einen wandelnden Lichtschein; sie gibt, gegen die Sonne gehalten,
Strahlen wie ein Stern, woher ihr Name. Die aus Indien kommende
ist schwer zu schneiden* 639). . . . Hist. nat. 37, 9, 48. Der Stein
Astrion [astrion] ist weißlich, dem Bergkrystall ähnlich, findet sich in
Indien und an den Küsten von Pallene. Seine Mitte leuchtet wie ein
Vollmond* 640).

Hist. nat. 37, 9, 52. Der Stein Iris [iris] ist in jeder andren
Hinsicht ein sechsseitiger Bergkrystall [crystallus], wirft aber, wenn
er unter Dach und Fach von der Sonne getroffen wird, einen Schein
hinter sich, welcher die Farben des Regenbogens hat* 641).

Hist. nat. 37, 10, 54. Der Achat [achates]* 642), welcher
sonst in großem Ansehn stand, wird jetzt wenig geachtet. Er hat seinen
Namen von dem Flusse Achates in Sicilien, wo er zuerst gefunden
wurde. Jetzt findet man ihn an vielen Orten, theils in großen Stücken
und in vielen Sorten, welche mit eignen Namen belegt werden, z. B.

----

* 638) Wegen der Topase, chrysolithos, siehe Anm. 628; über aurichalcum
Anm. 389. . . . Der chryselectros des folgenden Abschnitts möchte, nach
Farbe und leichtem Gewicht zu urtheilen, Bernstein sein, eben so der leuco-
chrysos. — Der melichrysos, als honiggelb, hart, unzerbrechlich geschildert,
muß honiggelber Gemeiner Opal sein, wohin vielleicht auch der xanthos
(xuthos) gehört. — Ueber den paderos sehe man Anm. 618.

* 639) Nach diesen Kennzeichen, namentlich nach der Schwierigkeit des
Schneidens, muß hier unsre Asterie (Sternsaphir) gemeint sein. — . Jetzt
bezieht man schöne Sternsaphire mit sechsstrahligem Stern zu nicht bedeutendem
Preise von Ratnapura auf Ceilon.

* 640) Da der Astrion neben der asteria genannt wird und auch aus
Indien kommt, so möchte er der auf Ceilon in Menge vorkommende Adular
sein, welchen man als Mondstein verkauft, und der sich auch bei Pallene in
Macedonien finden kann. — In den folgenden Abschnitten ist der astriotes
gar nicht zu bestimmen; — der einem Fischauge ähnliche astrobolos kann
ein im Querdurchschnitt geschliffener, in Quarz versteinerter Belemnit sein; —
die bläuliche ceraunia von Natur des Bergkrystalls und wie ein Stern glänzend
muß wohl bläulicher Chalcedon sein.

* 641) Hält man einen klaren Bergkrystall gegen das Licht, das Auge
nahe daran, und dreht den Stein, so sieht man prachtvolle Regenbogenfarben. —
Dieselben sieht man, wenn man einen brillantirten klaren Bergkrystall mit
seiner Unterseite gegen das Licht und das Auge nahe an seine Tafel hält.

* 642) Heißt noch jetzt so.

Jaspachat, Cerachat, Smaragdachat, Hämachat, Leukachat, Dendrachat, welcher Letztere baumartig gezeichnet ist, ferner Antachat, der geglüht wie Myrrhe riecht, Korallachat, welcher wie der Lasurstein [sapphirus] oft Goldblättchen enthält* 643) und auf Kreta häufig ist, woselbst er der Heilige heißt. — Die indischen Achate zeigen auch Bilder von Flüssen, Wäldern, Lastthieren, und können zu kleinen Götterbildern und zu Pferde-schmuck geschliffen werden. Manche sind glasartig-durchsichtig, andre haben blumenartige Figuren* 644).

Hist. nat. 37, 12, 74. Man hat jetzt sehr häufig Schmucksteine, welche man cochlides nennt. Sie finden sich in Arabien als große Klumpen, werden sieben Tage und Nächte in Honig gekocht und dann geschliffen* 645).

Hist. nat. 37, 12, 75. Den Sardonyx [sardonyx] ahmt man nach, indem man auf einen schwarzen Stein einen weißen und auf diesen einen zinnoberrothen [minium] klebt. . . . Hist. nat. 37, 13, 76. Aechte Edelsteine zeigen sich in den Mund genommen kälter als gläserne* 646); auch haben Letztere oft kleine Bläschen, eine rauhere Oberfläche, einen unsichren Glanz. Kleine Stückchen von ächten bleiben auf Eisenblech geglüht unverändert, gläserne schmelzen; Letztere werden durch die Feile angegriffen und von Obsidian [obsidiana] geritzt [scariphare], ächte nicht* 647). — Alle Edelsteine lassen sich mit dem Diamant [adamas] schneiden [scalpere]. — Die meisten Edel-steine liefert Indien [gemmifera maximo India].

---

* 643) Eingemengte goldgelbe Glimmerblättchen, oder Kupferkies, oder Eisen-kies, oder Gold.

* 644) Was im folgenden Abschnitt balanites, batrachites, baptes, Beli oculus u. s. w. ist, kann man nicht wissen; doch kann Beli oculus nach des Plinius Beschreibung ein quer durchgeschnittner, in Quarzmasse versteinerter Belemnit sein, (aber kein Katzenauge). Solche Querdurchschnitte sehen sehr nett und augenartig aus, wenn sie gewölbt geschliffen, gut polirt, rings weiß mit feinen rothen Aederchen, auf der ganzen Mitte aber von der Farbe des Feuer-steins sind.

* 645) Noch jetzt kocht man Chalcedone und chalcedonhaltige Achate in Honig, welcher in diejenigen Schichten, die von seinen Poren durchbrungen sind, eintringt und sie färbt, während die nicht-porösen ungefärbt bleiben.

* 646) Gilt noch jetzt.

* 647) Opal, Labrador können von Obsidian geritzt werden; leichter noch Türkis, Lasurstein, Malachit, Flußspath. — Eine gute Feile kommt dem Obsidian an Härte nah, zuweilen gleich.

Curtius,
um's Jahr 70 nach Christo.

De rebus gestis Alexandri M. 5, 6. Als Alexander Persepolis und Pasargada erobert hatte, erbeutete er daselbst unermeßliche Schätze aller Art; die Summe des eroberten Geldes wird auf 120,000 Talente angegeben.

Martialis,
um's Jahr 80 nach Christo.

Epigrammata 8, 14. Deine Obstbäume stehen im Winter hinter Scheiben von Fensterglimmer [specularia, plur.], und freundlich scheint vom Süden die Sonne hinein.

Flavius Josephus,
um's Jahr 90 nach Christo.

Antiquitates judaicä 1, 9. Zu der Zeit, wo die Assyrier in Asien die Uebermacht hatten, überfielen sie auch die Bewohner von Sodom und schlugen ihr Lager in dem Thale auf, welches damals * 639) Asphaltbrunnen [φρέατα ἀσφάλτου] hieß. Zu jener Zeit war das Thal voll solcher Brunnen; jetzt aber, seit Sodom verschwunden ist, hat sich das Thal in einen See verwandelt, welcher Asphaltsee [λίμνη Ἀσφαλτῖτις] heißt. ... De bello Judaico 4, 8, 4. Das Wasser des Asphaltsee's ist bitter und unfruchtbar, und ein Mensch kann in ihm nicht untersinken. Vespasianus ließ einmal einige Leute, welche die Kunst zu schwimmen nicht verstanden, mit auf den Rücken gebundenen Händen in den See werfen, aber sie kamen alle wieder hervor und lagen obenauf. Dieser See treibt an vielen Stellen aus der Tiefe schwarze Klumpen von Asphalt [ἄσφαλτος] hervor, die auf seiner Fläche schwimmen und von den Anwohnern geholt werden. In alter Zeit war die ganze Gegend sehr fruchtbar und hatte viele Städte; jetzt ist sie ganz verbrannt [νῦν δὲ κεκαυμένη πᾶσα]. Das Feuer soll durch Blitze entstanden sein; jedenfalls sieht man dort noch fünf dunkle Stellen, auf deren jeder eine jener Städte gestanden.

Plinius der Jüngere,
um's Jahr 100 nach Christo.

Epistolä 6, 16 * 640). —

___

* 639) Um's Jahr 1933 vor Christo.
* 640) Einen Auszug aus diesem Briefe, in welchem der jüngere Plinius

Epist. 6, 20 * 650). — Während mein Onkel mich verlassen hatte, um den Ausbruch des Vesuvs zu beobachten und seinen dortigen Freunden Hülfe zu bringen, war ich selbst zu Misenum zurückgeblieben. In der Nacht begann hier das Erdbeben [tremor terrä] so zu toben, als ob Alles einstürzen sollte. Wir gingen in's Freie und setzten uns nieder. Als der Morgen gekommen war, blieb Alles dunkel, die Häuser schwankten immer noch, wir flohen und alle Leute flohen. Die Wagen wankten, das Meer trat vom Ufer zurück, eine entsetzliche schwarze Wolke schleuderte Blitze und Feuermassen, senkte sich nieder, kam hinter uns her und sendete uns einen Aschenregen. Wir setzten uns seitwärts von der Straße nieder, um nicht von der Menschenmenge niedergetreten zu werden, die in der rabenschwarzen Finsterniß heulend, wimmernd, schreiend, rufend vorwärts drängte. Der Aschenregen fiel dichter und dichter, so daß wir öfters aufstehn und uns schütteln mußten, um nicht verschüttet und von der Last erdrückt zu werden. Endlich ließ der Regen nach, die Sonne ward sichtbar, sah aber trübe aus wie bei einer Sonnenfinsterniß; dabei dauerte jedoch das Erdbeben fort.

Plutarchus,
um's Jahr 100 nach Christo.

Alexandros. Als Alexander den Darius bei Issus besiegt und dessen Lager erobert hatte, fand er nicht bloß im Zelte des Darius große Vorräthe der kostbarsten Dinge, sondern auch in dessen Badeanstalt alle Geschirre, namentlich auch die Badewannen, von lauterem Golde, und Alles roch nach den kostbarsten Salben. — Bei Elbatana fand Alexander eine Quelle beständig lodernden Feuers und einen Bach von Steinöl [ῥεῦμα τοῦ νάφϑα], welcher einen ganzen Teich bildete. Dieses Del brennt so leicht, daß es zu brennen beginnt, sobald man nur Feuer in seine Nähe bringt. Die Einwohner jener Gegend wollten dem König einen Beweis von der Brennkraft des Steinöls geben, besprengten damit Abends die ganze Straße, welche vor dem Hause lag, in welchem er wohnte, setzten sie an einem Ende in Flammen, und diese loderten im Augenblick bis zum andern Ende. — Es kam auch ein

---

den Ausbruch des Vesuvs (im Jahr 79 nach Chr.) und den dadurch bewirkten Tod seines Onkels beschreibt, habe ich schon auf Seite XVII meiner „Zoologie der alten Griechen und Römer" gegeben. — Ueber jenen Ausbruch sehe man auch weiter unten bei Dio Cassius nach.

* 650) Dieser Brief schließt sich an den vorigen an, und erzählt, was Plinius der Jüngere während des Ausbruchs des Vesuvs selbst erlebt.

Badediener des Königs auf den Gedanken, zu dessen Unterhaltung im Badehaus einen Knaben mit dem Oel zu bestreichen und dann in Brand zu setzen. Die Flamme wurde aber im Nu so groß, daß Alexander erschrak und schnell alles Badewasser über den Knaben gießen ließ, der nur mit Mühe gelöscht wurde und dann noch lange an seinen Brand= wunden litt. — In Susa erbeutete Alexander 40,000 Talente gemünzten Goldes.

Lucullus. Als Lucullus den Tigranes und Mithridates besiegt hatte, führte er bei seinem Triumphe die sechs Fuß hohe goldene Bildsäule des Mithridates auf, ferner dessen ganz mit Edelsteinen besetzten Schild [ϑυρεὸς διάλιϑος]; hinter diesem wurde auf 20 Tragen lauter Silbergeschirr getragen, dann auf 32 andren Tragen goldne Becher, goldne Waffen, goldne Münzen; weiter folgten acht Maulthiere mit goldnen Bettstellen, 56 mit Silberbarren, 107 mit Silbergeld. Zum Beschlusse gab Lucullus der Stadt Rom und den benachbarten Städten und Flecken ein allgemeines, äußerst prachtvolles Gastmahl.

Tacitus,
um's Jahr 110 nach Christo.

De moribus Germaniä 16. Die deutschen Völker bewohnen gar keine Städte; jede Wohnung liegt einzeln; sie brauchen zu ihren Bauten weder Steine [cämentum] noch Ziegeln [tegula], sondern nur Balken; für den Winter haben sie unterirdische Wohnungen, welche zu= gleich als Vorrathskammern dienen. So hat ein eindringender Feind große Mühe, sich Nahrung zu verschaffen. . . . De mor. Germ. 45. Am rechten Ufer der Ostsee [Suevicum mare] hin wohnen die Aestyer, welche im Meere Bernstein [succinum] suchen, den sie glesum nennen. Sie selbst achten ihn von jeher nicht, aber die Römer. kaufen ihn, bringen ihn in rohem Zustande nach Rom und verarbeiten ihn da zu Schmuck. Man sieht, daß er ursprünglich der Saft eines Baumes ist, und findet Thierchen, selbst geflügelte, die von ihm umschlossen sind. Bringt man den Bernstein an's Feuer, so brennt er heftig, riecht nach Kien.

Annales 13, 57. Im Jahre 812 nach Rom's Erbauung * 651) vernichteten die Hermunduren in einem um den Besitz der Salzquellen auf Tod und Leben gegen die Katten geführten Kampfe deren ganzes Heer. — In demselben Jahre gerieth der Erdboden im Lande der

---

* 651) 69 nach Chr.

Juhonen in Brand, wobei Villen, Aecker und Dörfer vernichtet wurden und das Feuer bis an die Mauern der kurz vorher angelegten römischen Kolonie* 031b) drang.

Annales 15, 22. Im Jahre der Stadt 816 stürzte in Kampanien die Stadt Pompeji durch ein Erdbeben großentheils ein* 034).

Arrianus,
um's Jahr 140 nach Christo.

Expeditio Alexandri 6, 29. Das Grabmal des Cyrus fand Alexander zu Pasargadä im königlichen Parke; es war ganz aus Quadern gebaut, hatte einen so schmalen Eingang, daß nur ein einzelner Mensch hindurch konnte, und enthielt in einer Halle den goldnen Sarg, in welchem die Leiche lag, und neben dem Sarge eine Bahre, deren Füße von gediegenem Golde waren. Dabei befanden sich kostbare Decken und Kleider, auch mit Gold ausgelegte und mit Edelsteinen besetzte Ketten, Dolche und Ohrgehänge.

Periplus maris Erythräi. An der afrikanischen Küste des Rothen Meeres findet man südlich von Abule Sand [ἄμμος] und tief in ihm Obsidian [ὀψιανὸς λίθος] von der ächtesten Sorte. Von Abule aus kommen in Aegypten gefertigte Kleider in Handel, ferner Glasgefäße verschiedner Art [λιθίας ὑαλῆς πλείονα γένη], auch Murrhinische Gefäße [μυῤῥίνη], die in Diospolis* 035) gefertigt werden, und Messing [ὀρείχαλκος], das zu Schmuck und Münzen dient, desgleichen in Honig gesottene Bronzegefäße [χάλκεα, plur.], die zum Kochen, auch zerschnitten zum Schmuck der Arme und Beine dienen; auch Eisen wird von Abule aus verkauft. Importirt werden nach Abule Beile und Aexte, Säbel, große bronzene Becher, Wein, Oel; für den König goldne und silberne Geschirre, die nach seinem Geschmacke gearbeitet sind, u. f. w. Auch kommt nach Abule Indisches Eisen [σίδηρος] und Indischer Stahl [στόμωμα] u. f. w. — In die übrigen Häfen des Rothen Meeres werden im Allgemeinen dieselben Waaren importirt wie nach Abule; nach Mosyllon auch Edelsteine [λιθίον], nach Kana Zinn [κασσίτερος]. — Nach der persischen Hafenstadt Omana kommen aus Barygaza in Indien große, mit Kupfer [χαλκός] und andren

---

*031b) Köln. — Ohne Zweifel ein bei großer Dürrung eingetretener Moorbrand.

*034) Im Jahr 63 nach Chr.

*035) Diospolis, Stadt in Aegypten.

Waaren beladene Schiffe; dagegen führt Omana nach Indien und Arabien Gold und andre Gegenstände des Handels aus. — Nach Min-
nagara im Nordwesten Indiens werden Topase [χρυσόλιθον], Ro-
rallen, Glaswaaren, Silberwaaren, Münzen u. s. w. gebracht; dagegen führt die Stadt den Kallaïnos-Stein [καλλαϊνὸς
λίθος]*⁶³⁶), Lasurstein [σάπφειρος] u. s. w. aus. — Von Barygaza im nordwestlichen Indien werden Onyx- und Murrhinische
Steine [ὀνυχίνη λιθία καὶ μύῤῥινα, plur.] nebst andren Erzeugnissen
der Umgegend ausgeführt; dagegen Zinn [κασσίτερος], Blei [μόλυ-
βδος], Korallen, Topas [χρυσόλιθον], rohes Glas [ὕελος ἀργή],
Mennige [σανδαράκη], Grauspießglanzerz [στῆμι], Silber-
und Goldmünzen u. s. w. eingeführt. — Die Hafenstadt Nele-
cynda an der südlichen Westküste Indiens hat einen sehr lebhaften
Handel mit Münzen, Topasen [χρυσόλιθον], Grauspießglanzerz
[στίμη], Korallen, rohem Glas, Kupfer, Zinn, Blei, Mennige [σανδαράκη], Rauschgelb [ἀρσενικόν], ausgezeichnet schönen
Perlen, Diamanten [ἀδάμας], Amethysten [ὑάκινθος]*⁶³⁶b) und
verschiednen andren durchsichtigen Edelsteinen u. s. w. — Die Insel
Paläsimundi, welche ehemals Taprobane hieß*⁶³⁷), liefert Perlen
und Edelsteine [λιθία διαφανής].

Pausanias,
um's Jahr 150 nach Christo.

Gräciä descriptio 5, 10. Der Tempel zu Olympia ist aus
dem Steine Poros [πῶρος]*⁶³⁸) gebaut, welcher im Lande selbst gebrochen wird. Seine Höhe beträgt 68 Fuß, seine Breite 95, seine
Länge 230. — Das Dach hat keine Ziegelsteine [γῆ ὀπτή], sondern aus Pentelischem Marmor geschnittene Platten. — Der
Gott sitzt auf einem Throne und ist aus Gold und Elfenbein gemacht.
Auf der rechten Hand trägt er eine aus Gold und Elfenbein gemachte
Siegesgöttin, in der linken das Scepter, an welchem alle Metalle
glänzen. Die Schuhe und der Mantel des Gottes sind von Gold;

---

*⁶³⁶) Wahrscheinlich Türkis. Siehe oben Anm. 631.
*⁶³⁶b) Siehe Anm. 637.
*⁶³⁷) Jetzt Ceilon.
*⁶³⁸) Nach Theophrast 15 war der Poros dem Parischem Marmor an
Farbe und Härte gleich, also jedenfalls selbst eine Marmorsorte. — Nach
Herodot 5, 62 war auch der Delphische Tempel aus Poros und nur
seine Vorderseite aus Parischem Marmor gebaut.

der Thron ist mit Gold, Edelsteinen [λίθος], Ebenholz und Elfenbein überzogen.

Unter den vielen vorhandenen Bildsäulen und Bildern befindet sich
auch ein aus Bernstein [ἤλεκτρον] gearbeitetes, welches den Kaiser
Augustus darstellt. Der Bernstein ist sehr selten und geschätzt und
ganz verschieden von dem Metall Elektron; welches aus einer Verschmelzung von Gold und Silber besteht. . . . Grüc. dosor. 4, 29.
Zu Messene steht eine eiserne Bildsäule des Epaminondas.

Galenus,
um's Jahr 190 nach Christo.

De simplicium medicamentorum temperamentis et facultatibus
9, 21. Auf Cypern bin ich in einem Bergwerk [μέταλλον] gewesen;
dort wurden mir drei über einander lagernde Schichten gezeigt, deren unterste Sori [σῶρι], deren mittelste Chalcitis [χαλκῖτις], deren oberste
Misy [μίσυ] war. Ich nahm von diesen Stoffen eine ungeheure Masse
mit und habe davon jetzt, nach 30 Jahren, noch einen Vorrath. Mit der
Länge der Zeit haben sich die drei Stoffe so weit verändert, daß ich
jetzt der Meinung bin, sie seien nicht wesentlich von einander unterschieden *[659]).

De simpl. med. temp. et fac. 9, 34. Neben dem Bergwerk,
wo man Sori, Chalcitis und Misy grub, fand ich eine Anstalt,
wo Eisenvitriol [χάλκανθος] gewonnen wurde *[660]). Im Innern
eines Hügels gelangte man zu einem kleinen Teich, in dem sich grünes
Wasser, welches von oben herab tröpfelte, sammelte. Von da wurde
es heraus und in Bassins getragen, woselbst sich in ihm der Eisenvitriol bildete.

Dio Cassius,
um's Jahr 200 nach Christo.

Romana historia 66, 21 seqq. Zur Zeit, wo Titus Kaiser

---

*[659]) Sie sind also alle drei wohl Galmei. Siehe oben Anm. 413.
*[660]) Hier müssen wir uns unter χάλκανθον Eisenvitriol denken, weil
ihn Galenus mehrmals grün, χλωρόν, nennt. — Besser spricht Plinius 34,
12, 32 vom Eisenvitriol, den er atramentum sutorium und chalcanthon
nennt. — Wo das χάλκανθον, wie bei Dioscorides 5, 114, als blau geschildert wird, muß man sich Kupfervitriol denken, oder eine aus Eisen- und
Kupfervitriol gemischte Masse, wie wir sie auch noch vielfach im Handel haben.

war *⁶⁶¹), fand in Kampanien ein entsetzliches und wunderbares Ereigniß Statt. Dort liegt der Berg Vesuv [ὄρος τὸ Βέσβιον], aus
welchem damals plötzlich im Herbst ein gewaltiges Feuer hervorbrach.
Früherhin war seine Spitze der der Nachbarberge gleich; bei jenem Ausbruch sank jedoch seine Spitze so ein, daß sie jetzt die Gestalt eines
Amphitheaters hat, aber in viel größerer Ausdehnung. Jetzt stößt dieser
Krater [κύκλος] immerfort bei Tage Rauch, bei Nacht Flamme aus; oft
werden auch mit donnerndem Brüllen Aschenwolken und Steine aus
ihm in die Luft geschleudert. — Bei jenem Ausbruche sah man erst über
seiner Spitze kolossale, menschenähnliche Rauchgestalten umherwandeln;
dann trat eine Dürrung ein, die Erde bebte [σεισμός] entsetzlich, die
Ebne war in wogender Bewegung, die Höhen hoben und senkten sich,
unter der Erde hörte man Donner, über der Erde Gebrüll; Meer und
Himmel waren gleichfalls in Aufruhr. Plötzlich flogen unter entsetz-
lichem Krachen große Steinmassen aus dem Berge gen Himmel, dann
folgten unermeßliche Massen von Feuer und Rauch; die ganze Luft
ward dunkel, die Sonne verschwand. Der Tag war in schwarze Nacht
umgewandelt; im Rauche sah man Gestalten der Giganten und hörte
Trompetenstöße, als wenn jene Ungeheuer auferständen. Manche Leute
glaubten, die Welt ginge in Feuer zu Grunde. Viele flüchteten aus
den Häusern in's Freie, viele von draußen in die Häuser; viele vom
Meere auf's Land, viele vom Lande auf's Meer. Indessen kamen aus
dem Schlunde des Berges so ungeheure Aschenmassen, daß sie die Luft
füllten, Land und Meer zudeckten; Menschen und Vieh wurden beschädigt;
die Vögel und Fische starben; zwei ganze Städte, Herkulaneum
[Ἡρχουλάνεον] und Pompeji [Πομπήιοι], wurden unter der Asche
begraben [καταχώννυσθαι]. Die Asche flog bis nach Afrika, nach
Syrien und Aegypten; nach Rom kam sie so dicht, daß auch dort
die Sonne verfinstert und allgemeines Entsetzen verbreitet wurde.

Romana historia 54, 23. Einst war Kaiser Augustus von Ve-
dius Pollio zu einem Gastmahl geladen. Während des Schmauses hatte
der Mundschenk das Unglück, einen Becher von Bergkrystall [κύλιξ
χρυσταλλίνη] zu zerbrechen. Pollio wurde darüber wüthend, und befahl, den Mundschenk in den Muränenteich zu werfen, wo die Fische
ihn zerreißen und fressen sollten. Der Unglückliche warf sich dem Augustus

---

* ⁶⁶¹) Im Jahr 79 nach Chr. — Es ist hier von dem Ausbruch des
Vesuvs die Rede, bei welchem der Naturforscher Plinius umkam. Siehe
oben Anm. 649.

zu Füßen und bat um Hülfe. Der Kaiser suchte den Pollio zu be=
sänftigen, aber vergeblich. Da befahl der Kaiser, daß alle die kostbaren
Gefäße des Pollio herbeigebracht würden, und ließ sie sämmtlich in
Stücke schlagen.

Athenäus,
um's Jahr 220 nach Christo.

Deipnosophistä 4, 29. Als Kleopatra dem Antonius nach
Cilicien entgegen kam, gab sie ihm ein Gastmahl, bei welchem alle
Geschirre von Gold, mit Edelsteinen besetzt [λιθοκόλλητος] und
von ausgezeichneter Arbeit waren. Die Wände waren mit goldgestickten
Purpurdecken behängt. Das Ganze war auf 30 Gäste berechnet, und
was an Gold und andren Herrlichkeiten dabei verwendet wurde, schenkte
Kleopatra dem Antonius. — Am folgenden Tage lud die Königin den
Antonius wieder mit allen seinen Freunden und Offizieren ein, richtete
Alles noch weit kostbarer zu, schenkte wieder alle Kostbarkeiten dem
Antonius und den andren Gästen. Am dritten Tage gab sie einen
ähnlichen Schmaus, und kaufte auch dazu für ein Talent Blätter von
Rosenblüthen, mit welchen der Boden der Speisezimmer eine Elle hoch
belegt wurde; die Blätter selbst wurden mit Netzen überzogen.

Deipnosophistä 5, 22 bis 24. Als Antiochus Epiphanes,
König von Syrien, ein großes Fest feierte, marschirten unter vielen
Tausenden andrer Soldaten auch 3000 Cilicier mit goldnen Kränzen
auf, ferner 5000 Soldaten mit kupfernen Schilden, andre mit
silbernen, 3000 mit goldnen Kränzen und mit goldnem Kopfschmuck der Pferde, 2000 mit goldnem Kopfschmuck der Pferde;
die letzten Soldaten im Zuge waren 1500 Reiter, die sammt ihren
Pferden ganz gepanzert waren. Alle Soldaten waren in Purpur, der
bei vielen mit Gold gestickt war, gekleidet. Nach ihnen kamen 100 sechsspännige Wagen und 40 vierspännige. Ihnen folgte ein mit vier
Elephanten bespannter Wagen, und nach diesem 40 einzelne Elephanten
in voller Rüstung. Darauf folgten 800 Jünglinge mit goldnen
Kränzen, 1000 fette Ochsen, 80 Elephantenzähne, eine unzählige Menge
von Bildsäulen, welche alle Götter, Halbgötter, Teufel und Heroën vorstellten und theils vergoldet, theils in goldgestickte Gewänder gekleidet
waren. Es folgte darauf eine ganz unermeßliche Menge von goldnen
und silbernen Geschirren; 1000 Diener trugen silberne Geschirre,
von denen keins weniger wog als 1000 Drachmen; ihnen folgten
600 mit goldenen, dann etwa 300 Weiber, welche Salben aus goldnen
Gefäßen spritzten. Hinter diesen kamen 80 prachtvoll geschmückte Damen

auf Sesseln, deren Füße von Gold waren; sodann 500 auf Sesseln, deren Füße von Silber waren. Darauf folgten 30 Tage lang Spiele, Gladiatorenkämpfe und Thierhatzen. — Während der fünf ersten Tage salbten sich Alle auf dem Gymnastikplatz aus goldnen Becken, deren 15 mit Safranöl, 15 mit Zimmtöl, 15 mit Nardenöl gefüllt waren. An den folgenden Tagen war statt dieser Oele Bockshornklee-Oel, Majoranöl und Irisöl zum Gebrauche aufgestellt. Geschmaust wurde an 1000 Tischen, und zwar mit Entwickelung des reichsten Prunkes. Ueberall war dabei der König selbst vorhanden, wies die Plätze an, half die Speisen auftragen, speiste und trank bald hier, bald da, spaßte mit den Hofnarren, und tanzte endlich mit diesen unter dem Schalle rauschender Musik.

Deipnos. 5, 25. Als Ptolemäus Philadelphus zu Alexandria ein ähnliches Fest feierte, hatte er auf seiner Burg ein Zelt aufgeschlagen, das ungemein prachtvoll, groß und dessen Boden, obgleich mitten im Winter, ganz mit Blumen aller Art belegt war. Um das Zelt herum standen 100 Bildsäulen von Marmor, Werke der ausgezeichnetsten Künstler. Zwischen ihnen hingen Bilder, goldgestickte Kleider und über ihnen wechselnd silberne und goldne Schilde. Noch höher hinauf waren rings um das Zelt Speisesäle, in welchen tragische, komische und satyrische, mit passenden Gewändern angethane Figuren lagen, welche goldne Becher vor sich hatten. Zwischen diesen Sälen war ein Raum, wo goldene Delphische Dreifüße standen, und auf der Spitze des Zeltes saßen goldne Adler von 15 Ellen Höhe. An zwei Seiten des Zeltes standen 100 goldne Sopha's, unter denen und auf denen die kostbarsten wollenen Teppiche lagen. Der Platz, wo hin und her gegangen wurde, war mit Persischen Teppichen belegt, in welche Figuren von Thieren und andren Dingen kunstvoll gestickt waren. Bei jedem Sopha standen zwei dreibeinige goldne Tische auf einer silbernen Unterlage. Hinter dem Zelte standen 100 silberne Becken und eben so viel silberne Kannen. Vor dem Zelte standen Becher und Geschirre aller Art, sämmtlich von Gold, mit Edelsteinen besetzt, wunderschön gearbeitet. Im Ganzen betrug das Gewicht dieser Kunstwerke etwa 10,000 Silbertalente. . . . Doipnos. 5, 27. Bei dem Aufzuge, welcher bei diesem Feste gehalten wurde, gingen in Purpur gekleidete Silenen voraus und trieben das Volk aus einander; ihnen folgten Satyrn, welche Lampen trugen, die von goldnem Epheu umrankt waren; sodann in goldgestickten Kleidern Siegesgöttinnen mit goldnen Flügeln, Räucherpfannen von sechs Ellen Größe tragend, die mit goldnen Epheublättern geschmückt waren. Nach ihnen kam ein Altar von sechs Ellen, mit g o l d n e m Epheu umwunden, einen Kranz von goldnem Weinlaub tragend. Es folgten 120 in Purpur gekleidete Knaben, welche Weih= rauch, Myrrhe und Safran auf g o l d n e n Schüsseln trugen. Dann 40 Satyrn mit g o l d n e n Epheukronen, die einen hatten ihren Körper mit Purpur, die andren mit R ö t h e l oder andren Stoffen gefärbt, auch trugen sie einen großen Kranz von goldnem · Wein = und Epheu= laub. Hinter ihnen kam ein großer Mann mit goldnem Füllhorn. Nach diesem eine reich mit G o l d geschmückte schöne Frau, einen Kranz in der einen Hand, einen Palmenzweig in der andern; dann die Jahres= zeiten mit ihren Blüthen und Früchten; ferner zwei mit goldnem Epheu geschmückte Weihrauchpfannen, ein goldner Altar, Satyrn mit goldnen Epheukränzen und Purpurgewändern, goldne Kannen und Pokale tragend, u. s. w. . . . Deipnos. 5, 28. Weiter hinten kam ein 14 Ellen langer, von 180 Menschen gezogener Wagen, auf welchem eine 10 Ellen hohe Bildsäule des Bacchus stand, welche Wein aus einem Pokale aus= goß; sie trug ein Purpurgewand und über diesem ein durchsichtiges safranfarbiges. Vor dem Bacchus stand ein großes g o l d n e s Misch= gefäß und ein g o l d n e r Tisch mit einer Räucherpfanne und Schalen voll Kassia und Safran. Ueber dem Bacchus bildeten Epheu, Wein und Obstbäume eine Laube. Dem Wagen folgten Bacchantinnen mit fliegen= dem Haar, mit Kränzen von Schlangen, Eibe, Wein= und Epheulaub; in den Händen hielten sie theils Dolche, theils Schlangen. Ein andrer Wagen, acht Ellen breit, von 60 Mann gezogen, trug die Bildsäule des Nysos, welche 12 Ellen hoch war, saß, aber von Zeit zu Zeit sich durch eine Maschinerie emporrichtete, aus einer g o l d n e n Schale Milch als Opfer sprengte und sich dann wieder setzte. In der Linken hielt sie einen Thyrsusstab, auf dem Kopf trug sie einen Kranz von gol= b e n e n Epheublättern, woran Trauben hingen, deren Beeren werth= volle Edelsteine waren. Der folgende Wagen war 20 Ellen lang, sechzehn breit, wurde von 300 Menschen gezogen. Auf ihm stand eine Kelter von 24 Ellen Länge, 14 Ellen Breite. Sie war mit Trauben gefüllt, und diese wurden von 60 Satyrn getreten, welche ein von Flötenspiel begleitetes Winzerlied sangen. Ihr Führer war Silenus, und der Most floß über den ganzen Weg. Hinterher kam wieder ein Wagen, der 25 Ellen lang, 24 breit war, und an welchem 600 Mann zogen. Auf ihm lag ein ungeheurer, aus Pantherfellen zusammengenähter Schlauch, der mit Wein gefüllt war, welcher allmälig auf den Weg floß. Hinter dem Wagen her gingen 120 Satyrn und Silenen, welche

bekränzt waren und goldne Krüge, Kannen und Pokale trugen. . . .
Deipnos. 5, 29. Der nächste Wagen wurde ebenfalls von 600 Mann
gezogen, und trug einen ungeheuren silbernen Mischkrug, auf dem Thier=
figuren künstlich ausgearbeitet waren, und um dessen Mitte eine goldne,
mit Edelsteinen besetzte Guirlande lief. Hinter ihm her wurden zwei
schön mit Figuren verzierte silberne Pokale von sechs Ellen Breite,
12 Ellen Höhe getragen. Ihnen folgten eine Menge verschiedne Silber=
geschirre von riesiger Größe, ferner ein Tisch von massivem Silber und
12 Ellen lang, sodann 30 andre solche Tische von je sechs Ellen
Länge, auch vier Dreifüße, wovon der eine 16 Ellen Umfang hatte und
aus massivem Silber bestand; die drei andren waren kleiner und mit
Edelsteinen besetzt. Darauf kamen 80 kleinere silberne Delphische
Dreifüße, 26 Wassereimer, sechs Amphoren, 160 Kühlgefäße, Alles von
Silber. . . . Deipnos. 5, 30. Nun folgten goldne Gefäße, zuerst
vier Lakonische Mischkrüge, jeder vier Metreten* 602) fassend; sodann
zwei prächtig mit Figuren geschmückte von korinthischer Arbeit, je acht
Metreten fassend;- darauf eine Kelter, in welcher 10 Urnen standen;
zwei Wannen, jede von fünf Metreten; zwei Krüge von je zwei Metreten;
22 Kühlgefäße, wovon das größte 30 Metreten faßte, das kleinste nur Eine.
Ferner vier große goldne Dreifüße; ein goldnes, mit Edelsteinen
besetztes Repositorium für goldne Gefäße, 10 Ellen hoch, in sechs Etagen
getheilt, mit künstlich ausgearbeiteten Figuren; sodann zwei Schenktische;
ferner zwei aus Glas und Gold gemachte; dann zwei goldne, vier
Ellen hohe Schränke; drei eben solche kleinere; 10 Wassereimer; ein
Altar von drei Ellen; 22 Präsentirteller. — Darauf kamen 1600 Knaben,
weiß gekleidet, theils mit Epheu, theils mit Pinienzweigen bekränzt;
250 von ihnen trugen goldene Krüge, 300 aber silberne, 320 trugen
goldne und silberne Abkühlungsgefäße. Ihnen folgten Knaben mit für Lecker=
bissen bestimmten Schüsseln, wovon 20 golden, 50 silbern, 300 aber
mit Wachsfarben bemalt waren. . . . Deipnos. 5, 31. Es folgten
nun vier Tische von vier Ellen Länge, besetzt mit schönen, kostbaren
Schaustücken, worunter das von goldgestickten, mit den theuersten
Edelsteinen besetzten Stoffen bedeckte Bett der Semele. Hinter diesem
wurde ein Wagen von 500 Mann gezogen, 20 Ellen lang, 14 breit,
eine von Epheu und Eibe umschattete Grotte tragend, aus welcher Haus=
tauben, Ringeltauben und Turteltauben während der ganzen Zeit, wo
der Zug sich bewegte, hervorflogen; ihre Füße waren mit Bändern ge=

---

* 602) Der Metretes faßte 144 Kotylen à 7½ Unzen Flüssigkeit.

feffelt, fo daß die Zufchauer fie leicht fangen konnten. Aus der Grotte goß zugleich ein Brunnen Milch aus, ein andrer Wein. Die dabei befchäftigten Nymphen trugen g o l d n e Kränze, der Merkur einen g o l d n e n Herolbftab und prächtige Kleider. Auf einem Elephanten fitzend kam ferner ein Bacchus von 12 Ellen Höhe, in Purpur gekleidet, einen Kranz von g o l d n e m Epheu u. Weinranken tragend, in der Hand einen g o l d n e n Thyrfusftab, an den Füßen g o l d g e f t i c k t e Schuhe. Auf dem Halfe des Elephanten faß ein Satyrift von fünf Ellen Höhe mit einem g o l d n e n Pinien-Kranze, in der Rechten ein Ziegenbockshorn, als wollte er auf ihm tuten. Der Elephant trug g o l d n e s Gefchmeide, namentlich lag um feinen Hals eine g o l d n e Epheuguirlande. Hinter dem Elephanten fchritten 500 Jungfrauen in Purpurgewändern und g o l d n e n Gürteln; die 150 vorderften trugen g o l d n e Pinienkränze. Ihnen nach zogen 120 Satyrn, von Kopf bis auf die Füße theils mit S i l b e r, theils mit K u p f e r gerüftet; dann fünf Schwadronen auf g o l d g e f c h m ü c k t e n Efeln reitender Satyrn.... Deipnos. 5, 32. Nun kamen 24 mit Elephanten, 60 mit Ziegenböcken, 12 mit Kolonthieren* ⁰⁶³) befpannte Wagen, fieben von Oryx-Antilopen, 15 von Büffeln, 8 von Straußen, fieben von Efelshirfchen* ⁰⁶⁴), acht von Wildefeln gezogene Wagen; auf jedem Wagen faß ein als Kutfcher gekleideter, mit g o l d n e m Pinienkranz gefchmückter Knabe, oder ein mit vielem G o l d gefchmückter, mit Schild und Thyrfus bewaffneter. Die nächften fechs Wagen wurden von Kameelen und andre von Maul-thieren gezogen; auf diefen faßen indifche und andre Weiber in Sklaven-kleidern. Darauf folgten Kameele, welche 300 Pfund Weihrauch, 300 Pfund Myrrhen, ferner 200 Pfund Safran, Kaffia, Zimmt, Iris und andre Gewürze trugen. Hinter diefen marfchirten Neger, welche 600 Elephantenzähne trugen, während andre mit 200 Ebenholzftämmen, andre mit 60 f i l b e r n e n und g o l d n e n Mifchgefäßen, andre mit G o l d-ftaub beladen waren. Hinter diefen zog eine Maffe von Jägern mit v e r g o l d e t e n Spießen und eine Meute von 2400 Hunden her, die theils der Indifchen, theils der Hyrkanifchen, der Moloffifchen und andren Raffen angehörten. Ferner trugen 150 Männer Stangen, an welchen wilde Säugethiere und Vögel aller Art hingen; andre Leute trugen in Käfigen eine große Menge von Papageien, Pfauen, Perlhühnern, Fa-fanen und andren Vögeln aus dem Negerland. Es folgten 130 äthio-pifche Schafe, 300 arabifche, 20 euböifche, ferner 26 indifche Ochfen,

---

* ⁰⁶³) Antilopen?
* ⁰⁶⁴) ?

, acht äthiopische, ein entsetzlich großer weißer Bär, 14 Leoparden, 16 Panther, vier Luchse, drei Arcelen * 665), eine Giraffe, ein äthiopisches Rhinoceros. . . . Doipnos. 5, 33. Hinter diesen Thieren sah man auf einem Wagen drei mit Gold geschmückte Götterbilder, dann die Bildsäule Alexander's und des Königs Ptolemäus, beide mit goldnen Epheukränzen gekrönt; daneben die Bildsäule der Tugend mit einem goldnen Olivenkranze und die Bildsäule der Stadt Korinth mit einem goldnen Diadem. Auf demselben Wagen stand ein mit goldnen Bechern besetztes Gestell und ein goldner Mischkrug von fünf Metreten. Hinter diesem Wagen kamen Weiber mit goldnen Kränzen, welche die griechischen Städte vorstellten, die unter der Botmäßigkeit der Perser gewesen waren, ferner auf einem Wagen ein goldner Thyrsus von 90 Ellen und eine silberne Lanze von 60 Ellen. — Bei dieser Beschreibung haben wir noch eine Menge andrer merkwürdiger Dinge übergangen, z. B. eine große Zahl von verschiednen Thieren, von Pferden, 24 prächtige Löwen, eine Menge andrer mit Bildsäulen der Könige und Götter besetzter Wagen. Nach den genannten Dingen kam ein Zug von 500 Männern, darunter 300 Männer mit goldnen Kränzen und goldnen Zithern, in die Saiten greifend und singend, hinterdrein 2000 Stiere von einerlei Farbe und mit vergoldeten Hörnern, goldnem Stirnschmuck, goldnen Kränzen, goldnen Halsketten. . . . Doipnos. 5, 34. Diesem Aufzuge folgte der des Jupiter, der andren Götter und zum Beschluß der Alexander's. Dessen aus massivem Golde gefertigte Bildsäule stand auf einem von Elephanten gezogenen Wagen; neben ihr standen eine Viktoria und Minerva. Dem Wagen folgten viele aus Elfenbein und Gold gearbeitete Stühle; auf dem einen lag ein goldner Helm, auf dem andren ein doppeltes goldnes Horn, auf dem dritten ein goldner Kranz, auf dem vierten ein Horn von massivem Gold. Ueber dem Stuhle des Ptolemäus Soter lag ein Kranz, der aus 10,000 Goldstücken gemacht war. Es wurden auch 350 goldne Räuchergefäße bei diesem Zuge getragen, mit Gold überzogene und mit Gold bekränzte Altäre; auf einem dieser Altäre standen vier goldne, zehn Ellen hohe Fackeln. Es erschienen auch zwölf mit Gold überzogene Feuerherde, wovon der eine zwölf Ellen im Umfang und die Höhe von 40 Ellen hatte, ein andrer hatte 15 Ellen im Umfang. Es folgten neun goldne Delphische Dreifüße, jeder von vier Ellen, sodann

---

*665) ? — Die für uns unverständlichen Namen waren wohl syrisch oder ägyptisch.

sechs von acht Ellen, einer von 30 Ellen, auf ihm standen goldene
Thiere von fünf Ellen, und er war von goldnem Weinlaub umwunden.
Es wurden ferner sieben vergoldete Palmenbäume von acht Ellen Höhe
vorübergetragen, ein vergoldeter Heroldstab von 40 Ellen, ein vergoldeter Donnerkeil von 40 Ellen, eine vergoldete Kapelle von
40 Ellen Umfang, ein doppeltes Horn von acht Ellen Länge. Die Zahl
der mit Gold überzogenen, meist zwölf Ellen hohen Bildsäulen war
sehr groß; auch die Bildsäulen von Thieren waren kolossal, die Adler
z. B. 20 Ellen hoch. Es folgten 3200 goldne Kränze, auch ein my-
stischer goldner, mit Edelsteinen besetzter Kranz von 80 Ellen;
eine goldne Aegide; eine große Menge goldener Helme, wovon
einer zwei Ellen hoch war und 16 Ellen im Umfang hatte; ein goldner
Brustharnisch von zwölf Ellen, andre silberne von 18 Ellen; 20
goldne Schilde; 64 von Kopf bis zu den Füßen gehende Harnische;
goldne Beinschienen von drei Ellen; zwölf goldne Becken; eine ungeheure Menge von Schüsseln; 36 Weinkrüge; zehn große Salbengefäße;
acht Wassergefäße; 50 Brodkörbe; verschiedne Tische; fünf Gestelle mit
goldnen Bechern; ein 30 Ellen langes Horn aus massivem Golde. —
Alle diese goldnen Sachen waren von denen der Bacchischen Prozession
verschieden. — Es erschienen ferner noch 40 Wagen mit Silbergeschirr,
20 mit Goldgeschirr, 80 mit Gewürzen. . . . Deipnos. 5, 35.
Hinter diesen Wagen marschirten 157,600 herrlich gerüstete Infanteristen,
23,200 Kavalleristen. . . . Deipnos. 5, 36. Solche Massen von
Gold besitzt außer Aegypten kein Land der Welt, und dieses ägyptische Gold ist weder aus Persien und Babylonien geraubt, noch aus
ägyptischen Bergwerken oder Flußbetten, sondern durch Bebauung der
Aecker gewonnen, welche der Nil befruchtet.

Deipnos. 12, 9. Chares der Mitylener erzählt im fünften
Buche seiner Geschichte Alexander's: „Die Perserkönige hatten neben
ihrem Sopha fünf Speisesopha's stehn, unter denen immer 5000 Gold-
Talente aufbewahrt wurden; auf der andren Seite drei Speisesopha's
mit 3000 Gold-Talenten. In ihrem Schlafzimmer stand ein goldner Weinstock, dessen Trauben aus den werthvollsten Edelsteinen
[ψῆφος] bestanden. Nicht weit von ihm stand ein vom Samier Theodorus gefertigtes Mischgefäß."

Herodianus,

um's Jahr 240 nach Christo.

Historiä 3, 1, 13. Als Niger die Stadt Byzantium besetzte, war sie mit einer starken, ungeheuren Mauer umgeben, welche aus Quadern [λίϑος εἰς τετράγωνον εἰργασμένος] gebaut war, die so genau zusammenpaßten, daß sie ganz so aussah, als bestände sie aus einer einzigen Steinmasse.

Historiä 8, 4, 25. Als Maximinus die Stadt Aquileja mit großer Macht und vielen Kriegsmaschinen belagerte, warfen die Aquilejenser von der Höhe ihrer Mauer Steine und Fässer, die mit einer brennenden Mischung von Schwefel [ϑεῖον], Asphalt [ἄσφαλτος] und Pech gefüllt waren, auf die Soldaten, und schossen Spieße, deren Spitze von Metall, deren Schaft mit brennendem Pech umgeben war, gegen die Belagerungsmaschinen.

Aelius Spartianus,
um's Jahr 290 nach Christo.

Vita Adriani imperatoris 3. Adrianus bekam, bevor er Kaiser war, vom Kaiser Trajanus einen vom Nerva stammenden Diamanten [adamas] und hielt dieses Geschenk für ein Zeichen, daß er der Nachfolger des Kaisers werden sollte.

Aelius Lampridius,
um's Jahr 800 nach Christo.

Vita Heliogabali 12 seqq. Kaiser Heliogabal besaß Kleider, die ganz von Gold gewebt waren, trug auch Purpurkleider und mit Edelsteinen [gemma] besetzte Persische. Er hatte auch mit eingeschnittenen Figuren gezierte Edelsteine an seinen Schuhen, worüber alle Leute lachten, indem man so die Kunstwerke berühmter Meister gar nicht ordentlich sehen konnte. Er wollte sich auch ein mit Edelsteinen besetztes Diadem machen lassen. — Er pflasterte die Straßen des Palatiums mit Lacedämonischem Stein [stravit plateas saxis Lacodämoniis] *⁶⁰⁶) und mit Porphyretischem [Porphyreticum saxum] *⁶⁰⁷). Er wollte auch in der Thebaïs einen ungeheuren Stein als Säule so zuhauen lassen, daß man inwendig in die Höhe steigen könnte; er sollte nach Rom gebracht werden und auf seiner Spitze die Bildsäule Heliogabal's selbst als Gottheit stehn; doch kam dieser Plan nicht zur Ausführung. — Er gab große Gastmähler, bei denen nur Glasgeschirre

---

*⁶⁰⁶) Ueber den Lacedämonischen Stein siehe Anm. 511.

*⁶⁰⁷) Das Porphyreticum saxum ist jedenfalls der porphyrites des Plinius, rother Granit von Syene, siehe Anm. 513.

erſchienen; dabei wurden Edelſteine unter Obſt und Blumen gemiſcht. — Er hatte vergoldete, mit Edelſteinen beſetzte Wagen
und hielt die mit Silber, Elfenbein und Kupfer überzogenen für
ſchlecht. Oftmals ſchenkte er alles Silber und alle Becher, die
beim Schmauſe gebraucht wurden, den Gäſten. — Er raſirte ſeine
Freunde zuweilen mit dem Raſirmeſſer [novacula], mit welchem er
ſich ſelber raſirte. Oft beſtreute er den Boden ſeiner Hallen mit Gold-
und Siberſtaub, eben ſo den Weg, auf dem er zu ſeinem Pferde
oder Wagen ging, was man noch jetzt oft mit Goldſand [aurosa
arena] thut* ⁶⁶⁸). — Nie legte er einen Schuh zweimal an, auch nie,
wie man erzählt, einen Ring zweimal. Sein Nachtſtuhl war von
Gold gemacht, ſeine Nachttöpfe aus Myrrhiniſchem und Onyx-
Stein. — Um die Wahl zu haben, wenn ſein letztes Stündlein ge-
ſchlagen hätte, ließ er ſich zum Erhängen brauchbare Stricke von purpur-
und ſcharlachrother Seide flechten, hatte goldne Schwerter vorräthig,
mit denen er ſich erſtechen konnte, hatte tödtliches Gift in hohlgeſchliffe-
nen Cerauniſchen Edelſteinen*⁶⁶⁹), in Amethyſten [hyacin-
thus]*⁶⁶⁹ᵇ) und Smaragden; auch hatte er einen ſehr hohen Thurm
gebaut, an deſſen Fuße der Boden mit Gold und Edelſteinen ge-
pflaſtert war, um ſich recht großartig auf dieſes Prachtpflaſter ſtürzen
und ſo ganz glorreich den Hals brechen zu können*⁶⁷⁰).

Palladius,
um's Jahr 380 nach Chriſto.

De re rustica 1, 10, 3. Calcem albo saxo duro vel Tiburtino
aut columbino fluvialive coquemus, aut rubro aut spongia aut
marmore * ⁶⁷¹).

---

*⁶⁶⁸) Entweder mit goldhaltigem Sand, oder wahrſcheinlicher kleingeſtampftem
goldgelben Glimmer, wie wir ihn als Streuſand brauchen.
*⁶⁶⁹) Siehe Anm. 640.
*⁶⁶⁹ᵇ) Siehe Anm. 637.
*⁶⁷⁰) Die Fortſetzung findet man in meiner „Zoologie der alten Griechen
und Römer", Seite 606.
*⁶⁷¹) Calx iſt hier wie immer gebrannter Kalk. — Palladius gibt
hier den verſchiednen Kalkſteinſorten verſchiedne Namen, hat aber, wie Alle, die
vor ihm ſchrieben, keinen allgemeinen Namen für Kalkſtein.

Nachträge.

Pompeji. (Siehe Overbeck's „Pompeji“, Leipzig 1856.)

Die in Kampanien nahe am Vesuv gelegene Stadt Pompeji wird in den aus dem Alterthum auf uns gekommenen Schriften zuerst im Jahre 310 vor Chr. bei Livius 9, 38 genannt. Am 5. Februar des Jahres 63 nach Chr. ward Pompeji durch ein Erdbeben zerstört *⁶⁷¹ᵇ), dann rasch und schöner im neuen Baustyl, aber mit Benutzung der vorhandenen alten Werkstücke, wieder hergestellt. — Bis zum Jahre 79 nach Chr. hatte der Vesuv seit Menschengedenken geruht und ward bis gegen seinen Gipfel hin angebaut. Da öffnete sich ganz unerwartet, wie wir bei Plinius dem Jüngeren und bei Dio Cassius gesehn, am 24. August der Krater, warf Feuer, Lava, Steine und so viel Asche aus, daß die Stadt Pompeji und zugleich Herkulaneum und Stabiä verschüttet wurden, während sich die meisten Einwohner mit ihren Schätzen retteten. — Herkulaneum liegt unter einer 68 bis 100 Fuß hohen, aus Lava und Vulkanischer Asche bestehenden Decke begraben; — Pompeji unter einer nur 18 bis 20 Fuß hohen Decke von Vulkanischer Asche. — Die verschütteten Städte waren allmälig fast vergessen, über Herkulaneum war die Stadt Portici und ein Theil von Resina gebaut: da fand man bei Grabung eines Brunnens in Herkulaneum unerwartet im Jahre 1720 drei Bildsäulen und setzte daselbst die Nachgrabungen vom Jahr 1738 an allmälig und mit Unterbrechungen fort. — Im Jahr 1748 fand man auch Pompeji, indem man einen über demselben gelegenen Weingarten bearbeitete, und später auch das zugleich mit jenen Städten verschüttete Stabiä. — Das Aufgraben Pompeji's bietet keine bedeutende Schwierigkeit, wurde daher mit Eifer fortgesetzt, und man hat bis jetzt etwa ein Drittheil der Stadt bis auf das Straßenpflaster hinab von der Aschendecke befreit. Im Ganzen sind in Pompeji bis jetzt etwa 500 Gerippe von Menschen, die bei der Katastrophe verunglückt sein mußten, ausgegraben

---

*⁶⁷¹ᵇ) Siehe oben bei Seneca und bei Tacitus.

worden. Man rechnet demnach, daß in der ganzen Stadt 1200 bis
1800 dabei umgekommen sein mögen. — Von den Privathäusern
Pompeji's steht nur noch das Erdgeschoß, als welches aus Vulkanischem Gestein und nur in wenigen Fällen aus Backstein gebaut
ist. Die oberen Stockwerke, welche ohne Zweifel aus Holz-Fachwerk
gebaut waren, fehlen jetzt ganz, eben so die Dachsparren, wie sich denn
überhaupt das Holz nur in wenigen morschen Resten erhalten hat. —
Die einen Theil der Stadt umgebenden, 14 Fuß dicken, 25 Fuß hohen
Mauern, deren Thürme und Thore sind ans großen, wohlbehauenen
Quadern (unten Travertin, oben Peperin [072]) gebaut, und zwischen
den Steinen befindet sich kein Mörtel. Mehrere Stellen der Mauern
sind mit einer Mischung von Vulkanischen Bruchsteinen und Mörtel
ausgefüllt. — Das Straßenpflaster besteht aus starken Lava-
blöcken, die sorgfältig zusammengefügt, und deren Zwischenräume mit
kleineren Steinen ausgefüllt sind. An jeder Seite der Straße läuft ein
den Fußgängern dienendes Trottoir hin, das sich acht bis 12 Zoll
hoch über die Fahrstraße erhebt, und an deren Rande hin aus Quadern
von 12 bis 18 Zoll Breite besteht, während das Trottoir von diesen
Quadern bis zu den Häusern hin theils durch Steinplatten, theils durch
Backsteine, oder eine Mischung von Ziegelstücken und Mörtel, oder durch
bloßen Sand, oder durch Asphaltguß gebildet wird. — Viele Mauern
und Säulen sind mit einer Mischung von Gyps und Lederkalk (mit
Stuck) überzogen. — Das Forum ist mit weißen Marmorplatten
gepflastert, das Senaculum mit bunten; die Sitzstufen des Theaters
sind mit Marmorplatten belegt. Die Fußböden in den Gebäuden
sind nicht mit Bretern gedielt, sondern bestehn aus einer Mischung von
Gypsmehl, Ziegelmehl und Wasser (aus Estrich); auch sind die Fußböden oft zierlich dadurch geschmückt, daß in den frischen, noch weichen
Gypsguß Stifte von gebranntem bunten Thon, oder von Glas oder
Marmor eingedrückt wurden. — Elegante Grabmäler, Thür-Einfassun-
gen, Säulen u. s. w. von Marmor aus Luna oder aus Griechenland
sind nicht selten. In der Werkstatt eines Bildhauers fand man
in Pompeji mehrere unvollendete Marmor-Bildsäulen und alle Instrumente, wie sie noch jetzt in Gebrauch sind. — Der Stukko der Wände
Pompeji's ist großentheils noch so fest, daß man ihn absägen und so
ein darauf befindliches Bild unverletzt transportiren kann. Man hat

---

[072] Travertin ist dichter Kalktuff; Peperin ist ein Trachyt-Kon-
glomerat.

noch sehr viele auf den Stukko gemalte Bilder gefunden; bei den meisten
ist es ungewiß, ob die Farben auf den noch nassen Grund (a fresco)
oder auf den schon trocknen (a tempera) aufgetragen waren. Durch
mehrfache Untersuchung haben sich in den Wandgemälden folgende Farben
gefunden: Für Schwarz: Kohlenstaub und Knochenschwarz; für
Roth: Mennige, Röthel, Rother Bolus, seltener Zinnober
und Saft der Purpurschnecke; für Weiß: Kreide (kein Bleiweiß); — für Gelb: Gelberde; — für Blau: Kupferlasur; —
für Braun: Ocher, öfter aber eine Mischfarbe; — für Grün: eine
Mischfarbe.

Der in Pompeji gefundene Töpferofen hat einen unteren
Raum für das Feuer; die Decke des Feuerraums ist gewölbt, aber so
durchbrochen, daß durch sie die Flammen in den oberen Raum schlagen,
welcher ebenfalls und zwar mit künstlich zusammengeschobenen irdenen
Töpfen überwölbt ist. — Zum Mästen der Siebenschläfer bestimmte
Töpfe, die man in Pompeji vorgefunden, bestehn aus gebranntem Thon,
sind etwa zwei Fuß hoch, 1½ breit, haben inwendig an den Wänden
Tröge zur Aufnahme des Futters. — In einer Schmiede-Werkstatt
fanden sich Hämmer, Zangen, eiserne Zirkel u. s. w. — In zwei
Apotheken fanden sich viele Arzneien in gläsernen, bronzenen und
andren Behältern. — In dem Laden eines Oelhändlers fand man
eine Tischplatte von Marmor und Porphyr, und in diese acht
Thongefäße eingelassen, worin zum Theil noch Oel und Oliven. —
Die Mühlsteine bestehn aus rauhem vulkanischen Stein. — Ein
Mörser besteht aus Kalktuff. — Der Backofen ist vom unsrigen
nicht wesentlich verschieden. — Bettstellen von Metall sind in
Pompeji nicht gefunden worden, dagegen gemauerte. — Stühle und
Sessel von Bronze, großentheils künstlich gearbeitet, sind in reicher
Menge vorhanden. — Prachtvoll gearbeitete Marmortische kommen
einzeln vor. — Einzelne Dreifüße von Bronze, ebenfalls kunstvoll gearbeitet; eine gewaltige Masse von sehr verschiednen, in der Regel
schön verzierten Kandelabern aus Bronze auch einige, aus Marmor;
eben so kleine Lampengestelle von Bronze und Marmor; — zahllose
aus Thon gebrannte Oellämpchen; eine Schnellwage von Bronze,
ganz wie diejenigen geformt, welche wir jetzt Römische nennen; — La-
ternengestelle von Bronze. — Gefäße von Glas und gebranntem Thon, um saure Dinge aufzuheben. — Die Spiegel sind
in der Regel runde, gestielte Scheiben von Bronze, vorn polirt, hinten
verziert. — Die weiten Kämme der Badestuben sind von Bronze,

die engen von Knochen. — Brust- und Rücken-Harnische der Krieger von Bronze; kleine Bronzeplatten, um damit das Kleid vom Brustharnisch bis zum Knie zu besetzen (keine Metalldecken für die Arme); ein kleiner Schild (parma); ein Helm mit Backenschienen; Beinschienen, vom Knie bis zum Fußgelenk den Unterschenkel von vorne schützend; kurze, zweischneidige Schwerter; zweischneidige Lanzenspitzen. — Aehnliche Vertheidigungs- und Angriffswaffen für Gladiatoren, jedoch mit allerlei Zierrathen, deren bei den Kriegerwaffen sehr wenige sind. — Künstliche und zweckmäßige chirurgische Instrumente. — Geschnittene Edelsteine sind in sehr geringer Anzahl, goldne, zierlich gearbeitete Schmuckwaare ist in ziemlich bedeutender Menge gefunden worden. — Die Brunnenröhren sind theils aus Thon gebrannt, theils von Blei. — Die Grabdenkmäler bilden, in zwei Reihen stehend, eine eigne Straße, sind massive, zum Theil sehr geschmackvoll verzierte kleine Gebäude, in deren gewölbtem Innenraume Urnen stehn, welche aus gebranntem Thon, aus Marmor, Alabaster, oder aus Glas bestehn, welche letztere noch in eine Bleikapsel geschlossen sind. Die Urnen enthalten die Gebeine der verbrannten Leichen, und zwar in einer Mischung von Oel und Wein liegend, welche sich durch die Länge der Zeit zu zäher Masse verdickt hat.

———

Zu den schönsten kolossalen Denkmälern des Alterthums gehört das Theater, welches Herodes Atticus, ein zu Marathon geborner berühmter Sophist und Staatsmann, im zweiten Jahrhundert nach Christo zu Athen und zwar in römischem Geschmack erbaut. Es soll bis zu der Zeit, wo die Stadt in den Besitz der Türken kam, in gutem Zustand gewesen sein, ist dann in Schutt und Trümmern versunken und erst in neuer Zeit wieder aufgegraben. „Das ganze Theater des Herodes", so berichtet X. Landerer, „ist in den Felsen der Akropolis Athen's eingehauen, so daß dieser sämmtliche Sitze bildet, auf welchen 10,000 Menschen Platz hatten. Beim Aufräumen fand man Bildsäulen von Pentelischem Marmor, eine Brücke von Hymettischem, verkohlte Dachbalken von Cedernholz, einige ganze und mehrere zertrümmerte Dachziegeln, aus Thon gebrannt und glasirt, ferner viele eiserne Nägel, Ringe, Reife u. s. w., auch zinnerne Münzen, welche wahrscheinlich als Eintritts-Marken gedient haben."

Landerer theilt ferner mit, daß im Jahr 1860 zu Athen folgende Dinge ausgegraben worden: Eine Anzahl bleierner Schleuderkugeln; — Gewichte der alten Athener, aus Blei gegossen, auf jedem der Werth mit erhöhten Buchstaben angegeben. — Unter den in diesem Jahre gefundenen gläsernen Flaschen und Tassen befand sich auch eine vergoldete; das Gold war aber nur aufgeklebt.

Von der bei den Alten wegen ihres Reichthums an Metallen und andren nutzbaren Mineralien so oft genannten Insel Cypern haben wir in neuer Zeit fast gar keine auf diesen Gegenstand bezüglichen Nachrichten gehabt, bis sie endlich im Jahr 1853 von Gaudry und Damour geologisch untersucht worden, wobei sich herausgestellt hat, daß sie ungeheure Massivs von Serpentin und Ophit, sehr viel Eisen, Braunstein, Jaspis, gewaltige uralte Halden und Schlackenhaufen als Denkmäler früher in Betrieb gestandener, nun aber längst verödeter Berg- und Hüttenwerke besitzt; daß sie auch reich an brauchbarem Kalktuff und Gyps ist, welche allein noch benutzt werden, und daß man auch an den Küsten noch viel Seesalz gewinnt.

In den Bauresten des alten Rom's finden sich zahlreiche, schön bearbeitete Werkstücke von Marmor, Granit, Porphyr und andren Gesteinen, die nicht bloß aus Italien, sondern auch aus Aegypten, Griechenland, Numidien u. s. w. stammen. — Nöggerath weist nach, daß eben solche Werkstücke sich noch in den altrömischen Ruinen Trier's finden.

Berichtigungen.

Seite 16 muß es heißen: Theophrast, 390 Jahre vor Christo.
Seite 29, Ende der letzten Zeile muß es heißen: Anm. 231.

www.ingramcontent.com/pod-product-compliance
Lightning Source LLC
Chambersburg PA
CBHW021709210326
41599CB00013B/1587